计算机

科学与技术丛书·新形态教材

Android 移动安全攻防实战

微课视频版

叶绍琛　陈鑫杰　蔡国兆◎编著

清華大學出版社

北京

内 容 简 介

本书向读者呈现了 Android 移动应用安全攻防与逆向分析的立体化教程(含纸质图书、电子资料、教学课件、源代码与视频教程),全书共 4 篇。

第一篇基础篇(第 1 章和第 2 章),目的是让读者快速建立对 Android 应用安全分析的基本概念,介绍了构建 Android 分析环境的一些基本方法与工具,以及通过对一个 Android 应用 Apk 文件进行反编译,并篡改中间状态的 Smali 代码,再重编译签名打包全过程的介绍,帮助读者进入 Android 应用逆向分析的大门。第二篇理论篇(第 3 章和第 4 章),目的是通过介绍 Android 操作系统常见的安全漏洞,帮助读者树立 Android 应用安全开发的意识,从而构建 Android 应用安全的一个具体框架。介绍了 App 安全基线,包括应用的评估思路、Android 系统的安全问题与常见漏洞。通过分析一个 Android 静态逆向和动态调试自动化分析框架 MobSF 的功能,使读者全面了解 Android 逆向分析过程中的关注点。第三篇工具篇(第 5~8 章),介绍静态逆向和动态调试所使用的工具,以及常见的 Hook 工具和针对 Native 层的 C++代码的调试手段。第四篇实战篇(第 9~13 章),包括脱壳实战,针对 Java 层与 Native 层的逆向实战,使用工具篇介绍的两种主流 Hook 框架进行具体的实战操作,使用静态和动态两种方式分析复杂功能 App 的业务逻辑,使用抓包的方式对物联网移动应用进行分析实战。

为方便读者高效学习,快速掌握 Android 移动安全理论与逆向分析的实践,作者精心制作了电子资料(超过 500 页)、教学课件(全 13 章,超过 400 页)、参考开源项目源代码(超过 70 万行)及配套视频教程(21 个微课视频)等资源。

本书适合作为广大高校信息安全相关专业中软件逆向、代码安全、安全开发等课程的专业课程教材,也可以作为信息安全研究员与 Android 应用开发者的自学参考用书。

图书在版编目(CIP)数据

Android 移动安全攻防实战:微课视频版/叶绍琛,陈鑫杰,蔡国兆编著. —北京:清华大学出版社,2022.5(2023.11重印)
(计算机科学与技术丛书. 新形态教材)
ISBN 978-7-302-60222-4

Ⅰ. ①A… Ⅱ. ①叶… ②陈… ③蔡… Ⅲ. ①移动终端-应用程序-程序设计 Ⅳ. ①TN929.53

中国版本图书馆 CIP 数据核字(2022)第 033356 号

责任编辑: 曾 珊 李 晔
封面设计: 吴 刚
责任校对: 徐俊伟
责任印制: 曹婉颖

出版发行: 清华大学出版社
网 址: https://www.tup.com.cn, https://www.wqxuetang.com
地 址: 北京清华大学学研大厦 A 座 **邮 编:** 100084
社 总 机: 010-83470000 **邮 购:** 010-62786544
投稿与读者服务: 010-62776969, c-service@tup.tsinghua.edu.cn
质量反馈: 010-62772015, zhiliang@tup.tsinghua.edu.cn
课件下载: https://www.tup.com.cn,010-83470236
印 装 者: 北京鑫海金澳胶印有限公司
经 销: 全国新华书店
开 本: 185mm×260mm **印 张:** 16 **字 数:** 390 千字
版 次: 2022 年 5 月第 1 版 **印 次:** 2023 年11月第 3 次印刷
印 数: 3001~3600
定 价: 69.00元

产品编号: 092443-01

推荐语

RECOMMEND

随着我国移动互联网的蓬勃发展，移动应用的普及已经渗透到医疗、金融、政务等领域，移动应用是用户数据交互的载体，移动应用安全关系着用户数据安全。本书系统地阐述了移动应用安全攻防的技术体系，是理论与实践相结合的优质技术著作。

——李世锋

中国电子集团中电数据董事长、清华大学博士

随着移动互联网的兴起和高速成长，移动安全成为攻防对抗的重点领域。尤其近两年以来，多个涉及数据和个人隐私的法规已发布，这也凸显了移动安全的重要性。本书全面覆盖了移动安全技术栈，知识点环环相扣，实操性强，值得广大网络安全从业者仔细研读。

——吕一平

腾讯产业安全总经理、腾讯科恩实验室负责人

所有流行操作系统的健康发展都离不开软件加解密等安全加固技术的重要应用。本书系统地论述了 Android 应用加固领域相关攻防技术的知识体系，从技术进阶提升的角度起到了承上启下的作用，能为网络安全从业者打开移动安全攻防方向的知识大门。

——王琦

GeekPwn 国际安全大赛发起人、KEEN 创始人

网络安全是一个跨学科、重实战的行业，从业者需要广泛涉猎并且快速学习新知识。对于传统网安从业者来说，对以软件逆向和安全开发为核心的移动安全领域是相对陌生的，本书通过系统化、实战化的案例讲解，帮助网安工程师快速拓展移动安全技术的视野。

——王常吉

广东外语外贸大学网络空间安全学院副院长、清华大学博士后

从手机移动终端到智能硬件，Android 系统的应用越来越广，作为网络安全工程师，既关心如何“攻”，更关心如何“防”。本书系统地论述了移动应用安全攻防的知识体系，全面地讲解了 App 安全加固技术的原理及实现方法，值得广大网络安全工程师认真阅读。

——聂君

网络安全技术专家、《企业安全建设指南》作者

近年来，移动应用安全所引起的 APT 攻击、安全漏洞、隐私信息获取等事件，引起了国

家监管部门和网络安全行业的高度关注。作者结合自己对攻防技术的理解和实践经验，系统地介绍了移动安全攻防的理论、方法和应用，具有很好的学习参考价值。

——王珩

蓝莲花团队核心成员、丈八网安首席技术官

本书从 Android 系统的安全模型以及 Android 应用的开发和运行原理讲起，全面介绍了各种安全测试工具和安全测试方法，及特别针对已加固应用的脱壳对抗实战，是移动安全领域从理论到实践的好书，非常适合 Android 应用安全测试和应用开发者阅读。

——孔韬循

360 政企安服北部副总经理、破晓团队创始人

作者结合自己在移动安全领域丰富的经验，通过生动的案例进行实际操作讲解，详细介绍了主流的逆向反编译工具，以及移动安全攻防中的理论知识，帮助读者建立起体系化的移动安全实战能力，是一本非常好的移动应用安全逆向的工具书。

——任晓珲

恶意代码逆向专家、《黑客免杀攻防》作者

在万物互联时代，移动安全问题从移动终端延伸到物联网(IoT)终端，受到工业界和学术界的广泛关注。本书是一本非常适合移动安全从业者实战学习的书籍，不仅包含言简意赅的理论知识，还有大量实战案例的详细讲解，是学习 Android 移动安全攻防的必备技术书籍。

——高林

网络通信技术专家、哈尔滨工业大学教授

随着移动互联网的高速发展，基于 Android 的黑灰产事件日趋泛滥，APT 攻防对抗愈加升级，如何提升移动应用防护能力成为产业刚需。本书从攻防实战的角度进行梳理，深入浅出地讲解了逆向技术和加固加壳技术，推荐一线的反黑灰产安全人员仔细研读。

——程冉

腾讯黑镜运营负责人、业务安全专家

随着移动安全作为拓展标准纳入国家“等级保护 2.0”标准中，移动安全测试与防护就逐渐成为网络安全服务的一个核心分支。本书从攻防的角度切入，将理论与实践相结合，内容丰富，实战性强，值得从事网络安全运营工作或者网络安全攻防研究的工程师们仔细阅读。

——张琳

中国电信安徽省公司安全总监、省劳动模范

从移动互联网时代进入万物互联的新时代，网络安全从未像现在这样成为技术跃进的核心问题。作者基于移动网络以及信息安全领域的多年实践经验，从技术的角度进行了深入的阐释，篇幅划分合理，章节之间环环相扣，是难得一见的优质技术书籍。

——戴钲

捷兴信源 CEO、移动安全产业专家

在移动互联网高度发展的当下，移动安全已经成为核心的网络安全命题。人们的生产生活和移动终端的关联越来越紧密，作为网络安全从业者，非常有必要拓展对于移动安全的知识体系。本书以攻防实战为核心，理论与实操兼备，是非常适合从业者的学习书籍。

——李子奇

绿盟攻防对抗技术经理、梅花K战队负责人

移动互联网进入下半场，在数据安全与合规压力下，企业越来越重视移动应用的安全风险，应用开发工程师亟须学习移动安全攻防知识。本书作者以其多年的实践经验为基础，对移动应用安全测试与防护技术进行了系统性阐述，非常适合企业技术人员阅读。

——廖诗江

阿里巴巴集团内审专家、风控安全专家

在移动互联网时代，移动应用App是用户与服务交互的主要媒介，是直接处理用户数据信息的前沿终端，工信部对于移动应用的各项整顿也预示着移动安全将成为关注焦点。本书通过案例化讲解移动安全攻防的一体两面，非常适合逆向工程初学者阅读学习。

——徐霄越

微医集团应用安全主管、应用安全专家

随着移动应用App越来越多地进入人们的生活，以Android App为形式的APT攻击广泛地在全球出现，如何提升移动应用安全防护能力成为刚需。本书从攻防实战的角度进行梳理，深入浅出地讲解了移动应用逆向技术和加固加壳技术，值得从业者仔细研读。

——乔跃春

CTFWAR攻防平台负责人、拼客安全实验室总监

移动安全的核心课题在于如何发现问题和如何有效防护，对应的就是攻与防两方面。本书结合作者在移动应用安全领域多年的实践经验，对移动应用安全测试与防护工作进行了系统化、体系化的梳理，对从事移动安全相关工作的读者具有极大的参考价值。

——陈伟杰

攻防靶场研发专家、华云信安总经理

移动应用安全问题的核心在于开发者的安全素养，开发者需要知道App到底哪里存在安全隐患，学习如何发现问题并掌握安全加固防护的方法。建议移动应用开发者一定要仔细研读本书，掌握移动应用安全的技术体系，从根本上解决移动应用安全问题。

——黎治声

安全研发专家、浩海云研发总监

在移动互联时代，移动安全是一个重大课题。本书从移动安全体系出发，详细介绍了移动应用安全测试的技术和工具，其中包含了作者多年攻防实践的工作积累，对于网络安全服

务及安全研究的工程师来说具有很大的参考价值，是一本不可多得的移动安全工具书。

——王文彦

前思科网络专家、《网安观察》期刊副总编

随着移动智能手机的普及，涉及生活方方面面的应用程序都通过移动应用 App 的形式来承载，因此提升 App 应用安全防护能力是重中之重。本书作者基于在移动安全攻防领域的多年实践经验，从攻防的角度进行了深入阐释，是难得一见的优质技术书籍。

——曹亚莉

51CTO 技术社区教育事业部副总经理

对于移动安全评估来说，目前业内还没有统一的服务标准，市场上安服机构的服务项参差不齐，对于移动安全评估缺乏系统化的标准。本书通过对移动应用安全基线及安全框架等建模，对移动应用安全进行体系化的梳理，对移动安全服务起到很好的指导作用。

——林俊濠

网络安全行业媒体"极牛网"运营总监

前言

PREFACE

在 5G 时代，移动终端的应用场景及应用深度将进一步提升，移动应用已经完全渗透到人们的工作和生活中。随着移动终端的发展，移动应用所隐含的安全问题逐渐浮出水面并对人们的生活产生越发深远的影响。

据统计，全球每年至少新增 150 万种移动端恶意软件，至少造成了超过 1600 万件的移动恶意攻击事件。近年来，工业和信息化部针对移动应用长期存在的违规收集用户个人信息、违规获取终端权限、隐私政策不完整等行为进行了多次综合整治行动，国家"等级保护2.0"标准中也增加了移动安全拓展条款，移动安全将会成为未来我国网络安全人才培养的一个核心内容板块。

笔者作为移动安全一线的资深工程师，将通过简洁干练的语言、理论与实战结合的讲解、案例化分析的逻辑，全面展现移动安全攻防的魅力。

本书内容及结构

本书分为 4 篇，共 13 章。

基础篇

基础篇包括第 1 章和第 2 章，目的是让读者快速建立对 Android 应用安全分析的基本概念。第 1 章简单介绍了构建 Android 应用安全分析环境的一些基本方法与工具。通过第 1 章的学习，能够掌握如何给 Android 手机刷机，虽然在日常生活中我们已经不需要给 Android 手机刷各种第三方 ROM，但无论是 Android 开发还是 Android 逆向分析，有一个具有 Root 权限的真机能避免许多由模拟器导致的麻烦。

第 2 章通过对一个简单的 Android 应用 Apk 文件的反编译，简单修改 Smali 代码文件，再重编译并签名的过程的介绍，帮助读者进入 Android 应用逆向分析的大门。这个过程是 Android 应用逆向工程的一个基本操作。读者跟着第 2 章的内容实践一遍，就可以建立起对于 Android 应用逆向的整体概念。

理论篇

理论篇包括第 3 章和第 4 章，目的是通过介绍 Android 操作系统常见的安全漏洞，帮助读者树立 Android 应用安全开发的意识，从而构建 Android 应用安全的一个具体框架。

第 3 章主要介绍移动应用安全基线，包括应用的评估思路，Android 系统的安全问题与常见漏洞。读者通过本章的学习，既可以掌握 Android 应用逆向分析的常见切入点，也可以从中得到警示，在开发移动应用的时候规避这些安全问题。

第 4 章主要对 MobSF 移动应用安全测试框架进行分析。该框架是面向移动应用静态逆向和动态调试的自动化分析调试框架，通过对该框架的拆解，使读者全面了解 Android 应用逆向分析全过程中的关注点,掌握在逆向一个具有多个功能模块的复杂应用时应该注意应用的哪些行为容易导致应用遭到恶意攻击,哪些代码实现使用了不安全的 API,进而造成数据的泄露或者文件被篡改等。通过对 MobSF 框架的二次开发改造,可以帮助我们快速对上万行代码的 App 进行安全概况排查,以便后续有的放矢地进行深度分析。

工具篇

工具篇包括第 5~8 章的内容。俗话说:"工欲善其事,必先利其器"。工具虽然不是解决问题的唯一决定因素,但是一个合适的工具往往能达到事半功倍的效果。

第 5 章介绍静态逆向所使用的工具。静态逆向是最简单、最直接的逆向方式,主要的目的是将 Apk 软件包进行解包,将包内的文件逐一进行解码,最关键的是将保存着代码的二进制文件反编译成我们能直接阅读的源代码形式。

第 6 章介绍动态调试所使用的工具。这些工具和开发环境中的断点调试功能类似,可以让我们看到程序运行过程中的各种变化,只不过在开发环境中我们面对的是自己编写的源代码,逆向时我们面对的是反编译的伪源代码,甚至是汇编代码。

第 7 章主要介绍两种最常见的 Hook 工具。Hook 是一种可以在不直接修改程序源代码的前提下改变程序运行逻辑的手段,能够避免为了动态调试而将 Apk 拆得七零八落又费尽心思组装回去的复杂操作,提高动态调试的效率。

第 8 章介绍针对 Native 层的 C++ 代码的调试手段。Unicorn Engine 是一个神奇的工具,它可以模拟各种 CPU 平台、内存与堆栈。逆向工程师不需要运行整个 App,使用 Unicorn 就可以单独运行调试 so 文件的一部分汇编代码,而且可以随意设置寄存器与堆栈的值。

实战篇

实战篇包括第 9~13 章,是整本书的重点内容。读者在这部分将运用前面理论篇与工具篇的知识点进行实操,在操作的过程中加深对 Android 应用逆向分析与安全开发的理解。

第 9 章的主要内容是脱壳实战。本章也是移动应用逆向攻防色彩最重的一章。我们在进行 Android 应用逆向分析的时候通常通过反编译的手段来获取代码逻辑,从代码逻辑中找到程序的漏洞或者恶意行为,而 Android 应用加固会将 App 的代码逻辑隐藏起来,虽然加固手段本身是一种安全性保护,但是这种保护是不会分辨应用本身是否存在恶意行为的。因此,如果需要通过逆向分析判断应用是否是木马,就需要对加固壳进行破解。本章针对两种 Java 代码加固方案以及 C++ 混淆方案探讨对抗破解的方法。

第 10 章的主要内容是逆向实战,介绍了针对 Android 应用中 Java 层与 Native 层的逆向手段,包括逆向分析 Smali 代码并进行篡改重编译、逆向分析 so 文件等。本章结合两个经典的 CTF 比赛题目进行实战讲解。

第 11 章的主要内容是 Hook 实战,介绍了在不改变 Android 应用程序代码的情况下修改程序逻辑,使用工具篇介绍的两种主流 Hook 框架——Xposed 框架和 Frida 框架进行具体的攻防实战。本章结合一个经典的 CTF 比赛题目进行分析讲解。

第 12 章的主要内容是调试实战,本章将使用网络上已发布且功能复杂的 App 作为例子,使用静态逆向和动态调试两种方式分析该 App 的具体业务逻辑。同时也会在本章介绍使用一个基于 Unicorn 的代码调试工具 Unidbg,通过该工具来对 Native 层逻辑进行逆向调试实战。

第13章的主要内容是IoT(物联网)安全分析实战。当前大量的物联网设备采用Android操作系统,本章通过对物联网移动应用进行逆向调试分析实战,介绍如何使用抓包的方式截取应用的互联网请求。读者在本章中将了解到物联网应用安全的重要性。

什么人适合阅读本书

本书主要讲解与Android移动安全逆向分析与攻防实战相关的技术,需要读者具有一定的Java编程语言基础和Android开发基础。由于本书包含"攻"和"防"两部分实战内容,故在安全攻防和软件开发领域有不同的读者定位。

在"安全攻防"领域,适合阅读本书的读者包括:

- 高校信息安全相关专业的学生;
- 软件安全研究员;
- 软件逆向工程师。

在"软件开发"领域,适合阅读本书的读者包括:

- 高校信息安全相关专业的学生;
- 高校软件工程相关专业的学生;
- Android应用开发工程师。

实例代码与勘误

为方便读者高效学习,快速掌握Android移动安全理论与逆向分析的实践,作者精心编辑了参考学习电子资料(超过500页)、完整的教学课件PPT(共13章,超过400页)、参考开源项目源代码(超过70万行)及丰富的配套视频教程(21个微课视频,见正文)等资源。请访问清华大学出版社官网本书页面下载地址。

虽然笔者在Android操作系统安全攻防领域从业超过7年,但是由于知识储备、技术能力、时间等限制,书中难免会有疏漏和错误的地方,欢迎读者反馈斧正,也请同行给予宝贵的建议。

请关注微信公众号"移动安全攻防"(微信号:mobsecx),单击菜单"更多"→"书籍勘误",在本书勘误页面提交你的宝贵意见。

叶绍琛

2021年9月1日

本书视频清单

视 频 名 称	时长(分钟：秒)	对应位置
视频 1 Android 安全分析环境搭建	16:51	1.4 节
视频 2 反编译 Android 应用	8:16	2.1 节
视频 3 修改 Smali 与二次打包	10:00	2.3 节
视频 4 Android 常见漏洞分析	9:11	3.2.1 节
视频 5 OWASP 移动安全风险 Top10	18:56	3.3 节
视频 6 安装部署 MobSF	8:00	4.1 节
视频 7 Apk 静态分析流程	10:46	4.3 节
视频 8 Apktool 工具的基础与用法	10:28	5.1.1 节
视频 9 Jadx-gui 工具的基础与用法	8:00	5.3 节
视频 10 IDA pro 动态调试介绍	7:50	6.2 节
视频 11 JEB 动态调试工具	7:18	6.4 节
视频 12 Frida Hook 工具简介	13:57	7.1 节
视频 13 Xposed Hook 框架简介	14:07	7.2 节
视频 14 Unicorn 框架简介	9:06	8.1 节
视频 15 Frida 脱壳原理	10:16	9.1.1 节
视频 16 FART 脱壳原理	10:17	9.2.2 节
视频 17 逆向分析 Smali 代码	13:04	10.1 节
视频 18 逆向分析 so 文件	18:57	10.2 节
视频 19 Xposed Hook 实战	8:29	11.1 节
视频 20 Native 调试	8:47	12.3 节
视频 21 IoT 移动应用威胁建模	9:15	13.1 节

目录

CONTENTS

基 础 篇

理 论 篇

工 具 篇

实 战 篇

基　础　篇

本篇是全书的基础知识讲解，共包括两章。第1章主要介绍Android移动应用安全调试工具；第2章通过对一个Android应用进行逆向、破解、篡改、二次打包等操作，帮助读者快速建立起对Android应用逆向攻防的基础概念，形成对该技术方向的直观了解和形象记忆，为后续的理论学习打下基础。

第1章 构建 Android 安全分析环境

CHAPTER 1

1.1 常用 adb 命令一览

adb 全称是 Android Debug Bridge，通过监听 Socket TCP 5554 等端口实现对 Android 模拟器的链接。对于真机可以在开发者选项中启动 USB 调试，通过 USB 连接到主机，并赋予主机对手机的调试权限，adb 工具就可以通过 USB 对手机进行调试与控制。

本节介绍在 Android 开发与逆向分析中常用的 adb 命令，以下都是分析 Android 应用过程中的常用命令。

安装 Apk 软件包：

```
$ adb install apk_name.apk
```

升级安装 Apk 软件包：

```
$ adb install -r apk_name.apk
```

卸载 Apk 软件包：

```
$ adb uninstall apk_name.apk
```

将本地文件推送到设备：

```
$ adb push local_dir divice_dir
```

将设备中的文件拉取到本地：

```
$ adb pull divice_dir local_dir
```

拉取时可能会遇到访问文件所在文件夹需要 Root 权限，这时可以先将文件转移到 /sdcard 中再进行拉取。

打印 adb 日志：

```
$ adb logcat > log.txt
```

查看指定应用的详细信息：

```
$ adb shell dumpsys package package_name
```

查看当前应用的 activity 信息：

```
$ adb shell dumpsys activity top
```

快速截取手机屏幕:

```
$ adb shell screencap -p device_dir/screen.png
```

手机录屏:

```
$ adb shell screenrecord device_dir/screen.mp4
```

设备端口转发:

```
$ adb forward tcp:23946 tcp:23946
```

adb 工具实现了主机与手机的交互,不仅可以用在手动调试应用的过程中,许多自动化动态调试工具(比如 MobSF)也会用到它。

1.2 NDK 命令行编译 Android 动态链接库

NDK 全称 Native Development Kit,是 Android 的一个工具开发包,通常用于开发 Android 应用调用的 c、C++动态库,并将动态库与应用一起打包成 Apk 包,Android 中的 Java 层通过 NDK 使用 Jni 接口与 Native 层代码进行交互。

本节介绍使用 NDK 工具中的几个简单的命令,不需要 Android Studio 等 IDE,通过命令行来编译一个 Android 动态链接库。配置好 JDK 环境与 Android SDK 环境,首先使用 Java 编写一个简单的 Android 程序。

MainActivity.java 文件的主要代码:

```
package test.example;

import android.app.Activity;
import android.os.Bundle;
import android.view.View;
import android.widget.Toast;
import android.widget.LinearLayout;
import android.widget.Button;

public class MainActivity extends Activity{

  static{
    System.loadLibrary("jni_test");
  }

  public native String stringFromJNI();

  public void onCreate(Bundle savedInstanceState){
    super.onCreate(savedInstanceState);
    LinearLayout lla = new LinearLayout(this);
    Button b = new Button(this);
    LinearLayout lla = new LinearLa
    Button b = new Button(this);
```

```
        b.setText("click");
        lla.addView(b);
        this.setContentView(lla);
        final Activity _this = this;

        b.setOnClickListener(new View.OnClickListener() {
            @Override
            public void onClick(View v) {
              Toast.makeText(_this, stringFromJNI(), Toast.LENGTH_LONG).show();
             }
        });
    }
}
```

调用 javac 命令编译编写的 Java 文件,生成 class 文件:

```
javac - bootclasspath {Android_SDK_HOME}/platforms/android - 28/android.jar
MainActivity.java
```

使用 javah 命令生成.h 头文件,注意 javah 命令的使用以及执行位置。首先进入 class 文件所在包目录的顶层,本例中就是 test 目录的父目录,在该目录下执行下面命令:

```
javah - d ./test/example/jni/ - bootclasspath {Android_SDK_HOME}/platforms/android - 28/
android.jar - classpath . test.example.MainActivity
```

在 test/example/jni 目录下会生成头文件:test_example_MainActivity.h。在 jni 目录下新建 jni.c 文件,编写 Jni 代码:

Jni.c 文件的主要代码:

```
#include <string.h>
#include <jni.h>
#include "test_example_MainActivity.h"

JNIEXPORT jstring JNICALL Java_test_example_MainActivity_stringFromJNI(JNIEnv * env, jobject _
this){
  return ( * env) -> NewStringUTF(env,"return from c");
}
```

在 test/example/jni 目录下新建 Android.mk 文件(注意字母大小写),这个文件是说明如何编译动态链接库的。

Android.mk 文件的主要代码:

```
LOCAL_PATH := $(call my-dir)

include $(CLEAR_VARS)

LOCAL_MODULE := jni_test
LOCAL_SRC_FILES := jni.c
```

打开命令行，进入 test/example/jni 目录，输入以下命令：

```
{Android_NDK_HOME}/ndk - build
```

如图 1.1 所示为使用 ndk-build 编译 so 文件的输出。

```
Android NDK: APP_PLATFORM not set. Defaulting to minimum supported version android-14.
[arm64-v8a] Compile        : jni_test <= jni.c
[arm64-v8a] SharedLibrary  : libjni_test.so
[arm64-v8a] Install        : libjni_test.so => libs/arm64-v8a/libjni_test.so
[x86_64] Compile        : jni_test <= jni.c
[x86_64] SharedLibrary  : libjni_test.so
[x86_64] Install        : libjni_test.so => libs/x86_64/libjni_test.so
[mips64] Compile        : jni_test <= jni.c
[mips64] SharedLibrary  : libjni_test.so
[mips64] Install        : libjni_test.so => libs/mips64/libjni_test.so
[armeabi-v7a] Compile thumb  : jni_test <= jni.c
[armeabi-v7a] SharedLibrary  : libjni_test.so
[armeabi-v7a] Install        : libjni_test.so => libs/armeabi-v7a/libjni_test.so
[armeabi] Compile thumb  : jni_test <= jni.c
[armeabi] SharedLibrary  : libjni_test.so
[armeabi] Install        : libjni_test.so => libs/armeabi/libjni_test.so
[x86] Compile        : jni_test <= jni.c
[x86] SharedLibrary  : libjni_test.so
[x86] Install        : libjni_test.so => libs/x86/libjni_test.so
[mips] Compile        : jni_test <= jni.c
[mips] SharedLibrary  : libjni_test.so
[mips] Install        : libjni_test.so => libs/mips/libjni_test.so
```

图 1.1 使用 ndk-build 编译 so 文件的输出

此时，项目下会产生 libs 目录，该目录中就是生成的动态链接库。因为 Android 支持多种处理器架构，针对不同架构需要将 C++ 编译成多个版本的动态链接库，所以可以用 Application. mk 文件来配置生成的平台类型。

在 jni 目录下新建 Application. mk 文件。

Application. mk 文件的主要代码：

```
App_ABI := armeabi armeabi - v7a x86
```

再次使用 ndk-build 命令编译，就会在 libs 下分别生成 armeabi、armeabi-v7a、x86 架构的动态链接库。

1.3 NDK 工具链常用工具

NDK 提供了一些用于分析与调试链接库文件的命令行工具，当逆向人员尝试分析某个 Android 应用的 Native 层代码时，这些工具可以发挥作用。

1. Addr2line

Addr2line 是一个分析 so 动态链接库文件并根据 so 文件的地址偏移找到对应函数位置的工具。当 Native 层的 C++代码发生错误时，往往很难像 Java 层那样直接定位到问题代码，这是因为 C++代码已经被编译成了汇编语言。而使用 Addr2line 可以将 adb 日志中抛出的 so 文件异常地址转换成对应的函数，大大降低了调试的难度。

Addr2line 是 NDK 中的一个组件，可以使用命令行独立调用，但不同架构的 so 文件对应的 Addr2line 是不同的。

1）在 Windows NDK 目录下

对应 AArch64 架构：Sdk\ndk-bundle\toolchains\aarch64-linux-android-4.9\prebuilt\windows-x86_64\bin。

对应 Arm 架构：Sdk\ndk-bundle\toolchains\arm-linux-androideabi-4.9\prebuilt\windows-x86_64\bin。

2）在 Linux NDK 目录下

对应 AArch64 架构：toolchains/aarch64-linux-android-4.9/prebuilt/linux-x86_64/bin。

对应 Arm 架构：toolchains/arm-linux-androideabi-4.9/prebuilt/linux-x86_64/bin。

当 so 文件发生异常，系统会抛出错误堆栈信息。以 libh_db.so 为例，使用 adb logcat 命令获取 Android 应用运行时产生的日志并从中找到 signal 抛出的堆栈信息如下。

adb 获取的日志：

```
backtrace:
10-28 17:13:02.151 7349 7349 F DEBUG:     #00 pc 0000000000000ef8
/data/data/cn.andouya/files/libh_db.so (offset 0xbc000)
10-28 17:13:02.151 7349 7349 F DEBUG:     #01 pc 000000000043a1c
```

使用 Addr2line 调试出问题的 so 文件，尝试将堆栈中的异常地址转化成 so 文件中的函数。

```
$ aarch64-linux-android-addr2line -C -f -e libh_db.so 00000000000bcef8
```

图 1.2 所示为使用 Addr2line 调试得到的结果。

```
_Unwind_IteratePhdrCallback
/usr/local/google/buildbot/src/android/gcc/toolchain/build/../gcc/gcc-4.9/libgcc/unwind-dw2-fde-dip.c:299
```

图 1.2　使用 Addr2line 调试得到的结果

从图 1.2 的输出中可以看到 so 文件抛出 signal 的函数位置，是在 so 文件 unwind-dw2-fde-dip.c 的 299 行。需要注意的是，例子中的 libh_db.so 是 Arm64 架构的，所以调用的 Addr2line 工具是 AArch64 目录下的，分析 so 文件需要使用相同架构的工具。

2. readelf

readelf 工具一般用于查看 ELF 格式的文件信息，即可查看 Android 编译出来的 so 动态链接库文件，与 Addr2line 工具在同一目录下。通常的用法如下：

```
$ readelf <选项> elf-文件
```

常用参数：

-h --file-header	显示 ELF 文件头
-l --program-headers	显示程序头
-S --section-headers	显示节头
-g --section-groups	显示节组
-t --section-details	显示节的细节
-s --syms	显示符号表
--dyn-syms	显示动态符号表

下面使用 readelf 工具来处理一个 so 文件，查看它的头部结构：

```
$ readelf -h libshello_world_normal.so
```

如图 1.3 所示是使用 readelf 命令读取 so 文件头部信息的结果。

```
ELF Header:
  Magic:   7f 45 4c 46 02 01 01 00 00 00 00 00 00 00 00 00
  Class:                             ELF64
  Data:                              2's complement, little endian
  Version:                           1 (current)
  OS/ABI:                            UNIX - System V
  ABI Version:                       0
  Type:                              DYN (Shared object file)
  Machine:                           AArch64
  Version:                           0x1
  Entry point address:               0x431b0
  Start of program headers:          64 (bytes into file)
  Start of section headers:          6233456 (bytes into file)
  Flags:                             0x0
  Size of this header:               64 (bytes)
  Size of program headers:           56 (bytes)
  Number of program headers:         8
  Size of section headers:           64 (bytes)
  Number of section headers:         38
  Section header string table index: 35
```

图 1.3　使用 readelf 命令读取 so 文件头部信息的结果

如表 1.1 所示为 elf 文件头部信息内容解析。

表 1.1　elf 文件头部信息内容解析

elf 文件头部信息	说　明
Magic	7f 45 4c 46 02 01 01 00 00 00 00 00 00 00 00 00
类别	ELF64
数据	2 补码，小端序
版本	1
OS/ABI	UNIX-System V
ABI 版本	0
类型	DYN(共享目标文件)
系统架构	AArch64
版本	0x1
入口点地址	0x431b0
程序头起点	64
section 段头部的起点	6233456
标志	0x0
头部的大小	64B
程序头部的大小	56B
程序头部的数量	7
section 段头部的大小	64B
section 段头部的数量	21
section 段头部字符表的索引	20

视频 1

1.4　解除手机 BL 锁

如果需要逆向分析 Android 应用，真机与模拟器相比限制会少一些。许多应用没有针对模拟器进行优化，在分析的过程中可能会出现闪退或者卡顿的情况。一些具有基本安全防护的应用会检测模拟器环境，从而主动结束进程。接下来的 3 节会介绍如何准备调试应用的真机环境。

在进行所有刷机或 Root 操作之前，都必须要解开 BL 锁。目前国内绝大部分厂商的手机已经不提供解除 BL 锁的方式，因此真机调试环境通常都会选择 Google 公司的 Nexus 系列手机，刷 Google 官方系统镜像。

本书所用的调试真机为 Nexus 6P。Nexus 6P 解除 BL 锁的方法如下：

（1）进入开发者选项，打开 USB 调试，打开“OEM 解锁”。

打开 USB 调试与 OEM 解锁如图 1.4 和图 1.5 所示。

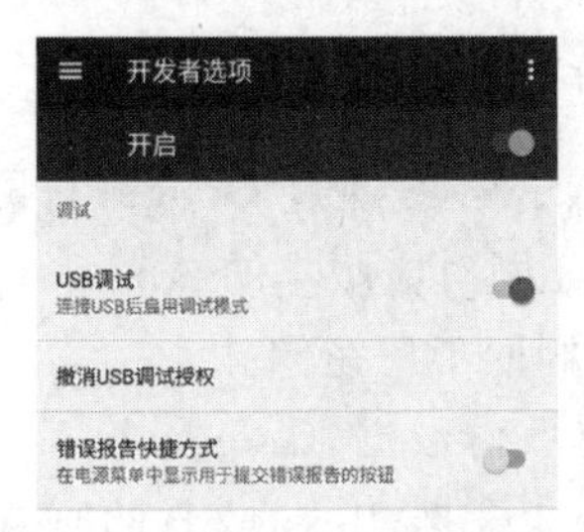

图 1.4　打开 USB 调试截图

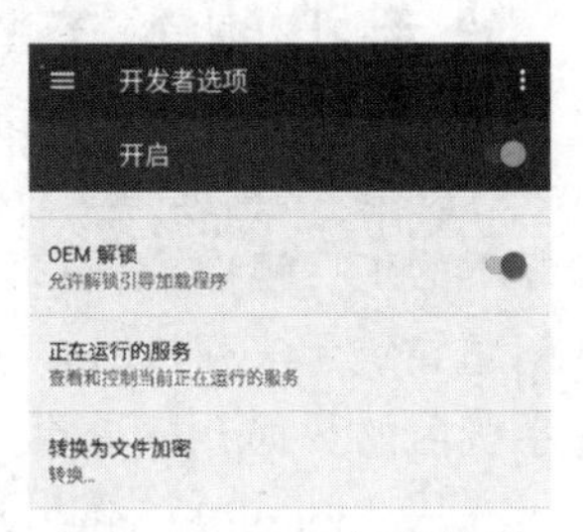

图 1.5　OEM 解锁截图

（2）使设备进入 fastboot 模式的方法有两种：一是手机在关机状态下长按音量与开机键，二是将手机通过 USB 连接到计算机后，在计算机命令行终端上使用 adb 命令“adb reboot fastboot”进入 fastboot 模式。进入 fastboot 模式后，手机显示的页面被称为 bootloader 界面。

如图 1.6 所示为 Nexus 6P 的 bootloader 界面。

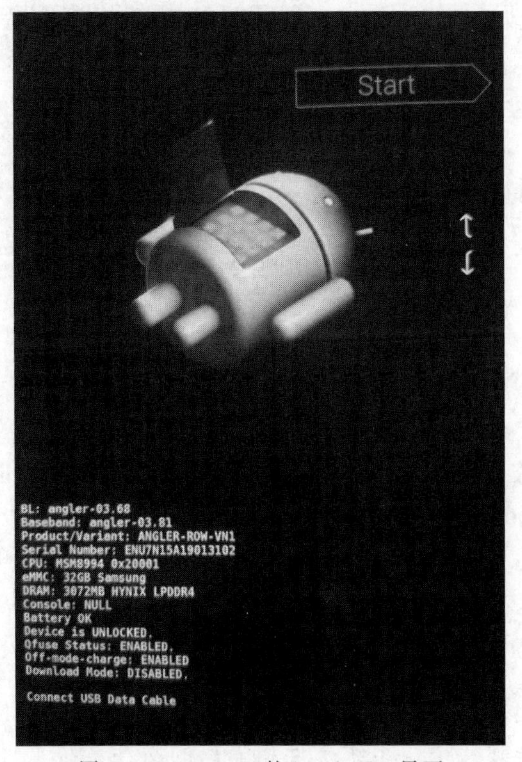

图 1.6　Nexus 6P 的 bootloader 界面

输入 adb 命令检查 fastboot 模式是否正常。

```
$ fastboot devices
```

(3) 输入解锁命令。

```
$ fastboot flashing unlock
```

这样,手机的 BL 锁就被解除,可以进行下一步的刷机操作了。

1.5 给手机刷入工厂镜像

Google 为 Nexus 手机准备了各 Android 原生版本的驱动,通过 Google 官网可以找到各 Android 版本的工厂镜像,在刷第三方 ROM 时最好先刷对应版本的 Android 工厂镜像。当刷机出现问题导致无法开机时,可以进入 bootloader 刷回工厂镜像。

刷机时手机内的数据会被清除,如果有需要请提前备份数据,Google 的工厂镜像下载地址: https://developers.google.com/android/images。根据 Nexus 6P 的官方代号找到对应的系统镜像。

如图 1.7 所示为 Google 官网上的系统镜像。

"angler" for Nexus 6P

Version	Download	SHA-256 Checksum
6.0.0 (MDA89D)	Link	9f001626d37785a4845e2d61c53caaff839a31713062e49b29ede6b5fe807e68
6.0.0 (MDB08K)	Link	4655088655f64e4f778adebe9e0ac8099447af643cf983262a95a1abf4401053
6.0.0 (MDB08L)	Link	bb060be5690856a09325862c94c3568775034bc0c78678d6cdc2ea6dd77feb5d
6.0.0 (MDB08M)	Link	5690aabf9b18d19ffff5949907eb123f15aff6cbfa31f67c1eeef0650a1fa1fe
6.0.0 (MMB29N)	Link	63f8243f3bc4fed4638ce9bc943d989da34e73775de6efa1677dad37be3fa1b7
6.0.1 (MMB29M)	Link	616cf265c50f3960883f4c0e22b5e795defd8853cfdc83c61448054a06bf6a7f
6.0.1 (MMB29P)	Link	ba26af977515fc9279f78aec766b6e1da33d3ecb8101985a46d7f35b5e7cde7a
6.0.1 (MMB29Q)	Link	24a6e02f2c3134a32e0d164d0163834595787faab48b07e92fc4a4a89d26e255
6.0.1 (MMB29V)	Link	17366b60a63f8d3a9844f7562ea04d1a4409a9ce908452316656d3a3c8207153
6.0.1 (MHC19I)	Link	545ef1061782108ad699b96a1f05a59c73eeed6662d8d6fe6448c796a1143752
6.0.1 (MHC19Q)	Link	e49fbdfd9982787166b5b159861f9d41ba817b87c1ec43f8ec9eb02565d78689
6.0.1 (MTC19T)	Link	095027d58b891101167b85a0032998e720da588ceb0b4411c6b1c3f942d68e4c
6.0.1 (MTC19V)	Link	b322694cd8b4f2dfba77889dd9cc645b59e535c4c944816e35632261625f8771

图 1.7 Google 官网上的系统镜像

将下载下来的压缩包解压,然后将 Android SDK 中的 platform-tool 复制到解压目录下,确保手机进入 fastboot 模式,在解压目录中找到 flash-all.bat,以管理员身份运行,并等待刷机完毕。

1.6 Root Android 系统

Android 原生系统获取 Root 权限需要借助 Magisk 框架,Magisk 是一个类似于 Xposed 的工具,它会挂载一个与系统文件相隔离的文件系统来加载自定义内容。所以

Magisk 的安装需要借助第三方 recovery 软件。

第三方 recovery 选用 Twrp 软件。首先下载 Magisk 框架的 19.3 版本，将其放入手机 SD 卡中。下载 Twrp 软件对应 Nexus 6P 的版本：twrp-3.3.1-0-angler.img。进入手机的 bootloader 模式，在主机命令行执行下面的命令：

```
$ .\fastboot boot twrp-3.3.1-0-angler.img
```

如图 1.8 所示为 Twrp 软件界面。

在 Twrp 中单击 Install 按钮，选择 Magisk-v 19.3.zip 文件进行安装。

如图 1.9 所示为单击选择 Magisk-v 19.3 安装包。

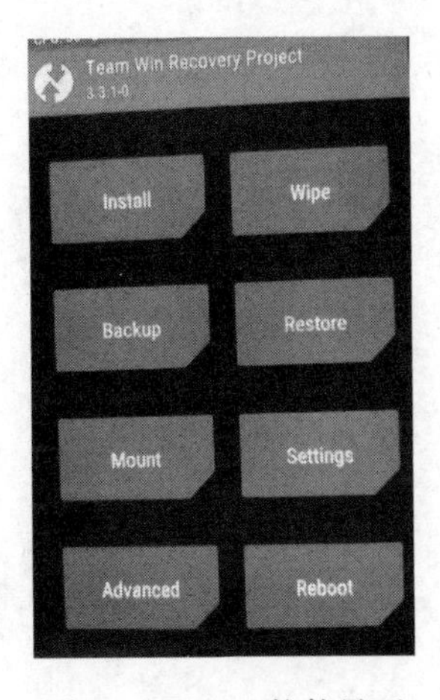

图 1.8　Twrp 软件界面

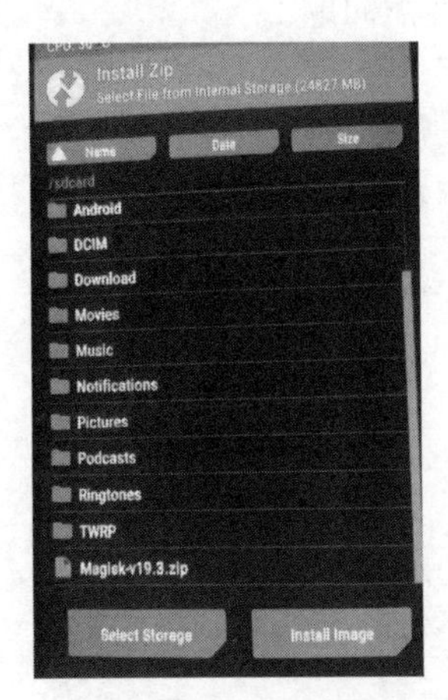

图 1.9　单击选择 Magisk-v 19.3 安装包

选中 Magisk 安装包后，滑动下方的滑块执行安装，如图 1.10 所示。

此处的 Magisk 安装包是泛指 Magisk 软件的安装包，根据具体情况软件版本以及安装包的文件名都有可能发生变化。

如图 1.11 所示为安装成功后的输出内容。

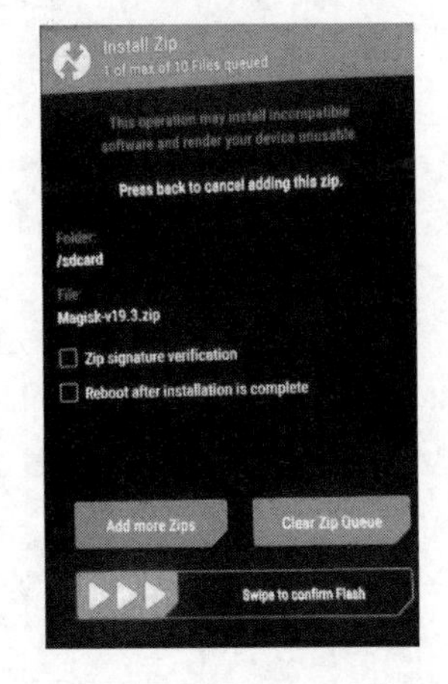

图 1.10　安装 Magisk 安装包

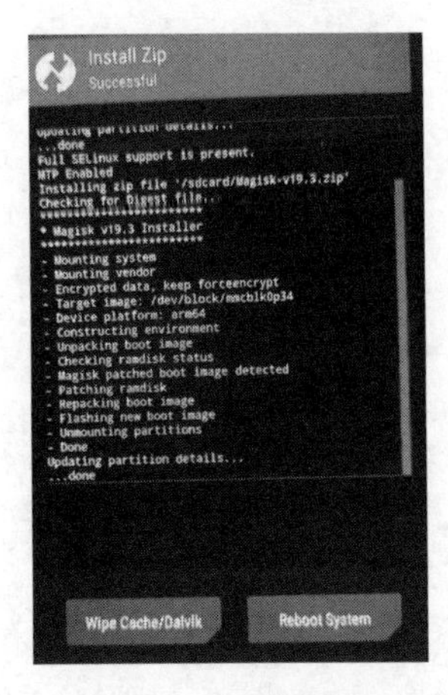

图 1.11　安装成功后的输出内容

安装完毕后直接重启,重启手机后在 Magisk Manager 应用中可以找到启动超级用户的选项,如果有应用需要申请 Root 权限,那么可以在 Magisk Manager 中手动授予。

1.7 本章小结

本章介绍了逆向分析过程中所用到的基本环境的配置方法和基本工具。移动应用的逆向分析会用到多种工具,后续章节会具体介绍。读者在后面的学习中选择自己用得顺手的工具即可。

另外,建议读者在学习本书的时候尽量使用真机作为测试环境,会避免一些不必要的兼容性问题与性能问题。

第 2 章 破解第一个 Android 应用

CHAPTER 2

2.1 反编译 Apk

视频 2

本章来尝试破解一个简单的 Android 应用，并在这个过程中熟悉反编译、修改、重打包、签名等 Android 应用基本破解流程。

在反编译这一步，需要首先获得 Android 应用的源代码文件，选用的工具是 Apktool。Apktool 是使用 Java 编写的跨平台 Apk 程序反编译工具，从 GitHub 上下载最新 apktool.jar 文件 https://github.com/iBotPeaches/Apktool/releases。

如图 2.1 所示为 GitHub 上 Apktool 的下载页面。

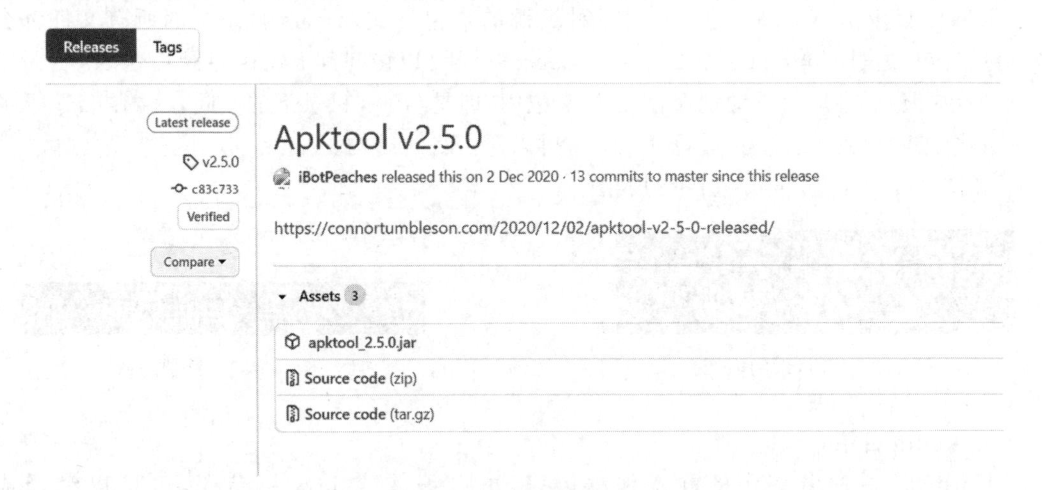

图 2.1 GitHub 上 Apktool 的下载页面

本例使用的 Apk 是 Android Studio 直接创建的 Native Demo 应用，只有一个 MainActivity 显示一段 C++代码返回的字符串。在命令行运行“java -jar”，调用 apktool.jar 对 Apk 包进行反编译，-o 参数指定反编译出的结果所在目录：

```
$ java -jar apktool.jar d hello_world.apk -o output_dir
```

如图 2.2 所示为 Apktool 运行时的输出。

反编译结束后 Apk 包内解码出来的所有文件都保存在 output_dir 目录中。

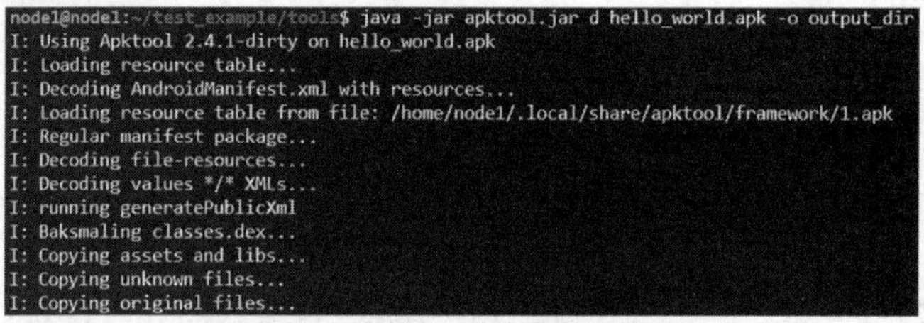

```
node1@node1:~/test_example/tools$ java -jar apktool.jar d hello_world.apk -o output_dir
I: Using Apktool 2.4.1-dirty on hello_world.apk
I: Loading resource table...
I: Decoding AndroidManifest.xml with resources...
I: Loading resource table from file: /home/node1/.local/share/apktool/framework/1.apk
I: Regular manifest package...
I: Decoding file-resources...
I: Decoding values */* XMLs...
I: running generatePublicXml
I: Baksmaling classes.dex...
I: Copying assets and libs...
I: Copying unknown files...
I: Copying original files...
```

图 2.2 Apktool 运行时的输出

2.2 分析包内文件

本节将通过逐一分析 2.1 节用 Apktool 工具处理 Apk 文件后得到的内容文件,来了解 Apk 包的结构。

1. lib 目录

lib 目录下保存的是 Android Native 层编译链接出来的动态链接库,不同架构的 so 文件分别保存在对应的目录下,常见的有 armeabi(armeabi-v7a)、arm64-v8a、x86、x86_64。应用运行时可以根据运行环境选取对应架构的 so 文件进行加载。

如图 2.3 所示为 lib 目录的截图。

2. assets 目录

assets 目录是 Android 应用的另一种资源的打包方式,assets 目录中的所有文件都会随应用打包,通过 Context 获得的 AssetManager 类可以访问到 assets 目录。assets 目录下的文件在打包后会原封不动地保存在 Apk 包内,但是与 res 目录下的不同,assets 目录下的文件不会被映射到 R. java 中,同时 assets 可以保留目录结构。

如图 2.4 所示为 assets 目录的截图。

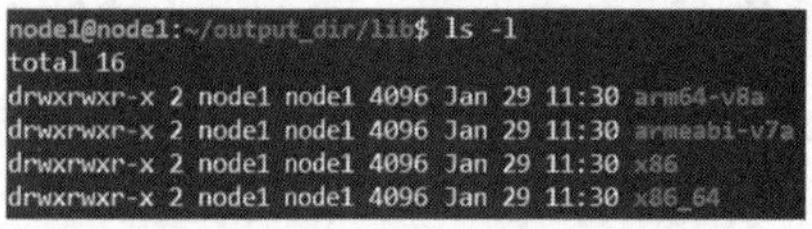

```
node1@node1:~/output_dir/lib$ ls -l
total 16
drwxrwxr-x 2 node1 node1 4096 Jan 29 11:30 arm64-v8a
drwxrwxr-x 2 node1 node1 4096 Jan 29 11:30 armeabi-v7a
drwxrwxr-x 2 node1 node1 4096 Jan 29 11:30 x86
drwxrwxr-x 2 node1 node1 4096 Jan 29 11:30 x86_64
```

图 2.3 lib 目录的截图

```
node1@node1:~/output_dir/assets$ ls -l
total 4
-rw-rw-r-- 1 node1 node1 13 Jan 29 11:30 test_assets
```

图 2.4 assets 目录的截图

3. kotlin 目录

Kotlin 是一个多平台的静态编程语言,可以编译成 Java 字节码,也可以编译成 JavaScript,方便在没有 JVM 的设备上运行,现在已经成为 Android 官方支持的开发语言。如果 Apk 包导入 Kotlin 语言编写的部件时,Kotlin 相关的文件就会保存在 kotlin 目录下。

如图 2.5 所示为 kotlin 目录的截图。

4. META-INF 目录

该目录下保存签名相关的信息,编译生成一个 Apk 包时,会对所有要打包的文件进行校验计算,将计算结果保存在 META-INF 目录下。当 Apk 包被安装时,应用管理器会对包内的文件进行校验,如果校验结果不一致,应用就不会被安装。

如图 2.6 所示为 META-INF 目录的截图。

```
node1@node1:~/output1_dir/kotlin$ ls -l
total 336
drwxrwxr-x 2 node1 node1  4096 Jan 29 11:33 annotation
-rw-rw-r-- 1 node1 node1   204 Jan 29 11:33 ArithmeticException.kotlin_metadata
-rw-rw-r-- 1 node1 node1   135 Jan 29 11:33 AssertionError.kotlin_metadata
-rw-rw-r-- 1 node1 node1   443 Jan 29 11:33 BuilderInference.kotlin_metadata
-rw-rw-r-- 1 node1 node1   153 Jan 29 11:33 ClassCastException.kotlin_metadata
drwxrwxr-x 2 node1 node1  4096 Jan 29 11:33 collections
-rw-rw-r-- 1 node1 node1   154 Jan 29 11:33 Comparator.kotlin_metadata
drwxrwxr-x 2 node1 node1  4096 Jan 29 11:33 comparisons
-rw-rw-r-- 1 node1 node1   442 Jan 29 11:33 ConcurrentModificationException.kotlin_metadata
drwxrwxr-x 2 node1 node1  4096 Jan 29 11:33 contracts
drwxrwxr-x 4 node1 node1  4096 Jan 29 11:33 coroutines
-rw-rw-r-- 1 node1 node1   172 Jan 29 11:33 Error.kotlin_metadata
-rw-rw-r-- 1 node1 node1   176 Jan 29 11:33 Exception.kotlin_metadata
drwxrwxr-x 2 node1 node1  4096 Jan 29 11:33 experimental
-rw-rw-r-- 1 node1 node1   467 Jan 29 11:33 Experimental.kotlin_metadata
-rw-rw-r-- 1 node1 node1   584 Jan 29 11:33 ExperimentalMultiplatform.kotlin_metadata
-rw-rw-r-- 1 node1 node1   663 Jan 29 11:33 ExperimentalStdlibApi.kotlin_metadata
-rw-rw-r-- 1 node1 node1   627 Jan 29 11:33 ExperimentalUnsignedTypes.kotlin_metadata
-rw-rw-r-- 1 node1 node1   188 Jan 29 11:33 HashCodeKt.kotlin_metadata
-rw-rw-r-- 1 node1 node1   217 Jan 29 11:33 IllegalArgumentException.kotlin_metadata
-rw-rw-r-- 1 node1 node1   214 Jan 29 11:33 IllegalStateException.kotlin_metadata
-rw-rw-r-- 1 node1 node1   160 Jan 29 11:33 IndexOutOfBoundsException.kotlin_metadata
-rw-rw-r-- 1 node1 node1   262 Jan 29 11:33 InitializedLazyImpl.kotlin_metadata
```

图 2.5　kotlin 目录的截图

```
node1@node1:~/output_dir/original/META-INF$ ls -l
total 220
-rw-rw-r-- 1 node1 node1     6 Jan 29 11:30 androidx.appcompat_appcompat.version
-rw-rw-r-- 1 node1 node1     6 Jan 29 11:30 androidx.arch.core_core-runtime.version
-rw-rw-r-- 1 node1 node1     6 Jan 29 11:30 androidx.asynclayoutinflater_asynclayoutinflater.version
-rw-rw-r-- 1 node1 node1     6 Jan 29 11:30 androidx.coordinatorlayout_coordinatorlayout.version
-rw-rw-r-- 1 node1 node1     6 Jan 29 11:30 androidx.core_core.version
-rw-rw-r-- 1 node1 node1     6 Jan 29 11:30 androidx.cursoradapter_cursoradapter.version
-rw-rw-r-- 1 node1 node1     6 Jan 29 11:30 androidx.customview_customview.version
-rw-rw-r-- 1 node1 node1     6 Jan 29 11:30 androidx.documentfile_documentfile.version
-rw-rw-r-- 1 node1 node1     6 Jan 29 11:30 androidx.drawerlayout_drawerlayout.version
-rw-rw-r-- 1 node1 node1     6 Jan 29 11:30 androidx.fragment_fragment.version
-rw-rw-r-- 1 node1 node1     6 Jan 29 11:30 androidx.interpolator_interpolator.version
-rw-rw-r-- 1 node1 node1     6 Jan 29 11:30 androidx.legacy_legacy-support-core-ui.version
-rw-rw-r-- 1 node1 node1     6 Jan 29 11:30 androidx.legacy_legacy-support-core-utils.version
-rw-rw-r-- 1 node1 node1     6 Jan 29 11:30 androidx.lifecycle_lifecycle-livedata-core.version
-rw-rw-r-- 1 node1 node1     6 Jan 29 11:30 androidx.lifecycle_lifecycle-livedata.version
-rw-rw-r-- 1 node1 node1     6 Jan 29 11:30 androidx.lifecycle_lifecycle-runtime.version
-rw-rw-r-- 1 node1 node1     6 Jan 29 11:30 androidx.lifecycle_lifecycle-viewmodel.version
-rw-rw-r-- 1 node1 node1     6 Jan 29 11:30 androidx.loader_loader.version
-rw-rw-r-- 1 node1 node1     6 Jan 29 11:30 androidx.localbroadcastmanager_localbroadcastmanager.version
-rw-rw-r-- 1 node1 node1     6 Jan 29 11:30 androidx.print_print.version
-rw-rw-r-- 1 node1 node1     6 Jan 29 11:30 androidx.slidingpanelayout_slidingpanelayout.version
-rw-rw-r-- 1 node1 node1     6 Jan 29 11:30 androidx.swiperefreshlayout_swiperefreshlayout.version
-rw-rw-r-- 1 node1 node1     6 Jan 29 11:30 androidx.vectordrawable_vectordrawable-animated.version
-rw-rw-r-- 1 node1 node1     6 Jan 29 11:30 androidx.vectordrawable_vectordrawable.version
-rw-rw-r-- 1 node1 node1     6 Jan 29 11:30 androidx.versionedparcelable_versionedparcelable.version
-rw-rw-r-- 1 node1 node1     6 Jan 29 11:30 androidx.viewpager_viewpager.version
-rw-rw-r-- 1 node1 node1  1328 Jan 29 11:30 CERT.RSA
-rw-rw-r-- 1 node1 node1 54795 Jan 29 11:30 CERT.SF
-rw-rw-r-- 1 node1 node1 54733 Jan 29 11:30 MANIFEST.MF
```

图 2.6　META-INF 目录的截图

5. original 目录

经过 Apktool 反编译后产生的目录，用来保存一些文件的备份。

如图 2.7 所示为 original 目录的截图。

```
node1@node1:~/output_dir/original$ ls -l
total 8
-rw-rw-r-- 1 node1 node1 2188 Jan 29 11:30 AndroidManifest.xml
drwxrwxr-x 2 node1 node1 4096 Jan 29 11:30 META-INF
```

图 2.7　original 目录的截图

6. res 目录

保存工程的资源文件，打包时 values 文件被编译进 resource.arsc 文件中，使用 Apktool 反编译后会将 resource.arsc 中的内容还原成 values 文件。res 目录下的文件会被映射到 R.java 中，应用中访问资源可以使用资源 ID：R.id.filename。

如图 2.8 所示为 res 目录的截图。

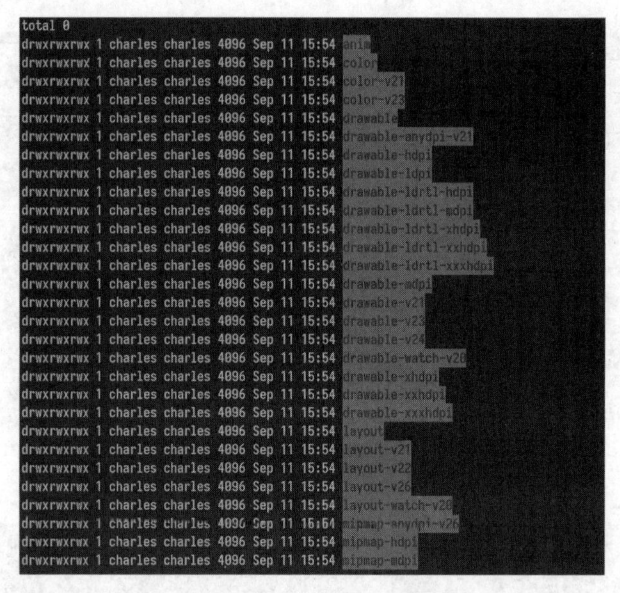

图 2.8 res 目录的截图

7. Unknown 目录

Unknown 目录是 Apktool 反编译后生成的目录，用来保存暂时无法被处理的文件，在重打包时直接复制回包内。

8. AndroidManifest.xml 文件

AndroidManifest 的官方解释是应用清单（manifest 意思是货单），每个应用的根目录中都必须包含一个，并且文件名必须一模一样。这个文件中包含了 App 的配置信息，系统需要根据里面的内容运行 App 的代码，显示界面。后面会详细解析 AndroidManifest.xml 文件。

9. Apktool.yml 文件

Apktool.yml 文件是 Apktool 工具的描述文件，记录了 Apk 反编译信息，方便对 Apk 目录进行反编译操作。

视频 3

2.3 修改 Smali 代码文件

Apktool 默认的反编译设置会把 Apk 包内的 dex 文件反编译成 Smali 文件，保存在 Smali 目录下，Smali 文件可以直接用编辑器打开，像编辑 Java 源码一样对 Smali 文件进行修改。本节中将通过直接修改 Smali 文件使程序在启动时跳出一个弹窗。

首先定位插入代码的位置，要在启动时执行插入的代码，则代码需要插在入口 Activity 的 onCreate 函数内。下面给出在正常开发过程控制弹窗的 Java 代码。

Java 代码：

```
Toast.makeText(this, stringFromJNI, 1).show();
```

此处计划在弹窗内显示 Native 方法返回的字符串，用 Java 来实现就是简单的一句将它翻译成 Smali 代码。

Smali 代码：

```
const/4 v1, 0x1

invoke - static {p0, v0, v1},
Landroid/widget/Toast; - > makeText ( Landroid/content/Context; Ljava/lang/CharSequence; I )
Landroid/widget/Toast;

move - result - object v1

invoke - virtual {v1}, Landroid/widget/Toast; - > show()V
```

如图 2.9 所示为弹窗代码的具体插入点。

```
.line 22
invoke-virtual {p0}, Lcom/example/hello_world/MainActivity;->stringFromJNI()Ljava/lang/String;

move-result-object v0

# insert code
const/4 v1, 0x1
invoke-static {p0, v0, v1}, Landroid/widget/Toast;->makeText(Landroid/content/Context;Ljava/lang/C
move-result-object v1
invoke-virtual {v1}, Landroid/widget/Toast;->show()V
# insert end

invoke-virtual {p1, v0}, Landroid/widget/TextView;->setText(Ljava/lang/CharSequence;)V
```

图 2.9 弹窗代码的具体插入点

原逻辑 stringFromJNI( )方法返回的字符串作为参数传入 setText( )方法，在 TextView 中显示出来。调用 stringFromJNI()方法的返回值保存在 v0 中，弹窗要显示 v0 的值，因此插入点在 move-result-object v0 之后，根据 Toast. makeText()方法的参数表，v0 作为第二个参数传入，同时需要构造一个整型值 v1 作为第三个参数。Toast. makeText()方法完成调用后 v1 就没有用了，可以用来保存 makeText 的返回值。

此时，还不能进行重编译，插入代码时引入了一个新的局部变量 v1，原来代码中只有一个局部变量 v0，而在 onCreate()方法的开头有一个局部变量数量的声明。

如图 2.10 所示为修改 onCreate()方法 locals 值的效果。

```
# virtual methods
.method protected onCreate(Landroid/os/Bundle;)V
    .locals 1
```

图 2.10 修改 onCreate()方法 locals 值的效果

当引入新的局部变量后必须要修改这里的值，否则无法完成重编译。这里将. locals 1 改为. locals 2，就可以顺利进入下一步的重编译环节。

2.4 重编译并签名

在命令行执行 Apktool 的重编译命令：

```
$ java - jar apktool. jar b output_dir - o hello_world_unsigned. apk
```

重新打包之后将 Apk 拖入 Jadx-gui 中，验证插入的代码是否存在语法问题。

如图 2.11 所示为 Jadx-gui 验证插入的代码逻辑。

```
/* access modifiers changed from: protected */
@Override // androidx.core.app.ComponentActivity, androidx.appcompat.app.AppCompatAc
public void onCreate(Bundle bundle) {
    super.onCreate(bundle);
    setContentView(R.layout.activity_main);
    String stringFromJNI = stringFromJNI();
    Toast.makeText(this, stringFromJNI, 1).show();
    ((TextView) findViewById(R.id.sample_text)).setText(stringFromJNI);
}
```

图 2.11 Jadx-gui 验证插入的代码逻辑

重编译出来的应用还没有签名，无法直接运行，需要对应用进行签名，签名的方法与工具有多种，这里介绍用 Apksigner 签名的方式。

apksigner.jar 可以从 Android SDK 的 build-tools 的 lib 目录下找到。apksigner.jar 签名用到的 jks 文件可以用 Android Studio 生成。在 Android Studio 中选择 Build 选项卡中的 Generate Signed APK 选项，在弹出的窗口中创建新的签名文件。

如图 2.12 所示为在 Android Studio 中创建 jks 文件的界面。

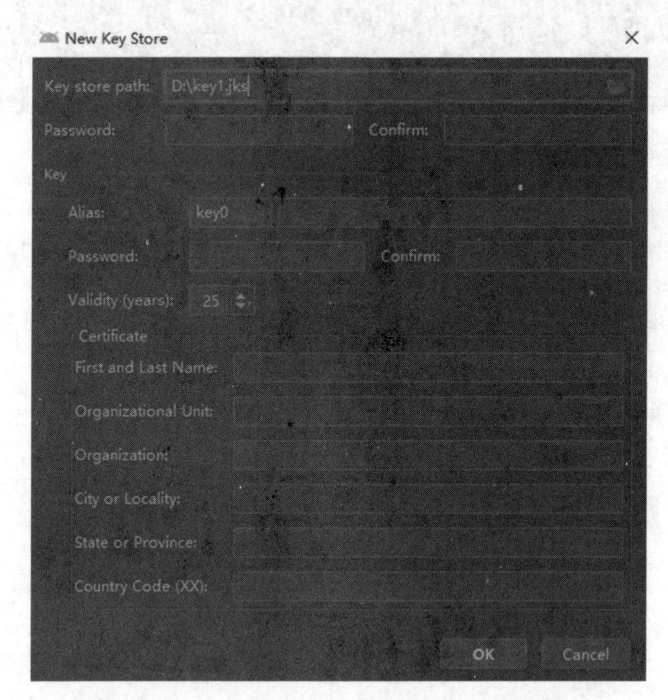

图 2.12 在 Android Studio 中创建 jks 文件的界面

在命令行执行下面的命令：

```
java -jar apksigner.jar sign --verbose --ks key1.jks --v1-signing-enabled true --v2-signing-enabled true --ks-pass pass:password --ks-key-alias key0 --out hello_world_signed.apk hello_world_unsigned.apk
```

以上这条命令较长，其中涉及的参数及其功能如表 2.1 所示。

表 2.1　对应用签名的命令参数

参　数	功　能	参　数	功　能
--ks	签名使用的 jks 文件	--ks-pass pass	KeyStore 的密码
--v1-signing-enabled	使用 jar 包签名方式	--ks-key-alias	生成 jks 文件时指定的 alias
--v2-signing-enabled	使用全 Apk 包签名方式		

该命令启用了 v1 和 v2 两个版本的签名，这是 Android 签名的两种机制。v1 签名是基于 jar 文件的签名方案，该方案会遍历 Apk 中所有条目，提取出包中文件的消息摘要并写入 MANIFEST. MF 文件中。再对 MANIFEST. MF 文件做二次摘要生成 CERT. SF 文件并使用私钥对 CERT. SF 文件签名，将 3 个文件一起打包保存到 META-INF 文件夹中。

v1 版本签名存在两个较大的缺陷：一是校验时对所有文件的摘要计算对某些资源比较多的应用或者性能较差的平台是不小的性能负担，会导致应用安装时间过长；二是用来存放签名的 META-INF 目录本身不会被校验，形成了校验环节漏洞。

基于 v1 基础上推出的 v2 签名则是将验证归档中所有的字节，并在原先 Apk 块中增加一个新的签名块用于存储签名、摘要、签名算法、证书链等属性信息。

相比 v1 签名方案，v2 签名支持将 Apk 分割成小块，分别计算小块的摘要，再计算得到最终的摘要。v1 签名与 v2 签名可以共存，校验的过程中如果检测到使用了 v2 签名块，则必须通过 v2 的校验流程。如果没找到 v2 签名的块，则降级到 v1 签名的校验流程。

下面将签名完毕的 Apk 安装到手机中运行，查看运行效果。

如图 2.13 所示为重编译应用的运行效果。

图 2.13　重编译应用的运行效果

2.5　本章小结

本章通过一个最简单的 Android 应用介绍了分析与破解 Android 程序的基本流程。而实际逆向人员遇到的应用复杂度要更高，有的甚至采用了一定的保护措施，需要借助一些辅助手段进行分析，后面的章节中将会具体介绍。

理 论 篇

本篇是移动应用安全的理论基础，共包括两章。第 3 章围绕移动应用 App 安全基线，对移动应用评估思路、移动安全检测要点、OWASP Top10 移动安全漏洞进行全面的理论梳理；第 4 章通过对开源移动安全框架 MobSF 的解析，理清移动应用安全测试的流程，形成对移动应用安全评估的整体理解。

第3章 移动应用安全基线

CHAPTER 3

3.1 移动应用评估思路

3.1.1 移动应用可能面临的威胁

在风起云涌的移动互联网时代,随着智能手机移动终端设备的普及,人们逐渐习惯了使用应用客户端上网的方式,而智能终端的普及不仅推动了移动互联网的发展,也带来了移动应用的爆炸式增长。在海量的移动应用中,应用可能会面临如下威胁。

1. 手机木马

比较常见的手机木马传播方式是通过诈骗短信,利用受害者贪小便宜的心理,在短信内链接网址植入木马病毒。受害者主动或被动安装软件后,木马会在后台运行,随时随地监控手机信息,并通过网络上传到攻击者的服务器上。

有的木马还会盗取受害者在手机操作过的银行卡信息、盗取卡号、截取验证码,进而骗取受害人银行卡中的钱。

2. 手机病毒

手机病毒的传播特点与计算机病毒类似,也会伪装成普通的应用程序。受害用户通过恶意链接地址下载安装病毒程序后,病毒程序将对受害者的手机进行破坏。比较有名的是各类勒索软件,伪装成游戏外挂或者工具插件等程序,安装后通过修改锁屏密码并强制锁屏等手段阻止用户对手机的正常操作,从而勒索受害者。

3. 应用篡改

就像第2章破解Android应用时对反编译的应用进行修改一样,如果某款应用不对代码进行保护或没有对其完整性进行验证,那么攻击者可通过对应用反编译后增加恶意代码,实现对应用逻辑的篡改,实现恶意攻击行为。

4. 应用破解

破解行为通常针对应用的付费功能,即针对应用中需要付费才能使用的功能进行破解。如果一款应用被破解,会对应用的发行商利益造成损害。最直接的应用破解方式就是篡改应用,修改付费验证的逻辑。

5. 恶意软件钓鱼

钓鱼软件类似于手机木马,都是通过诈骗短信或者伪装成其他应用的方式,欺骗受害者将应用安装到手机中,目的同样是获取手机用户的数据。

6. 软件反编译后二次打包

二次打包通常出现在应用的篡改和破解中。只要不修改 Manifest 文件中的包名和应用名的信息,二次打包的程序与原来的程序名称就是一模一样的,有些甚至能像原版应用一样触发应用包更新。因此,在不正规的渠道网站上下载的应用不能保证都是官方上线的正版应用,有些就可能是经过二次打包的程序。

7. 通过应用进行账号窃取

通过应用窃取账号不仅可以使用经过篡改的二次打包程序,对于某些使用明文保存用户数据或者明文传输请求的应用,通过 ZAP 等抓包工具可以实现不需要修改应用而盗取用户账号。

8. 修改应用进行广告植入

某些应用经过二次打包后植入了自己的广告,这类程序会对用户的体验造成极大影响。并且这类广告极有可能是用来传播木马或钓鱼软件的方式,用户下载安装这类应用就相当于开了后门。

9. 通过应用劫持用户信息

应用劫持也是一类用于窃取用户数据的方式。Activity 界面劫持就是当手机中恶意应用检测到当前运行的目标应用时,就会启动自身的页面覆盖在目标应用之上,这种钓鱼页面设计得与原程序极为相似,从而引诱用户在钓鱼页面输入用户密码,进而窃取用户信息。

3.1.2 移动应用的评估方向

针对上面提到的应用可能会面临的威胁,下面提出 7 个对移动应用进行安全评估的方向。

(1) 敏感信息安全。

(2) 能力调用。

(3) 资源访问。

(4) 反逆向。

(5) 通信安全。

(6) 键盘输入。

(7) 认证鉴权。

3.1.3 移动应用自动化检测思路

根据前面介绍的移动应用安全评估方向,来整理一下使用自动化应用安全检测工具来对 Android 应用进行安全评估的思路。

首先是代码审计阶段,包括检查 AndroidManifest.xml 配置文件中的配置选项,例如,权限配置、组件配置等;Android 应用源代码中较明显的漏洞,例如,敏感信息的硬编码、使用了不安全的方法函数等。

然后是配置验证阶段,对常见的安全问题进行配置验证,通过模拟攻击的方式,验证终端应用存在的问题。通常会使用脚本框架,例如,Xposed、Frida 脚本触发漏洞,用于模拟针对漏洞的攻击。

最后是人工验证,对于一些无法通过脚本触发的漏洞,可以采用人工验证的方式。例如，应用篡改，可以通过人工反编译应用，在解包得到的代码中添加自定义逻辑并通过二次打包的方式进行验证。

3.2 安全检测的要点

安全检测主要针对 Android 应用开发过程中的常见漏洞以及危险操作进行。

3.2.1 Android 常见漏洞分析

视频 4

本节介绍一些常见的 Android 风险漏洞以及修复建议。

1. 程序可被任意调试

风险描述：AndroidManifest.xml 中的 android:debuggable 属性值为 true。

危害描述：应用可以被任意调试。

修复建议：将 android:Debugable 属性值设置为 false。

2. 程序数据任意备份

风险描述：AndroidManifest.xml 中的 android:allowBackup 属性被设置为 true。

危害描述：应用数据可以被备份导出。

修复建议：将 android:allowBackup 属性值设置为 false。

3. Activity 组件暴露

风险描述：Activity 组件的属性 exported 被设置为 true 或是未设置 exported 值但 IntentFilter 不为空时，Activity 被认为是导出的，可通过设置相应的 Intent 唤起 Activity。

危害描述：导出的 Activity 可能会遭到黑客的越权攻击。

修复建议：如果组件不需要与其他应用共享数据或交互，那么应将 AndroidManifest.xml 配置文件中设置该组件为 exported="false"。如果组件需要与其他应用共享数据或交互，那么应对组件进行权限控制和参数校验。

4. Service 组件暴露

风险描述：Service 组件的属性 exported 被设置为 true 或是未设置 exported 值但 IntentFilter 不为空时，Service 被认为是导出的，可通过设置相应的 Intent 唤起 Service。

危害描述：未经保护的导出 Service 可能会遭到黑客通过构造恶意数据实施的越权攻击。

修复建议：在组件不需要与外部应用进行数据共享与交互的情况下，在 AndroidManifest.xml 中将该组件的 exported 属性设置为 false。如果需要暴露组件，那么应对该组件添加权限控制。

5. ContentProvider 组件暴露

风险描述：ContentProvider 组件的属性 exported 被设置为 true 或是 Android API <=16 时，ContentProvider 被认为是导出的。

危害描述：黑客可能访问到应用本身不想共享的数据或文件。

修复建议：对需要暴露的组件添加权限控制，对于不需要暴露的组件在 AndroidManifest.xml 中将该组件设置为 exported="false"。

6. BroadcastReceiver 组件暴露

风险描述：BroadcastReceiver 组件的属性 exported 被设置为 true 或是未设置 exported 值但 IntentFilter 不为空时，BroadcastReceiver 被认为是导出的。

危害描述：导出的广播可以导致数据泄露或者是越权。

修复建议：如果组件不需要暴露，需要在 AndroidManifest.xml 文件中明确将 exported 属性设置为 false，如果需要与其他应用进行数据交互，则谨慎使用 IntentFilter，并添加相应的参数校验。

7. WebView 存在本地 Java 接口

风险描述：Android 的 WebView 组件有一个非常特殊的接口函数 addJavascriptInterface，能实现本地 Java 与 JavaScript 之间的交互。

危害描述：在 targetSdkVersion 小于 17 时，攻击者利用 addJavascriptInterface 这个接口添加的函数，可以远程执行任意代码。

修复建议：建议开发者不要使用 addJavascriptInterface，应使用注入 JavaScript 和第三方协议的替代方案。

8. SSL 通信服务端检测信任任意证书

风险描述：开发者重写了 checkServerTrusted 方法，但是在方法内没有做任何服务端的证书校验。

危害描述：黑客可以使用中间人攻击获取加密内容。

修复建议：对服务端和客户端的证书进行严格校验，出现异常事件时不要直接返回空值。

9. 隐式意图调用

风险描述：封装 Intent 时采用隐式设置，只设定 action，未限定具体的接收对象，导致 Intent 可被其他应用获取并读取其中的数据。

危害描述：Intent 隐式调用发送的意图可能被第三方劫持，导致内部隐私数据泄露。

修复建议：将隐式调用改为显式调用。

10. WebView 忽略 SSL 证书错误

风险描述：WebView 调用 onReceivedSslError 方法时，直接执行 handler.proceed()来忽略该证书错误。

危害描述：忽略 SSL 证书错误可能引起中间人攻击。

修复建议：不要重写 onReceivedSslError 方法，或者对于 SSL 证书错误问题按照业务场景判断，避免数据明文传输。

11. HTTPS 关闭主机名验证

风险描述：构造 HttpClient 时，设置 HostnameVerifier 参数使用 ALLOW_ALL_HOSTNAME_VERIFIER 或空的 HostnameVerifier。

危害描述：关闭主机名校验可以导致黑客使用中间人攻击，获取加密内容。

修复建议：设置 HostnameVerifier 时，使用 STRICT_HOSTNAME_VERIFIER 替代 ALLOW_ALL_HOSTNAME_VERIFIER 来进行证书严格校验；自定义实现 HostnameVerifier 时，在实现的 verify 方法中对 Hostname 进行严格校验。

12. Intent Scheme URL 攻击

风险描述：在 AndroidManifast. xml 设置 Scheme 协议之后，可以通过浏览器打开对应的 Activity。

危害描述：攻击者通过访问浏览器构造 Intent 语法唤起应用的相应组件，轻则引起拒绝服务，重则可能演变为提权漏洞。

修复建议：配置 category filter，以添加 android. intent. category. BROWSABLE 方式规避风险。

13. 全局文件可读

风险描述：应用为内部存储文件设置了全局的可读权限。

危害描述：攻击者恶意读取文件内容，获取敏感信息。

修复建议：开发者在读取文件时尽量不要为文件设置全局可读属性，以避免敏感数据通过外部方式被读取。

14. 全局文件可写

风险描述：应用在写内部文件时为文件设置了全局可写权限。

危害描述：攻击者恶意写文件内容，破坏应用的完整性。

修复建议：开发者在写文件时不要使用全局可写权限，以避免关键文件通过外部方式被篡改。

15. 全局文件可读可写

风险描述：应用在创建内部存储文件时为文件设置了全局的可读写权限。

危害描述：攻击者恶意写文件内容，破坏应用的完整性；或者攻击者恶意读取文件内容，获取敏感信息。

修复建议：去掉敏感文件的全局可读写属性，以避免关键数据被攻击者篡改或者读取。

16. SSL 通信客户端检测信任任意证书

风险描述：用户自定义了 TrustManager 并重写 checkClientTrusted()方法，在方法内不对任何服务端进行证书校验。

危害描述：黑客可以使用中间人攻击获取加密内容。

修复建议：不要在 checkClientTrusted()方法内直接返回空值，需要对服务端和客户端的证书进行严格校验。

17. 配置文件可读

风险描述：使用 getSharedPreferences()方法打开配置文件时，第二个参数被设置为 MODE_WORLD_READABLE。

危害描述：当前文件可以被其他应用读取，导致信息泄露。

修复建议：使用 getSharedPreferences()方法读取配置文件时使用 MODE_PRIVATE 参数；如果需要将配置文件提供给其他程序使用，则需要保证相关的数据是经过加密的或者是非隐私数据。

18. 配置文件可写

风险描述：getSharedPreferences()方法读取配置文件时使用了 MODE_WORLD_WRITEABLE 参数。

危害描述：其他应用可以写入该配置文件，导致配置文件内容被篡改，从而导致应用程序的正常运行受到影响或更严重的安全问题。

修复建议：使用 getSharedPreferences()方法读取配置文件时，控制参数必须设置为 MODE_PRIVATE。

19. 配置文件可读可写

风险描述：调用 getSharedPreferences()方法打开配置文件时，将 MODE_WORLD_READABLE | MODE_WORLD_WRITEABLE 作为控制参数。

危害描述：打开的配置文件可以被外部应用随意读取和写入，导致文件信息泄露、配置文件的内容被篡改，从而影响应用程序的正常运行或者导致更加严重的问题。

修复建议：打开配置文件时，使用 MODE_PRIVATE 代替 MODE_WORLD_READABLE | MODE_WORLD_WRITEABLE。

20. Dex 文件动态加载

风险描述：使用 DexClassLoader 加载外部的 Apk、Jar 或 Dex 文件，当外部文件的来源无法控制或是被篡改时，无法保证加载文件的安全性。

危害描述：加载恶意的 Dex 文件将会导致任意命令的执行。

修复建议：加载外部文件前，必须使用校验签名或 MD5 等方式确认外部文件的安全性。

21. AES 弱加密

风险描述：在 AES 加密时，使用“AES/ECB/NoPadding”或“AES/ECB/PKCS5padding”的模式。

危害描述：ECB 是将文件分块后对文件块做同一加密，破解加密只需要针对一个文件块进行解密，降低了破解难度和文件安全性。

修复建议：禁止使用 AES 加密的 ECB 模式，显式指定加密算法为 CBC 或 CFB 模式，可带上 PKCS5Padding 填充。AES 密钥长度最少是 128 位，推荐使用 256 位。

22. Provider 文件目录遍历

风险描述：当 Provider 被导出且覆写了 openFile()方法时，没有对 Content Query Uri 进行有效判断或过滤。

危害描述：攻击者可以利用 openFile()方法进行文件目录遍历，以达到访问任意可读文件的目的。

修复建议：一般情况下无须覆写 openFile()方法，如果必要，校验提交的参数中是否存在“../”等目录跳转符。

23. Activity 绑定 browserable 与自定义协议

风险描述：Activity 设置 android.intent.category.BROWSABLE 属性并同时设置自定义的协议 android:scheme，这意味着可以通过浏览器使用自定义协议打开此 Activity。

危害描述：可能通过浏览器对应用进行越权调用。

修复建议：应用对外部调用过程和传输数据进行安全检查或检验。

24. 动态注册广播

风险描述：使用 registerReceiver 动态注册的广播在组件的生命周期中是默认导出的。

危害描述：导出的广播可以导致拒绝服务、数据泄露或是越权调用。

修复建议：使用带权限检验的 registerReceiver API 进行动态广播的注册。

25. 开放 socket 端口

风险描述：应用绑定端口进行监听，建立连接后可接收外部发送的数据。

危害描述：攻击者可构造恶意数据对端口进行测试，对于绑定了 IP 0.0.0.0 的应用可发起远程攻击。

修复建议：如无必要，只绑定本地 IP 127.0.0.1，并且对接收的数据进行过滤、验证。

26. Fragment 注入

风险描述：通过导出的 PreferenceActivity 的子类，没有正确处理 Intent 的 extra 值。

危害描述：攻击者可绕过限制访问未授权的界面。

修复建议：当 targetSdk 大于或等于 19 时，强制实现了 isValidFragment()方法；当 targetSdk 小于 19 时，在 PreferenceActivity 的子类中都要加入 isValidFragment()，两种情况下都要在 isValidFragment()方法中进行 fragment 名的合法性校验。

27. WebView 启用访问文件数据

风险描述：WebView 中使用 setAllowFileAccess(true)，应用可通过 WebView 访问私有目录下的文件数据。

危害描述：在 Android 中，mWebView. setAllowFileAccess(true)为默认设置。当 setAllowFileAccess(true)时，在 File 域下，可执行任意的 JavaScript 代码，如果绕过同源策略对私有目录文件进行访问，会造成用户隐私泄露。

修复建议：使用 WebView. getSettings(). setAllowFileAccess(false)来禁止访问私有文件数据。

28. Unzip 解压缩(ZipperDown)

风险描述：解压 zip 文件，使用 getName()获取压缩文件名后未对名称进行校验。

危害描述：攻击者可构造恶意 zip 文件，被解压的文件将进行目录跳转而被解压到其他目录，覆盖相应文件导致任意代码执行。

修复建议：解压文件时，判断文件名是否含有特殊字符“../”。

29. 未使用编译器堆栈保护技术

风险描述：为了检测栈中的溢出，引入了 Stack Canaries 漏洞缓解技术。在所有函数调用发生时，向栈帧内压入一个额外的被称作 canary 的随机数，当栈中发生溢出时，canary 将被首先覆盖，之后才是 EBP 和返回地址。在函数返回之前，系统将执行一个额外的安全验证操作，将栈帧中原先存放的 canary 和. data 中副本的值进行比较，如果两者不吻合，则说明发生了栈溢出。

危害描述：不使用 Stack Canaries 栈保护技术，发生栈溢出时系统并不会对程序进行保护。

修复建议：使用 NDK 编译 so 时，在 Android. mk 文件中添加：

```
LOCAL_CFLAGS : = -Wall-O2-U_FORTIFY_SOURCE-fstack-protector-all
```

30. 未使用地址空间随机化技术

风险描述：PIE 全称为 Position Independent Executables，是一种地址空间随机化技术。当 so 被加载时，在内存里的地址是随机分配的。

危害描述：不使用 PIE，将会使得 shellcode 的执行难度降低，攻击成功率增加。

修复建议：使用 NDK 编译 so 时，加入"LOCAL_CFLAGS：=-fpie -pie"，开启对 PIE 的支持。

31. 动态链接库中包含执行命令函数

风险描述：在 Native 程序中，有时需要执行系统命令，在接收外部传入的参数执行命令时没有做过滤或检验。

危害描述：攻击者传入任意命令，导致恶意命令的执行。

修复建议：对传入的参数进行严格的过滤。

32. 随机数不安全使用

风险描述：调用 SecureRandom 类中的 setSeed()方法。

危害描述：生成的随机数具有确定性，存在被破解的可能性。

修复建议：使用/dev/urandom 或者/dev/random 来初始化伪随机数生成器。

33. FFmpeg 文件读取

风险描述：使用了低版本的 FFmpeg 库进行视频解码。

危害描述：在 FFmpeg 的某些版本中可能存在本地文件读取漏洞，可以通过构造恶意文件获取本地文件内容。

修复建议：升级 FFmpeg 库到最新版。

34. Libupnp 栈溢出漏洞

风险描述：使用了低于 1.6.18 版本的 Libupnp 库文件。

危害描述：构造恶意数据包可造成缓冲区溢出，造成数据包中的恶意代码被系统意外执行。

修复建议：升级 Libupnp 库到 1.6.18 版本或以上。

35. AES/DES 硬编码密钥

风险描述：使用 AES 或 DES 加解密时，采用硬编码在程序中的密钥。

危害描述：通过反编译拿到密钥，可以轻易解密应用通信数据。

修复建议：将密钥进行加密存储或者将密钥进行变形后再用于加解密运算，切勿硬编码到代码中。

3.2.2 Android 权限安全

Android 应用运行过程中会申请使用手机设备各组件的权限，有些权限会被非法用于访问用户手机中的敏感信息，或被非法用于对用户的手机进行攻击。Android 的安全架构设计是默认情况下，任何应用都没有权限执行对用户、操作系统或其他应用有不利影响的任何操作。如果应用需要申请某种权限时，必须告知用户，并由用户决定是否赋予应用该权限。

自 Android 6.0 版本开始，权限被分为正常权限和危险权限。正常权限通常是访问对用户隐私或其他应用操作风险较小的区域，危险权限涵盖应用需要涉及用户隐私信息的数据或资源，或者可能对用户存储的数据或其他应用的操作产生影响的区域。例如，能够读取用户的联系人属于危险权限。如果应用声明需要某些危险权限，则需要由用户明确对该权限进行授予。

表 3.1 列出了危险权限与权限组。

表 3.1 危险权限与权限组

权 限 组	危 险 权 限
CALENDAR	READ_CALENDAR
	WRITE_CALENDAR
CAMERA	CAMERA
CONTACTS	READ_CONTACTS
	WRITE_CONTACTS
	GET_ACCOUNTS
LOCATION	ACCESS_FINE_LOCATION
	ACCESS_COARSE_LOCATION
MICROPHONE	RECORD_AUDIO
PHONE	READ_PHONE_STATE
	CALL_PHONE
	READ_CALL_LOG
	WRITE_CALL_LOG
	ADD_VOICEMAIL
	USE_SIP
	PROCESS_OUTGOING_CALLS
SENSORS	BODY_SENSORS
SMS	SEND_SMS
	RECEIVE_SMS
	READ_SMS
	RECEIVE_WAP_PUSH
	RECEIVE_MMS
STORAGE	READ_EXTERNAL_STORAGE
	WRITE_EXTERNAL_STORAGE

Android 权限除了常见的正常权限与危险权限外，还有 signature 和 signatureOrSystem 两种。在介绍后两种权限等级之前，先介绍两种应用分类：系统应用(System App)与特权应用(Privilege App)。

1. 系统应用

在 PackageManagerService 中，判断具有 ApplicationInfo. FLAG_SYSTEM 标记的，被视为系统应用。一般来说，系统应用有两种类型：shared uid 为 android. uid. system、android. uid. phone、android. uid. log、android. uid. nfc、android. uid. bluetooth、android. uid. shell，这类应用都被赋予了 ApplicationInfo. FLAG_SYSTEM 标志；还有一种处于特定目录，比 如/vendor/overlay、/system/framework、/system/priv-app、/system/app、/vendor/app、/oem/app，这些目录中的应用都被视为系统应用。

2. 特权应用

特权应用可以使用 protectionLevel 为 signatureOrSystem 或者 protectionLevel 为 signature | privileged 的权限。PackageManagerService 通过判断应用是否具有 ApplicationInfo. PRIVATE _FLAG_PRIVILEGED 标志来判断是否为特权应用。特权应用首先是系统应用，

也就是说，前面提到的一些系统应用会被赋予特权权限。直观来说，目录/system/priv-app下的应用都是特权应用。

权限等级为 signature 的含义是只有当请求该权限的应用具有与声明权限的应用具有相同的签名时，才会授予该权限给应用，并且不用弹窗通知用户或者征求用户同意。权限为 signatureOrSystem 的含义是请求权限的应用与声明权限的应用签名相同或者请求权限的应用是系统应用。

视频 5

3.3 OWASP 移动平台十大安全问题

OWASP 在 2016 年的时候提出了 Android 移动平台的十大安全问题，分别是平台使用不当、不安全数据存储、不安全通信、不安全的认证、加密不足、不安全的授权、客户端的代码质量、代码篡改、逆向工程、多余的功能，并通过这 10 个方面规定了如何在代码方面防范软件安全问题。

本节将基于 OWASP 所提出的十大安全问题，详细讨论在 Android 编程开发中经常容易忽略的漏洞以及应对方法。

1. 组件安全

Android 有 Activity、Service、ContentProvider、Broadcast Receiver、Intent 五大组件，对这些组件的使用过程中如果出现配置或编码不规范，很有可能会造成组件恶意调用、恶意广播、恶意启动应用服务、恶意调用组件、恶意拦截数据、恶意代码的远程执行等。

1）组件暴露风险

对于不需要进行跨应用运行的组件，如果在 AndroidManifest. xml 配置文件中将其属性 android:exported 设置为 true，则该组件可以被任意应用启动，存在被恶意调用的风险。

```
<activity
    android:name = "com.example.haohai.HelloWorldActivity"
    android:exported = "true"
    android:label = "@string/app_name" >
</activity>
```

为避免此风险，需要将组件的 android:exported 设置为 false，这样该组件只能被同一应用程序的组件或者属于同一用户的应用程序所启动或绑定。

```
<activity
    android:name = "com.example.haohai.HelloWorldActivity"
    android:exported = "false"
    android:label = "@string/app_name" >
</activity>
```

2）公开组件的访问权限

针对需要被其他应用访问而将 android:exported 属性设置为 true 的组件，为了防止被未授权或者恶意应用调用，可以使用 android:permission 属性指定自定义权限。

自定义权限：

```
<permission
android:name = "example.permission.USESERVICE"
android:protectionLevel = "normal"/>
```

为组件设置自定义权限：

```
<service
      android:name = "com.example.haohai.HelloWorldService"
      android:exported = "true"
      android:label = "@string/app_name"
      android:permission = "example.permission.USESERVICE" >
</service>
```

如果应用需要调用 HelloWorldActivity，则需要在 AndroidManifest.xml 中声明权限，否则系统就会抛出 SecurityException。

```
<uses-permission android:name = "example.permission.USESERVICE"/>
```

3）ContentProvider 数据权限

ContentProvider 组件可以为外部应用提供统一的数据存储和读取接口，如果不对数据的操作严格控制权限，就可能会造成数据泄露或数据完整性被破坏等风险。可以针对 ContentProvider 组件设置全局的读写访问控制权限，也可以针对某个路径下的文件访问添加自定义权限。

针对 Apk 目录下的文件添加读取权限：

```
<provider
      android:name = "com.example.haohai.HelloWorldProvider"
      android:authorities = "com.example.haohai.HelloWorldProvider">
      <path-permission
            android:pathPattern = "/Apk/.*"
            android:readPermission = "com.example.haohai.permission.READ"
            android:protectionLevel = "normal" />
</provider>
```

设置全局可读权限：

```
<provider
    android:name = "com.example.haohai.HelloWorldProvider"
    android:authorities = "com.example.haohai.HelloWorldProvider"
    android:readPermission = "com.example.haohai.permission.READ">
</provider>
```

4）Intent 调用风险

Intent 在进行组件间的跳转时有两种调用方式：一个是显式调用，即通过指定 Intent 组件的名称，使用 Intent. setComponent()、Intent. setClassName()、Intent. setClass()方法进行目标组件的指向或者在 Intent 对象初始化“new Intent(A. class，B. class)”时指明需要转向的组件，一般在应用程序内部组件跳转时使用；另一个是隐式调用，通过在配置文件中设置 Intent Filter 实现，Android 系统会根据设置的 action、category、数据等隐式意图来进行组件跳转。隐式调用一般用于不同应用程序之间的组件跳转。

由于隐式调用是由系统根据意图来判断最匹配的组件，存在判断失误的可能性，有导致数据泄露的风险。因此为了数据安全，应尽量减少隐式调用，尽量使用显式调用。

显式调用的代码：

```
Intent intent = new Intent(HelloWorldActivity.this, TargetActivity.class);
startActivity(intent);
```

2. 数据存储安全

对平台功能的误用以及安全控件的失败使用会威胁到 SharedPreference 数据储存安全、密码储存安全、sdcard 数据储存安全，产生数据泄露或数据完整性被破坏等风险。

1）SharedPreference 数据存储安全

SharedPreference 是 Android 中轻量级的数据存储方式，其内部使用键-值对的方式进行存储，以 XML 格式的结构保存在/data/data/packageName/shared_prefs 目录下，一般用来保存一些简单的数据类型。SharedPreference 存储时可以设定存储模式，MODE_WORLD_READABLE 表示当前文件可以被其他应用读取，MODE_WORLD_WRITEABLE 表示当前文件可以被其他应用写入。这两个操作模式在 Android 4.2 以上的版本已经被弃用。

MODE_PRIVATE 表示当前文件使用私有化存储模式，只能被应用本身访问，写入内容时会覆盖原文件的内容。在 MODE_APPEND 模式下会向文件中追加内容。建议在使用 SharedPreference 存储时设定为 MODE_PRIVATE，以防止数据被恶意应用修改或泄露。

```
SharedPreferences mySharedPreferences = getSharedPreferences("HelloWorld", Activity.MODE_
PRIVATE);
```

2）密码存储安全

在某些情况下需要将密码存储在本地，为了预防设备被 Root 后受保护目录被随意访问造成密码泄露，可以对密码进行哈希处理并保存密码的信息摘要。当需要进行密码匹配时，直接将用户输入的密码进行哈希处理，通过两个摘要的比对实现密码校验，以避免直接将密码明文或弱加密的密码保存在本地。

3）避免使用外部存储

外部存储一般是指 sdcard，任何有 sdcard 访问权限的应用都可以访问 sdcard。如果对关键信息使用外部存储以实现数据持久化，容易导致数据泄露。重要的数据尽可能保存在应用的私有目录下或者使用 Sqlite 和 SharedPreferences 进行数据存储。

使用 Sqlite 进行增、删、改、查：

```
public void addData(DataType data){
    myDataBase.beginTransaction();
    ContentValues contentValues = new ContentValues();
    contentValues.put("id",data.getId());
    contentValues.put("name",data.getName());
    contentValues.put("number",data.getNumber());
    myDataBase.insertOrThrow(MySqliteHelper.TABLE_NAME,null,contentValues);
    myDataBase.setTransactionSuccessful();
    myDataBase.endTransaction();
}
```

```
public void deleteData(String id){
    myDataBase.beginTransaction();
    myDataBase.delete(MySqliteHelper.TABLE_NAME, "id = ?", new String[]{id});
    myDataBase.setTransactionSuccessful();
}
```

```
public void updateData(ContentValues contentValues,String id){
    myDataBase.beginTransaction();
    myDataBase.update(MySqliteHelper.TABLE_NAME,contentValues,"id = ?",new String[]{id});
    myDataBase.setTransactionSuccessful();
}
```

```
public List<Data> getDatalist() {
    Cursor cursor = myDataBase.query(MySqliteHelper.TABLE_NAME,
        new String[]{"name","number"},
        "id = ?",
        new String[]{"1"}, null, null, null);
    if (cursor.getCount() > 0) {
      List<Data> dataList = new ArrayList<Data>(cursor.getCount());
      while (cursor.moveToNext()) {
        Data data = parseData(cursor);
        dataList.add(data);
      }
      cursor.close();
      return dataList;
    }
    return null;
}
```

3. 通信安全

在编写 Android 程序的过程中使用不安全的方式在客户端与服务端之间进行数据传输或业务交互，会导致服务端数据泄露的风险。为了保护客户端与服务端之间的通信安全，在使用 HTTP 进行会话时，建议将 session ID 设置在 Cookie 头中，服务器根据该 session ID 获取对应的 Session，而不是重新创建一个新 Session。当客户端访问一个使用 Session 的站点，同时在自己机器上建立一个 Cookie 时，如果未使用服务端的 Session 机制进行会话通信，则可能造成服务端存储的数据存在被任意访问的风险。

Java. net. HttpURLConnection 获取 Cookie：

```
URL url = new URL("request_url");
HttpURLConnection connection = (HttpURLConnection) url.openConnection();
String cookie_string = connection.getHeaderField("set - cookie");
String sessionid;
if (cookie_string != null) {
  sessionid = cookie_string.substring(0, cookie_string.indexOf(";"));
}
```

Java. net. HttpURLConnection 发送设置 Cookie：

```
URL url = new URL("request_url");
HttpURLConnection connection = (HttpURLConnection) url.openConnection();
if (sessionid != null) {
  con.setRequestProperty("cookie", sessionid);
}
```

org. apache. http. client. HttpClient 设置 Cookie：

```
HttpClient http = new DefaultHttpClient();
HttpGet httppost = new HttpGet("url");
httppost.addHeader("cookie", sessionId);
```

4. 认证安全

在 Android 应用中，如果仅通过客户端来为用户验证或授权，那么在没有其他安全措施的前提下，存在着不安全认证的风险。最典型的是 WebView 的自动保存密码功能。WebView 是一个基于 WebKit 引擎展现 Web 页面的控件，用于渲染和显示网页。WebKit 引擎提供了 WebView 控制网页前进后退、放大缩小、搜索网址等功能。WebView 可以在 App 中嵌入显示网页，也可以开发浏览器。

WebView 组件中自带有记住密码的功能，为网页上的账号密码登录提供便利，然而这个功能会将密码以明文的形式保存在/data/data/com. package. name/databases/webview. db 中，当设备被 Root 后，获得 Root 权限的应用可以直接读取被 WebView 记住的密码，造成密码泄露。因此，在使用 WebView 时应当关闭 WebView 的自动保存密码的功能。

```
myWebView.getSettings().setSavePassword(false);
```

5. 数据加密

在数据存储目录保护措施不足的情况下，对数据采用弱加密、不规范使用加密算法、用硬编码的方法存储密钥等就可能导致敏感数据被破解与窃取。

下面介绍几种常见的加密算法。

1) MD5

MD2 与 MD4 由于存在缺陷,现在已不再使用。MD5(Message Digest Algorithm,消息摘要算法)产生于 1991 年,是现在广泛使用的版本,但由于碰撞算法的出现,导致 MD5 的安全性开始受到质疑。因此不建议对密码等敏感数据使用 MD5 加密。

2) SHA-1

SHA 算法是哈希算法的一种,表示加密哈希算法,产生不可逆的和独特的哈希值,两个不同的数据不能产生同样的哈希值。SHA-1 产生的是 160 位的哈希值,而它的继承者 SHA-2 采用多种位数的组合值,于 2016 年起替代 SHA-1 成为新的标准。推荐使用其中最受欢迎的 SHA-256。SHA-1 已经被淘汰,因此不建议对密码等敏感数据进行加密。

3) PIPEMD-160

PIPEMD-160 是于 1996 年设计出的一种能够产生 160 位的哈希值的单向哈希函数,是欧盟 PIPE 项目所设计的 RIPEMD 单向哈希函数的修订版,这一系列的函数还包括 PIPEMD-128、PIPEMD-256、PIPEMD-320 等。比特币使用的就是 PIPEMD-160。PIPEMD 的强抗碰撞性已经于 2004 年被攻破,PIPEMD-160 尚未被攻破。但是在 CRYPTREC 密码清单中,PIPEMD-160 已经被列入"可谨慎运用的密码清单",即除了用于保持兼容性的目的以外,其他情况都不推荐使用。

4) SHA-3

在 SHA-1 的强抗碰撞性被攻破后,NIST 开始指定取代 SHA-1 的下一代单向哈希函数 SHA-3 的标准。2012 年,Keccak 算法在公开竞争中胜出并被标准化成为 SHA-3。Keccak 算法设计简单,硬件实现方便,且根据第三方密码分析,Keccak 没有非常严重的弱点且抗碰撞性好。

根据上面对常见的几种加密算法的分析,建议对敏感信息使用 SHA-256 或 SHA-3 加密,不建议使用 MD5、SHA-1、PIPEMD 进行处理,以免被破解。

对于某些数据或文件需要使用 DES 或 AES 等密钥加密算法进行处理的情况,需要特别注意所使用密钥的保存。常用的加密算法都是公开的,加密内容的保密依赖于密钥的保密,如果密钥泄露,那么很可能会导致加密内容被破解与窃取。有些开发者为了贪图方便,将密钥硬编码保存在代码中,特别是 Java 等代码被反编译后与源码无异的语言,硬编码的密钥比较容易暴露。通常对密钥的保护是使用 SharedPrefercnce 对密钥进行存储,并对密钥进行加密处理,或者是加密存储在应用目录下。也可以将密钥保存在 so 文件中,把加密解密操作放在 Native 层进行,并对 so 文件进行加固保护。

6. 授权安全

在 Android 应用中有许多操作与数据会与设备绑定,在执行操作或访问数据之前需要对用户权限进行检测。在没有适当的安全措施的情况下,只通过客户端检测用户是否有权限访问数据或执行操作,会出现信息伪造、数据替换等风险。

1) 分配唯一 ID

通过为每个用户分配一个唯一的 ID,可以对所有访问关键数据和敏感操作进行追溯,并且这个唯一的 ID 应当是不可伪造的。IMEI 国际移动设备识别码在移动电话网络中唯一标识了每台独立的移动通信设备,通常用来生成唯一的识别ID。但是不应该将IMEI直接作为唯一ID,因为Android模拟器本身没有IMEI号,但它可以模拟或伪造IMEI,如果直接将IMEI作为唯一ID,会出现被模拟伪造的风险。为避免该风险,应该使用DEVICE_ID、MAC ADDRESS、Sim Serial Number、IMEI等多条数据进行组装后生成的哈希值来作为设备的唯一ID。

```
//获取 DEVICE_ID
TelephonyManager tm = (TelephonyManager)getSystemService(Context.TELEPHONY_SERVICE);
String DEVICE_ID = tm.getDeviceId();

//获取 MAC ADDRESS
WifiManager wifi = (WifiManager) getSystemService(Context.WIFI_SERVICE);
WifiInfo info = wifi.getConnectionInfo();
String macAdress = info.getMacAddress();

//获取 Sim Serial Number
TelephonyManager tm = (TelephonyManager)getSystemService(Context.TELEPHONY_SERVICE);
String SimSerialNumber = tm.getSimSerialNumber();

//获取 IMEI
String IMEI = ((TelephonyManager) getSystemService(TELEPHONY_SERVICE)).getDeviceId();
```

2) ID与数据的绑定

如果生成的用户的唯一ID没有与敏感数据绑定,那么当数据被复制到其他终端上后仍然可以被使用,这可能造成数据的盗用。从上面的数据加密中得到的密钥可以与其他数据组合形成唯一ID,从而将数据与设备绑定在一起。在数据被解密的时候,如果唯一ID不匹配,则会导致数据解密的失败,因此能有效预防数据被盗用的风险。

7. 客户端代码质量

客户端的编码质量有时也会导致一些潜在的风险,比如,对组件间传递的参数没有进行非空验证,可能会因为空参数导致应用崩溃;设置targetSdkVersion版本过低导致调用过时的不安全API,从而造成的风险;应用中错误的日志输出信息导致重要代码逻辑暴露和敏感数据泄露风险。

1) 参数非空验证

Activity等组件根据其业务需要会对外部应用开放,而从外部应用传入参数的情况会比较复杂,如果不对传入的参数做检测,则会导致传入异常参数,进而导致应用崩溃。因此,对外开放的组件要严格检验输入的参数,需要注意判断空值与数据类型,以防范异常参数导致的应用崩溃风险。

```
public void onCreate(Bundle savedInstanceState) {
    super.onCreate(savedInstanceState);
    setContentView(R.layout.activity_main);

    Intent intent = getIntent();
    if (intent == null){
```

```
            return;
        }
        Bundle mBundle = intent.getExtras();
        if (mBundle == null){
            return;
        }
        String getValue = mBundle.getString("value");
        if (getValue == null){
            return;
        }
    }
```

2）targetSdkVersion 版本过低

targetSdkVersion 是 Android 系统提供前向兼容的主要手段，随着 Android 系统版本的升级，某个 API 或组件的实现会发生改变，包括性能和安全性的改进。但是为了保证旧的 Apk 可以兼容新的 Android 系统，会根据 Apk 的 targetSdkVersion 调用相应版本的 API。这样即使 Apk 安装在新版本的 Android 系统上，其功能实现仍然按照旧版本的系统来运行，以此保证新版本系统对老版本系统的兼容性。

有些 Android 组件的 API 由于安全性的问题，在新版本的 API 中进行了修改或者移除。比如 WebView 组件支持 Android 原生页面与 Web 页面上的 JavaScript 进行交互，为此提供了一个方法 addJavascriptInterface，这个方法可以暴露一个 Java 对象给 JavaScript，使得 JavaScript 可以直接调用 Java 对象的方法，在 API 17(Android 4.2)之前，这个方法并没有对 JavaScript 的调用范围作出限制，借助 Java 的反射机制 JavaScript 脚本甚至可以执行应用中的任意 Java 代码。

API 17 之前 addJavascriptInterface 的使用方法：

```
//获取网页
myWebView = (WebView) this.findViewById(R.id.mwebview);
myWebView.getSettings().setJavaScriptEnabled(true);
myWebView.loadUrl("file:///Android_asset/index.html");
myWebView.addJavascriptInterface(new JSInterface(), "test_js");
```

这样网页中的 JavaScript 脚本就可以利用接口 test_js 调用应用中的 Java 代码，而如果有恶意网站执行了以下 JavaScript 代码，则可能会产生非常严重的后果。

```
function execute(cmdArgs)
{
    for (var obj in window) {
       if ("getClass" in window[obj]) {
           alert(obj);
           return window[obj].getClass().forName("java.lang.Runtime")
               .getMethod("getRuntime",null).invoke(null,null).exec(cmdArgs);
       }
    }
}
```

这段JavaScript代码可以遍历Windows对象，找到其中存在getClass()方法的对象，通过反射机制获取Runtime对象。每个JVM进程中都对应一个Runtime实例，是由JVM负责实例化的单例，该对象只能由getRuntime()方法获得，而一旦获得Runtime对象，就可以调用Runtime的方法去查看JVM的状态或者控制JVM的行为，比如访问本地文件并从执行命令后返回的输入流中获得文件信息。

API 17以后的版本，需要为每条JavaScript调用的Java方法添加@JavascriptInterface注解。如果没有添加注解的Java方法，则不会被JavaScript反射调用。

```
@SuppressLint("JavascriptInterface")
@JavascriptInterface
```

为了避免恶意JavaScript脚本远程执行以及其他WebView安全漏洞，推荐将targetSdkVersion设置高于17。如果targetSdkVersion设置低于17，那么程序在运行时会根据targetSdkVersion的设置选择旧版本API进行调用，这样就会产生安全风险。

3）不正确的日志输出信息

在应用开发过程或者应用维护的过程中，为了把握应用运行状态，一般会在代码中插入日志信息的输出。如果日志的输出不遵循安全编码的规范，且在发布应用前没有将日志输出清理干净，那么这些残留的日志信息就有可能会暴露应用的运行逻辑，为应用的破解提供突破口。

日志打印输出建议遵循的编码规范：

(1) 不推荐使用System.out/err输出日志，推荐android.util.Log类输出日志。

(2) Log.e()/Log.w()/Log.i()打印操作日志。

(3) Log.d()/Log.v()建议打印开发日志。

(4) 敏感信息的打印建议使用Log.d()/Log.v()，不建议使用Log.e()/Log.w()/Log.i()。

(5) 不建议将日志输出到外部存储，防止被其他应用访问与读写。

(6) 公开的应用应该是日志较少的发行版而不是有许多调试日志的开发版。

(7) 建议使用全局变量控制Log.w()的输出。

在Android应用开发中，建议使用Proguard配置文件控制开发版应用去除Log信息。首先在gradle中进行如下配置：

```
//在gradle中的配置
buildTypes {
    release {
        minifyEnabled true
        proguardFiles getDefaultProguardFile('proguard-android-optimize.txt'), 'proguard-rules.pro'
    }
}
```

之后在proguard-rules.pro文件中添加优化项如下：

```
-assumenosideeffects class android.util.Log{
    public static *** v(...);
    public static *** i(...);
    public static *** d(...);
    public static *** w(...);
    public static *** e(...);
}
```

这样，在打包 release 版本的时候就可以移除所有的 Log 日志相关语句。

8. 代码篡改防范

当 Android 应用安装到设备后，应用的代码和数据资源就已经存放在设备存储中了，攻击者可以通过修改应用代码、篡改应用程序使用的系统 API、拦截修改应用内存数据等方法，颠覆 Android 应用的运行过程以及结果，从而达到不正当的目的。代码篡改会造成的风险包括二进制修改、本地资源修改、Hook 注入、函数重要业务逻辑篡改。

1）程序完整性

经过二次打包的 Apk 文件中的文件一定是有所修改的，因此二次打包的 Apk 文件会将原本在包内的签名文件删除并重新签名，而同一个应用的不同签名的 MD5 值是不同的，因此可以通过校验签名的 MD5 值来判断应用是否被二次打包过。

```
/获取应用签名
public static String getSignature(Context context) {
    PackageManager pm = context.getPackageManager();
    PackageInfo pi;
    StringBuilder sb = new StringBuilder();

    try {
        pi = pm.getPackageInfo(context.getPackageName(), PackageManager.GET_SIGNATURES);
        Signature[] signatures = pi.signatures;
        for (Signature signature : signatures) {
            sb.append(signature.toCharsString());
        }
    } catch (PackageManager.NameNotFoundException e) {
        e.printStackTrace();
    }

    return sb.toString();
}

//与存放在本地的原加密字符串进行比较
//originalSignature 为原加密字符串
public static boolean verifySignature(Context context, String originalSignature){
    String currentSignature = getSignature(context);
    if (originalSignature.equals(currentSignature)) {
        return true;
    }
    return false;
}
```

2）重要函数逻辑保护

由于 Java 是基于虚拟机技术与解释器的高级编程语言，反编译后生成的伪码逻辑与源码相差不大，甚至部分伪码直接可以作为源码进行再编译运行，相比较于编译成汇编语言的 C/C++语言来说，反编译是相对比较容易的。因此，在不对应用进行加固的情况下，为了保护重要的函数逻辑，推荐将重要的函数放到 Native 层，使用 C/C++语言编写功能逻辑，并编译成 so 文件。

如图 3.1 所示为 Android Java 层的反编译结果。

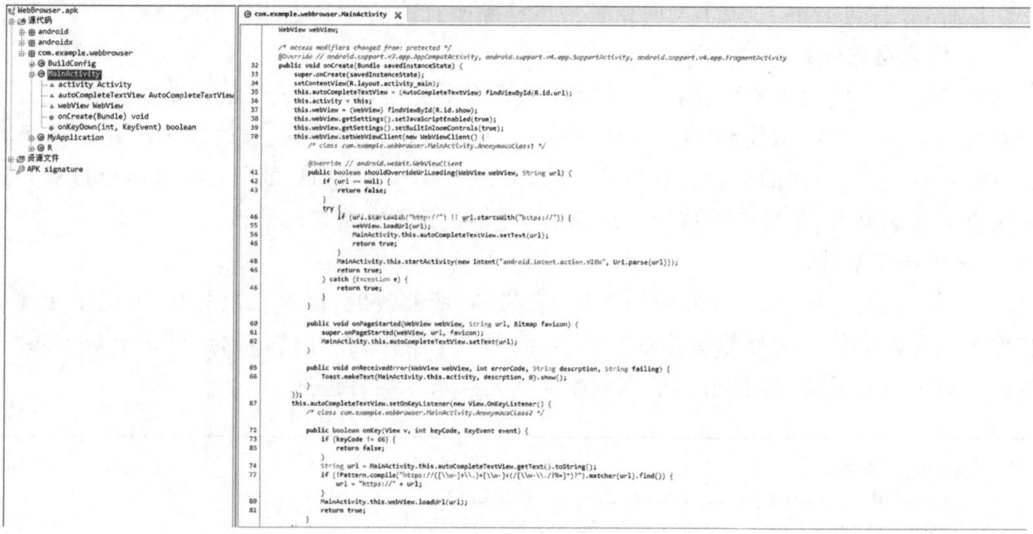

图 3.1 Android Java 层的反编译结果

3）动态加载 Dex 文件风险

Android 系统提供了一种类加载器 DexClassLoader，允许其在应用运行时动态加载并解释执行包含在 Jar 或 Apk 文件内的 Dex 文件。Android 4.1 前的系统版本允许 Android 应用动态加载保存在外部存储中的 Dex 文件，使得该 Dex 文件可能会遭到恶意代码的注入或替换。如果应用没有正确地动态加载 Dex 文件，则会导致恶意代码被执行，进一步产生其他恶意行为。

为了防范动态加载 Dex 文件所带来的风险，建议对于需要动态加载的 Dex 文件保存在 Apk 包内部。对于需要加载的 Dex，建议使用加密网络进行下载，并放置在应用的私有目录下。为了防止攻击者获取 Root 权限后进入应用私有目录对 Dex 文件做手脚，或者使用了没有加密网络的下载源，建议在加载 Dex 前对 Dex 进行完整性校验。

9. 逆向防范

Android 应用逆向工程是指针对 Android 应用中的一些不安全的配置，采用 IDA Pro 和 Apktool 等工具对应用程序进行调试及反编译等行为。逆向工程容易造成核心代码逻辑泄露、核心代码被篡改、内存调试等高危安全风险。

1）关闭调试属性

在 AndroidManifest.xml 中定义的 android:debuggable 属性控制着应用是否可以在调试模式下运行。如果 android:debuggable 设置为 true，则应用可以被调试程序调试，导致代码执行流程可被追踪，敏感信息存在泄露风险。

建议在 Android 应用发布时，应当将应用的 debuggable 属性显示设置为 false。

如图 3.2 所示为 AndroidManifest. xml 文件中 android:debuggable 的设置。

```
    <application android debuggable="false" android allowBackup="false" android appComponentFactory="androidx.core.app.CoreComponentFactory" android hardwareAccelerated="false" android icon="@drawable/icon" android label="@string/app_name" android largeHeap="true" android name="com.manle.phone.android.yaodian.pubblico.common.YDApplication" android supportsRtl="true" android theme="@android:style/Theme.Holo.Light.NoActionBar">
        <activity android name="com.manle.phone.android.yaodian.message.activity.RongWebviewActivity">
            <intent-filter>
                <action android name="io.rong.imkit.intent.action.webview"/>
                <category android name="android.intent.category.DEFAULT"/>
            </intent-filter>
        </activity>
        <activity android launchMode="singleTop" android name="com.manle.phone.android.yaodian.message.activity.ConversationCustomerServiceActivity">
            <intent-filter>
                <action android name="android.intent.action.VIEW"/>
                <category android name="android.intent.category.DEFAULT"/>
                <data android host="com.manle.phone.android.yaodian" android pathPrefix="/conversation/" android scheme="rong"/>
            </intent-filter>
        </activity>
```

图 3.2 AndroidManifest. xml 文件中 android:debuggable 的设置

2) Dex 文件保护

未经过保护的 Dex 文件能够轻易地被 Baksmali、Apktool、Jd-gui 等反编译工具逆向出代码，造成核心功能代码的泄露及代码被篡改等风险。

如图 3.3 所示为使用 Baksmali 将 Dex 文件反编译为 Smali 的结果。

```
node1@node1:~/test_example/tools/webBrowser_dir/smali_classes2/com/example/webbrowser$ ls -l
total 240
-rw-rw-r-- 1 node1 node1   954 Feb  1 07:13  BuildConfig.smali
-rw-rw-r-- 1 node1 node1  4607 Feb  1 07:13 'MainActivity$1.smali'
-rw-rw-r-- 1 node1 node1  3385 Feb  1 07:13 'MainActivity$2.smali'
-rw-rw-r-- 1 node1 node1  1691 Feb  1 07:13 'MainActivity$3.smali'
-rw-rw-r-- 1 node1 node1  1700 Feb  1 07:13 'MainActivity$4.smali'
-rw-rw-r-- 1 node1 node1  1420 Feb  1 07:13 'MainActivity$5.smali'
-rw-rw-r-- 1 node1 node1  1889 Feb  1 07:13 'MainActivity$6.smali'
-rw-rw-r-- 1 node1 node1  3162 Feb  1 07:13 'MainActivity$7.smali'
-rw-rw-r-- 1 node1 node1  1562 Feb  1 07:13 'MainActivity$8.smali'
-rw-rw-r-- 1 node1 node1  7225 Feb  1 07:13  MainActivity.smali
-rw-rw-r-- 1 node1 node1  1080 Feb  1 07:13  MyApplication.smali
-rw-rw-r-- 1 node1 node1  1256 Feb  1 07:13 'R$anim.smali'
-rw-rw-r-- 1 node1 node1 21254 Feb  1 07:13 'R$attr.smali'
-rw-rw-r-- 1 node1 node1   731 Feb  1 07:13 'R$bool.smali'
-rw-rw-r-- 1 node1 node1  6764 Feb  1 07:13 'R$color.smali'
-rw-rw-r-- 1 node1 node1  9238 Feb  1 07:13 'R$dimen.smali'
-rw-rw-r-- 1 node1 node1  7832 Feb  1 07:13 'R$drawable.smali'
-rw-rw-r-- 1 node1 node1  8900 Feb  1 07:13 'R$id.smali'
-rw-rw-r-- 1 node1 node1   878 Feb  1 07:13 'R$integer.smali'
-rw-rw-r-- 1 node1 node1  3290 Feb  1 07:13 'R$layout.smali'
-rw-rw-r-- 1 node1 node1   634 Feb  1 07:13 'R$mipmap.smali'
-rw-rw-r-- 1 node1 node1   913 Feb  1 07:13  R.smali
-rw-rw-r-- 1 node1 node1  3607 Feb  1 07:13 'R$string.smali'
-rw-rw-r-- 1 node1 node1 63851 Feb  1 07:13 'R$styleable.smali'
-rw-rw-r-- 1 node1 node1 28840 Feb  1 07:13 'R$style.smali'
```

图 3.3 使用 Baksmali 将 Dex 文件反编译为 Smali 的结果

建议对 Dex 文件进行加壳保护，这能够有效地保护 Dex 文件不被反编译工具直接逆向为源代码。

如图 3.4 所示为加固后的 Dex 文件被反编译后的结果。

10. 多余功能

多余功能是指在开发阶段测试时用的数据或者内部调试功能在发布时没有清理干净，带到了发布版本中。这些多余的数据与功能相当于为攻击者打开了后门，造成敏感数据窃取、未授权访问等安全风险。

1) 测试数据的移除

如果应用中残留有测试时使用的测试数据（如测试账号等），会造成测试账号或测试信息的外泄。攻击者可以利用测试账号进行未授权访问或攻击。如果测试账号中有重要数据，则会造成重要数据的泄露。

2) 内网信息残留

发布版本时残留在程序中的内网信息会导致服务器信息的泄露。内网中的 IP 地址及

```
com.smart.smartlock_lock.1.19_4.apk
源代码
  com
    qihoo.util
      C0002
      Configuration
      DialogInterface$OnClickListenerC0001
      DtcLoader
      GameApplication
      LiteApplication
      OverseaApplication
      QHDialog
      RunnableC0000
    qihoo360.replugin
      Entry
    smart.smartlock
      R
    stub
      StubApp
        loadFromLib boolean
        needX86Bridge boolean
        strEntryApplication String
        f14 Application
        f15 Application
        f16 String
        f17 Context
        f18 String
        f19 String
        f20 String
        f21 String
        f22 String
        f23 String>
        attachBaseContext(Context) void
        getAppContext() Context
        getDir() String
        getOrigApplicationContext(Context) Cc
        getSoPath1() String
        getSoPath2() String
        getString2(int) String
        getString2(String) String
        interface11(int) void
        interface12(DexFile) String>
        interface13(int, long, long, long, ir
        interface14(int) String
        interface17(AssetManager, String) Ass
        interface18(Class, String) InputStrea
        interface19(ClassLoader, String) Inpu
        interface20() void
        interface5(Application) void
        interface6(String) String
```

```
com.stub.StubApp
package com.stub;

import android.app.Application;
import android.content.Context;
import android.content.res.AssetFileDescriptor;
import android.content.res.AssetManager;
import android.location.Location;
import android.location.LocationManager;
import android.os.Build;
import com.qihoo.util.C0002;
import com.qihoo.util.Configuration;
import dalvik.system.DexFile;
import java.io.File;
import java.io.InputStream;
import java.lang.reflect.Method;
import java.util.Enumeration;
import java.util.Map;
import java.util.concurrent.ConcurrentHashMap;

45 public final class StubApp extends Application {
    private static boolean loadFromLib = false;
    private static boolean needX86Bridge = false;
    public static String strEntryApplication = "com.qihoo360.crypt.entryRunApplication";

    /* renamed from: ˋ  reason: contains not printable characters */
    private static Application f14 = null;

    /* renamed from: ˏ  reason: contains not printable characters */
    private static Application f15 = null;

    /* renamed from: ˎ  reason: contains not printable characters */
    private static String f16 = "libjiagu";

    /* renamed from: ˊ  reason: contains not printable characters */
    private static Context f17;

    /* renamed from: ˏ  reason: contains not printable characters */
    private static String f18 = null;

    /* renamed from: ˎ  reason: contains not printable characters */
    private static String f19 = null;

    /* renamed from: ˊ  reason: contains not printable characters */
    private static String f20 = null;

    /* renamed from: ˋ  reason: contains not printable characters */
    private static String f21 = null;

    /* renamed from: ˏ  reason: contains not printable characters */
    private static String f22 = null;

    /* renamed from: ˎ  reason: contains not printable characters */
    private static Map<Integer, String> f23 = new ConcurrentHashMap();

    public static native void interface11(int i);
代码 Smali
```

图 3.4　加固后的 Dex 文件被反编译后的结果

测试用的密码等可能被攻击者利用并组织更高强度的内网渗透攻击，或者利用账号密码及证书等辅助对公网服务器端渗透攻击。

3.4　本章小结

本章介绍了 Android 移动应用常见的漏洞以及容易遇到的威胁。应用的漏洞不仅可以为分析者逆向分析 Android 程序提供入手点，也对 Android 安全开发提供参考。结合后面章节介绍的 MobSF 安全框架，读者可以初步建立一个 Android 移动应用安全评估的框架概念。

第 4 章 MobSF 移动安全框架

CHAPTER 4

4.1 安装部署 MobSF

视频 6

MobSF(Mobile Security Framework)可以对 Android、iOS 和 Windows 端移动应用进行快速高效的安全分析,不仅支持 Apk、Ipa 和 Appx 等格式的应用程序,还可以对压缩包内的源代码进行安全审计。除此之外,MobSF 还包含针对 Web API 的模糊测试工具,因此它可以执行 Web API 安全测试,例如收集目标数据、安全 Header、识别类似 XXE、SSRF、路径遍历漏洞、IDOR 或其他一些与会话和 API 访问频率相关的移动 API 漏洞。

1. 安装 MobSF

下载最新版 MobSF(https://github.com/MobSF/Mobile-Security-Framework-MobSF/releases)。

本章使用的 Linux 操作系统为 Ubuntu 20.04,将 MobSF 压缩文件提取到 ~/MobSF 目录下。

2. 配置静态分析器

安装 MobSF 需要的 Python 环境:

```
$ sudo apt install build-essential libssl-dev libffi-dev python-dev
```

运行 MobSF 初始化脚本:

```
$ ./setup.sh
```

初始化之前建议先修改 pip 下载的源地址,换成国内源,这样可减少下载失败的概率,如果在 setup.sh 执行过程中多次出现下载失败,可以编辑 setup.sh,在 pip 下载语句中指定国内 pip 源。

```
$ pip install --no-cache-dir -r requirements.txt -i https://mirrors.aliyun.com/pypi/simple/
```

初始化脚本完成后运行脚本。

```
$ ./run.sh
```

访问 http://localhost:8000/,查看 MobSF 的 Web 接口。如图 4.1 所示为 MobSF 的 Web 界面。

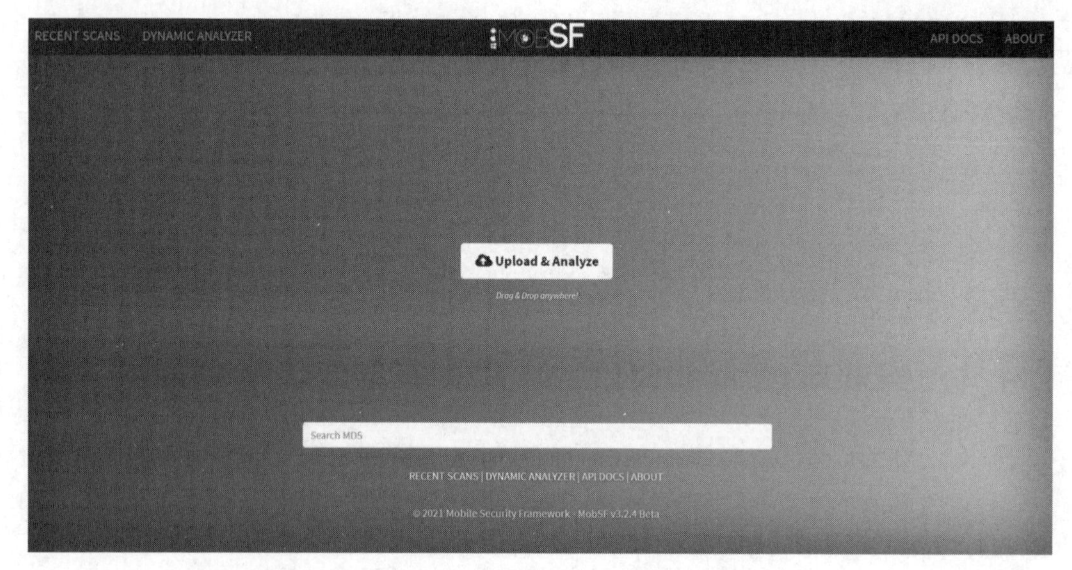

图 4.1 MobSF 的 Web 界面

3. Docker 环境下运行 MobSF

在安装了 Docker 环境的机器上下载 MobSF docker 镜像。

```
$ docker pull opensecurity/mobile-security-framework-mobsf
```

查看镜像:

```
$ docker images | grep mobsf
```

启动容器:

```
$ docker run -it -p 8000:8000 opensecurity/mobile-security-framework-mobsf:latest
```

4.2 功能及源代码讲解

本节结合 MobSF 的源码分析讲解 MobSF 的功能,源代码下载地址为 https://github.com/MobSF/Mobile-Security-Framework-MobSF。

4.2.1 MobSF 功能模块分析

MobSF 使用 Python Django 框架进行开发,在浏览源代码后可以看到入口在/MobSF/urls.py 中,通过浏览器访问相应的 URL 地址,功能映射到对应的代码逻辑。接下来从 urls.py 文件入手分析 MobSF 的功能模块。

urls.py 中的 URL 地址:

```
if settings.API_ONLY == '0':
    urlpatterns.extend([
        # General
        url(r'^$', home.index, name='home'),
        url(r'^upload/$', home.Upload.as_view),
        url(r'^download/', home.download),
        url(r'^about$', home.about, name='about'),
        url(r'^api_docs$', home.api_docs, name='api_docs'),
        url(r'^recent_scans/$', home.recent_scans, name='recent'),
        url(r'^delete_scan/$', home.delete_scan),
        url(r'^search$', home.search),
        url(r'^error/$', home.error, name='error'),
        url(r'^not_found/$', home.not_found),
        url(r'^zip_format/$', home.zip_format),
        # Static Analysis
        # Android
        url(r'^static_analyzer/$', android_sa.static_analyzer),
        # Remove this is version 4/5
        url(r'^source_code/$', source_tree.run, name='tree_view'),
        url(r'^view_file/$', view_source.run, name='view_source'),
        url(r'^find/$', find.run, name='find_files'),
        url(r'^generate_downloads/$', generate_downloads.run),
        url(r'^manifest_view/$', manifest_view.run),
        # iOS
        url(r'^static_analyzer_ios/$', ios_sa.static_analyzer_ios),
        url(r'^view_file_ios/$', io_view_source.run),
        # Windows
        url(r'^static_analyzer_windows/$', windows.staticanalyzer_windows),

        # Shared
        # App Compare
        url(r'^compare/(?P<hash1>[0-9a-f]{32})/(?P<hash2>[0-9a-f]{32})/$',
            shared_func.compare_apps),

        # Dynamic Analysis
        url(r'^dynamic_analysis/$', dz.dynamic_analysis, name='dynamic'),
        url(r'^android_dynamic/(?P<checksum>[0-9a-f]{32})$',
              dz.dynamic_analyzer, name='dynamic_analyzer'),
        url(r'^httptools$', dz.httptools_start, name='httptools'),
        url(r'^logcat/$', dz.logcat),
        # Android Operations
        url(r'^mobsfy/$', operations.mobsfy),
        url(r'^screenshot/$', operations.take_screenshot),
        url(r'^execute_adb/$', operations.execute_adb),
        url(r'^screen_cast/$', operations.screen_cast),
        url(r'^touch_events/$', operations.touch),
        url(r'^get_component/$', operations.get_component),
        url(r'^mobsf_ca/$', operations.mobsf_ca),
        # Dynamic Tests
        url(r'^activity_tester/$', tests_common.activity_tester),
```

```
        url(r'^download_data/$', tests_common.download_data),
        url(r'^collect_logs/$', tests_common.collect_logs),
        # Frida
        url(r'^frida_instrument/$', tests_frida.instrument),
        url(r'^live_api/$', tests_frida.live_api),
        url(r'^frida_logs/$', tests_frida.frida_logs),
        url(r'^list_frida_scripts/$', tests_frida.list_frida_scripts),
        url(r'^get_script/$', tests_frida.get_script),


        # Test
        url(r'^tests/$', tests.start_test),
    ])
```

根据上面的 URL 文件的内容，可以将 MobSF 的功能大致分为 4 个部分：

(1) 一般功能。

(2) 静态扫描功能。

(3) 动态扫描功能——只支持 Android 应用的动态分析，包括 Android 设备操作、Frida 框架、报告生成等。

(4) REST API——封装好的可以调用的 API 接口，使 MobSF 的功能可以接入其他任何系统中。

4.2.2 一般功能分析

一般功能对应的 URL：

```
# 一般功能
url(r'^$', home.index, name='home'),
url(r'^upload/$', home.Upload.as_view),
url(r'^download/', home.download),
url(r'^about$', home.about, name='about'),
url(r'^api_docs$', home.api_docs, name='api_docs'),
url(r'^recent_scans/$', home.recent_scans, name='recent'),
url(r'^delete_scan/$', home.delete_scan),
url(r'^search$', home.search),
url(r'^error/$', home.error, name='error'),
url(r'^not_found/$', home.not_found),
url(r'^zip_format/$', home.zip_format),
```

从 URL 中可以看到一般功能包括上传 App、下载报告、关于说明、搜索、删除扫描等。这里选取下载功能进行分析，从下载对应的 URL 函数的第二个参数中可以找到处理下载请求的函数，即 home.py 文件中的 download()函数。

home.py 中的 download()函数：

```
def download(request):
    """Download from MobSF Route."""
    msg = 'Error Downloading File'
```

```
    if request.method == 'GET':
        allowed_exts = settings.ALLOWED_EXTENSIONS
        filename = request.path.replace('/download/', '', 1)
        # Security Checks
        if '../' in filename:
            msg = 'Path Traversal Attack Detected'
            return print_n_send_error_response(request, msg)
        ext = os.path.splitext(filename)[1]
        if ext in allowed_exts:
            dwd_file = os.path.join(settings.DWD_DIR, filename)
            if os.path.isfile(dwd_file):
                wrapper = FileWrapper(open(dwd_file, 'rb'))
                response = HttpResponse(
                    wrapper, content_type=allowed_exts[ext])
                response['Content-Length'] = os.path.getsize(dwd_file)
                return response
    if ('screen/screen.png' not in filename
            and '-icon.png' not in filename):
        msg += filename
        return print_n_send_error_response(request, msg)
    return HttpResponse('')
```

download()函数会对请求地址进行处理生成文件名，并且检查文件名中是否存在"../"，这是路径穿越攻击的特征，不再继续执行，返回 Error 信息。

4.2.3 静态扫描功能分析

静态扫描功能支持对 Android 应用、iOS 应用、Windows 应用的静态分析，还能对应用进行比较。

url.py 静态扫描对应的 URL：

```
# 静态分析
# Android
url(r'^static_analyzer/$', android_sa.static_analyzer),
# Remove this is version 4/5
url(r'^source_code/$', source_tree.run, name='tree_view'),
url(r'^view_file/$', view_source.run, name='view_source'),
url(r'^find/$', find.run, name='find_files'),
url(r'^generate_downloads/$', generate_downloads.run),
url(r'^manifest_view/$', manifest_view.run),
# iOS
url(r'^static_analyzer_ios/$', ios_sa.static_analyzer_ios),
url(r'^view_file_ios/$', io_view_source.run),
# Windows
url(r'^static_analyzer_windows/$', windows.staticanalyzer_windows),
# Shared
url(r'^pdf/$', shared_func.pdf),
# App Compare
url(r'^compare/(?P<hash1>[0-9a-f]{32})/(?P<hash2>[0-9a-f]{32})/$', shared_func.
compare_apps),
```

接下来分析具体 Android 静态扫描功能，对应的核心逻辑在/StaticAnalyzer/views/android\路径下。

静态分析的核心逻辑：

```
android/android_manifest_desc.py            //AndroidManifest 规则库文件
android/binary_analysis.py                  //二进制分析文件
android/cert_analysis.py                    //证书分析
android/code_analysis.py                    //代码分析
android/converter.py                        //反编译 Java 和 Smali 代码文件
android/db_interaction.py                   //数据库交互
android/dvm_permissions.py                  //权限规则库
android/find.py                             //查找源代码
android/generate_downloads.py               //生成下载文件
android/icon_analysis.py                    //图标分析
android/manifest_analysis.py                //AndroidManifest 分析文件
android/manifest_view.py                    //AndroidManifest 视图文件
android/network_security.py                 //App 的网络安全分析
android/playstore.py                        //应用商店分析文件
android/source_tree.py                      //列出所有的 Java 源码文件
android/static_analyzer.py                  //静态分析流程文件
android/strings.py                          //字符串常量获取
android/view_source.py                      //文件源查看
android/win_fixes.py                        //windows 环境下使用
android/xapk.py                             //对 AppX 包的分析
android/rules/android_apis.yaml             //常见 API 规则文件
android/rules/android_niap.yaml
android/rules/android_rules.yaml            //要检测的 API 列表
```

这里重点关注静态分析流程，根据 URL 找到 android/static_analyzer.py 文件，看一下 static_analyzer()函数的实现。static_analyzer()函数代码量很大，首先获取请求中的一系列参数，判断需要静态分析的文件类型，根据类型采用对应的处理方式。

static_analyzer()函数的重点逻辑：

```
if api:
    typ = request.POST['scan_type']
    checksum = request.POST['hash']
    filename = request.POST['file_name']
    rescan = str(request.POST.get('re_scan', 0))
else:
    typ = request.GET['type']
    checksum = request.GET['checksum']
    filename = request.GET['name']
    rescan = str(request.GET.get('rescan', 0))
# Input validation
app_dic = {}
match = re.match('^[0-9a-f]{32}$', checksum)
if (match and filename.lower().endswith(('.apk', '.xapk', '.zip')) and typ in ['zip', 'apk', 'xapk']):
    app_dic['dir'] = Path(settings.BASE_DIR) # BASE DIR
```

```
    app_dic['app_name'] = filename # App ORGINAL NAME
    app_dic['md5'] = checksum # MD5
    # App DIRECTORY
    app_dic['app_dir'] = Path(settings.UPLD_DIR) / checksum
    app_dic['tools_dir'] = app_dic['dir'] / 'StaticAnalyzer' / 'tools'
    app_dic['tools_dir'] = app_dic['tools_dir'].as_posix()
    logger.info('Starting Analysis on : %s', app_dic['app_name'])
    if typ == 'xapk':
        ...
    if typ == 'apk':
        ...
    elif typ == 'zip':
        ...
    else:
        err = ('Only APK, IPA and Zipped '
               'Android/iOS Source code supported now!')
        logger.error(err)
```

这里以 Apk 包的静态分析作为例子。

static_analyzer()函数中对 Apk 包的静态分析入口：

```
db_entry = StaticAnalyzerAndroid.objects.filter(MD5 = app_dic['md5'])
if db_entry.exists() and rescan == '0':
    context = get_context_from_db_entry(db_entry)
```

处理完路径和文件名后，MobSF 会去数据库中查看最近是否做过该文件的分析，如果数据库中存在记录，则直接查询并返回该数据；如果是第一次扫描，则从零开始做扫描。

开始执行 Apk 静态分析：

```
# ANALYSIS BEGINS
app_dic['size'] = str(file_size(app_dic['app_path'])) + 'MB' # FILE SIZE
app_dic['sha1'], app_dic['sha256'] = hash_gen(app_dic['app_path'])
app_dic['files'] = unzip(app_dic['app_path'], app_dic['app_dir'])
logger.info('APK Extracted')
if not app_dic['files']:
    # Can't Analyze APK, bail out.
    msg = 'APK file is invalid or corrupt'
    if api:
        return print_n_send_error_response(request,msg,True)
    else:
        return print_n_send_error_response(request,msg,False)
app_dic['certz'] = get_hardcoded_cert_keystore(app_dic['files'])
```

静态分析开始，提取 Apk 文件名与路径名，并解压 Apk 包，解压 Apk 后的第一件事是去获取 Manifest 文件。

获取 Manifest 文件：

```
# Manifest XML
```

```
mani_file, mani_xml = get_manifest(
    app_dic['app_path'],
    app_dic['app_dir'],
    app_dic['tools_dir'],
    '',
    True,
)
app_dic['manifest_file'] = mani_file
app_dic['parsed_xml'] = mani_xml
```

get_manifest()函数位于 manifest_analysis.py 文件内，如果上传的是非 Apk 文件，则会从源码目录下读取；如果是 Apk 文件，则会调用 Apktool 对 Apk 文件进行反编译，从结果目录下获取 AndroidManifest.xml 文件。

get_manifest()函数：

```
def get_manifest(app_path, app_dir, tools_dir, typ, binary):
   """Get the manifest file."""
   try:
      manifest_file = get_manifest_file(
          app_dir,
          app_path,
          tools_dir,
          typ,
          binary)
      mfile = Path(manifest_file)
      ...
```

如果 Manifest 文件需要从 Apk 包中提取，调用 Apktool 工具反编译传入的 Apk 文件，在输出文件夹中获取 AndroidManifest.xml。

get_manifest_apk()函数：

```
def get_manifest_apk(app_path, app_dir, tools_dir):
   """Get readable AndroidManifest.xml."""
try:
      manifest = None
      if (len(settings.APKTOOL_BINARY) > 0
            and is_file_exists(settings.APKTOOL_BINARY)):
          apktool_path = settings.APKTOOL_BINARY
      else:
          apktool_path = os.path.join(tools_dir, 'apktool_2.5.0.jar')
      output_dir = os.path.join(app_dir, 'apktool_out')
      args = [find_java_binary(),
             '-jar',
             apktool_path,
             '--match-original',
             '--frame-path',
             tempfile.gettempdir(),
             '-f', '-s', 'd',
             app_path,
```

```
            '-o',
            output_dir]
        manifest = os.path.join(output_dir, 'AndroidManifest.xml')
        if is_file_exists(manifest):
            # APKTool already created readable XML
            return manifest
        logger.info('Converting AXML to XML')
        subprocess.check_output(args)
        return manifest
```

读取 AndroidManifest.xml 文件后，开始解析该 XML 文件，提取该 XML 文件中的数据，包括 application、uses-permission、manifest、activity、service、provider 等所有参数。

manifest_data()函数：

```
def manifest_data(mfxml):
    """Extract manifest data."""
    try:
        logger.info('Extracting Manifest Data')
        svc = []
        act = []
        brd = []
        cnp = []
        lib = []
        perm = []
        cat = []
        icons = []
        dvm_perm = {}
        package = ''
        minsdk = ''
        maxsdk = ''
        targetsdk = ''
        mainact = ''
        androidversioncode = ''
        androidversionname = ''
        applications = mfxml.getElementsByTagName('application')
        permissions = mfxml.getElementsByTagName('uses-permission')
        manifest = mfxml.getElementsByTagName('manifest')
        activities = mfxml.getElementsByTagName('activity')
        services = mfxml.getElementsByTagName('service')
        providers = mfxml.getElementsByTagName('provider')
        receivers = mfxml.getElementsByTagName('receiver')
        libs = mfxml.getElementsByTagName('uses-library')
        sdk = mfxml.getElementsByTagName('uses-sdk')
        categories = mfxml.getElementsByTagName('category')
...
```

整个 manifest_analysis.py 文件就是对 Manifest.xml 的全面分析。Manifest 分析完毕后继续向后推进，从 AndroidManifest.xml 文件或资源文件中获取应用名字和应用图标，进一步对 icon_analysis.py 进行分析。

icon_analysis. py：

```
# get app_name
app_dic['real_name'] = get_app_name(
    app_dic['app_path'],
    app_dic['app_dir'],
    app_dic['tools_dir'],
    True,
)
# Get icon
res_path = os.path.join(app_dic['app_dir'], 'res')
app_dic['icon_hidden'] = True
# Even if the icon is hidden, try to guess it by the
# default paths
app_dic['icon_found'] = False
app_dic['icon_path'] = ''
# TODO: Check for possible different names for resource
# folder?
if os.path.exists(res_path):
   icon_dic = get_icon(
      app_dic['app_path'], res_path)
   if icon_dic:
      app_dic['icon_hidden'] = icon_dic['hidden']
      app_dic['icon_found'] = bool(icon_dic['path'])
      app_dic['icon_path'] = icon_dic['path']
```

继续推进,设置 Manifest 的连接和对 Manifest 的处理。

设置 Manifest 连接:

```
# Set Manifest link
app_dic['mani'] = ('../manifest_view/?md5 = ' + app_dic['md5'] + '&type = apk&bin = 1')
man_data_dic = manifest_data(app_dic['parsed_xml'])
app_dic['playstore'] = get_app_details(man_data_dic['packagename'])
man_an_dic =
manifest_analysis(app_dic['parsed_xml'], man_data_dic, '', app_dic['app_dir'],)
```

manifest_data()和 manifest_analysis()两个函数都在 manifest_analysis. py 文件中,负责对 AndroidManifest. xml 的解析。get_app_details()方法会通过应用商店对应用的细节数据进行读取,包括应用名字、评分、价格、下载 URL 等,该方法在/StaticAnalyzer/views/android/playstore. py 文件中。

继续执行,调用/StaticAnalyzer/views/android/binary_analysis. py 文件中的 elf_analysis()方法,对二进制文件进行分析处理,包括 res、assets 目录下的资源文件,lib 下的 so 文件等。

```
elf_dict = elf_analysis(app_dic['app_dir'])
```

接下来是对 Apk 中的证书进行分析处理。

```
cert_dic = cert_info(app_dic['app_dir'], app_dic['app_file'])
```

该方法包含在 android/cert_analysis. py 文件中，负责获取证书文件信息并对其进行分析。该文件中的另一个方法 get_hardcoded_cert_keystore()负责查找证书文件或密钥文件并返回，包括 cer、pem、cert、crt、pub、key、pfx、p12 等证书文件，以及 jks、bks 等密钥库文件。

然后调用/MalwareAnalyzer/views/apkid. py 文件中的 apkid_analysis()对 APKID 进行分析处理，调用/MalwareAnalyzer/views/Trackers. py 文件中的 Trackers 和 get_trackers()获取追踪器对 Apk 进行追踪检测。

接下来是获取代码，以进行代码级别的静态分析，apk_2_Java()和 dex_2_smali()函数都在/StaticAnalyzer/views/android/converter. py 文件中。

converter. py 文件中的函数定义：

```
apk_2_java(app_dic['app_path'], app_dic['app_dir'],app_dic['tools_dir'])
dex_2_smali(app_dic['app_dir'], app_dic['tools_dir'])
code_an_dic = code_analysis(app_dic['app_dir'], 'apk', app_dic['manifest_file'])
```

apk_2_java()函数通过 Jadx 工具将 Apk 反编译成 Java 代码。

apk_2_Java()函数：

```
def apk_2_java(app_path, app_dir, tools_dir):
    """Run jadx."""
    try:
        logger.info('APK -> JAVA')
        args = []
        output = os.path.join(app_dir, 'java_source/')
        logger.info('Decompiling to Java with jadx')
        if os.path.exists(output):
            # ignore WinError3 in Windows
            shutil.rmtree(output, ignore_errors = True)
        if (len(settings.JADX_BINARY) > 0
                and is_file_exists(settings.JADX_BINARY)):
            jadx = settings.JADX_BINARY
        elif platform.system() == 'Windows':
            jadx = os.path.join(tools_dir, 'jadx/bin/jadx.bat')
        else:
            jadx = os.path.join(tools_dir, 'jadx/bin/jadx')
        # Set execute permission, if JADX is not executable
        if not os.access(jadx, os.X_OK):
            os.chmod(jadx, stat.S_IEXEC)
        args = [
            jadx,
            '-ds',
            output,
            '-q',
            '-r',
            '--show-bad-code',
```

```
            app_path,
        ]

        fnull = open(os.devnull, 'w')
        subprocess.call(args,
                        stdout = fnull,
                        stderr = subprocess.STDOUT)
    except Exception:
        logger.exception('Decompiling to JAVA')
```

dex_2_smali()函数通过 Baksmali 工具将 Dex 反编译为 Smali 代码。

dex_2_smali()函数：

```
def dex_2_smali(app_dir, tools_dir):
    """Run dex2smali."""
    try:
        logger.info('DEX -> SMALI')
        dexes = get_dex_files(app_dir)
        for dex_path in dexes:
            logger.info('Converting % s to Smali Code',
                        filename_from_path(dex_path))
            if (len(settings.BACKSMALI_BINARY) > 0
                    and is_file_exists(settings.BACKSMALI_BINARY)):
                bs_path = settings.BACKSMALI_BINARY
            else:
                bs_path = os.path.join(tools_dir, 'baksmali-2.4.0.jar')
            output = os.path.join(app_dir, 'smali_source/')
            smali = [
                find_java_binary(),
                '-jar',
                bs_path,
                'd',
                dex_path,
                '-o',
                output,
            ]
            trd = threading.Thread(target = subprocess.call, args = (smali,))
            trd.daemon = True
            trd.start()
    except Exception:
        logger.exception('Converting DEX to SMALI')
```

得到源码后，接下来进行代码分析，对应的文件是/StaticAnalyzer/views/android/code_analysis.py。

code_analysis()函数：

```
def code_analysis(app_dir, typ, manifest_file):
    """Perform the code analysis."""
    try:
```

```
    logger.info('Code Analysis Started')
    root = Path(settings.BASE_DIR) / 'StaticAnalyzer' / 'views'
    code_rules = root / 'android' / 'rules' / 'android_rules.yaml'
    api_rules = root / 'android' / 'rules' / 'android_apis.yaml'
    niap_rules = root / 'android' / 'rules' / 'android_niap.yaml'
    ...
    # Code and API Analysis
    code_findings = scan(
        code_rules.as_posix(),
        {'.java', '.kt'},
        [src],
        skp)
    api_findings = scan(
        api_rules.as_posix(),
        {'.java', '.kt'},
        [src],
        skp)
    # NIAP Scan
    logger.info('Running NIAP Analyzer')
    niap_findings = niap_scan(
        niap_rules.as_posix(),
        {'.java', '.xml'},
        [src],
        manifest_file,
        None)
    # Extract URLs and Emails
    for pfile in Path(src).rglob('*'):
        if (
            (pfile.suffix in ('.java', '.kt')
                    and any(skip_path in pfile.as_posix()
                            for skip_path in skp) is False)
        ):
            content = None
            try:
                content = pfile.read_text('utf-8', 'ignore')
                # Certain file path cannot be read in windows
            except Exception:
                continue
            relative_java_path = pfile.as_posix().replace(src, '')
            urls, urls_nf, emails_nf = url_n_email_extract(
                content, relative_java_path)
            url_list.extend(urls)
            url_n_file.extend(urls_nf)
            email_n_file.extend(emails_nf)
            ...
except Exception:
    logger.exception('Performing Code Analysis')
```

code_analysis()根据3个规则文件分别对相应的代码文件进行分析，最后通过URL或者邮件提取结果。其中用于扫描的函数scan()和niap_scan()位于StaticAnalyzer/views/

sast_engine.py 文件中。

代码分析完毕后，MobSF 从 so 文件和 Dex 文件中提取硬编码的常量字符串，并对 Firebase 数据库进行检查，最后将数据写入数据库中，静态分析的过程就结束了。

分析常量字符串和 Firebase，保存分析结果：

```
string_res = strings_from_apk(app_dic['app_file'], app_dic['app_dir'], elf_dict['elf_strings'])
...
code_an_dic['firebase'] = firebase_analysis(list(set(code_an_dic['urls_list'])))
...
# SAVE TO DB
if rescan == '1':
    save_or_update(
        'update',
        app_dic,
        man_data_dic,
        man_an_dic,
        code_an_dic,
        cert_dic,
        elf_dict['elf_analysis'],
        apkid_results,
        tracker_res,
    )
    update_scan_timestamp(app_dic['md5'])
elif rescan == '0':
    logger.info('Saving to Database')
    save_or_update(
        'save',
        app_dic,
        man_data_dic,
        man_an_dic,
        code_an_dic,
        cert_dic,
        elf_dict['elf_analysis'],
        apkid_results,
        tracker_res,
    )
```

4.2.4 动态扫描功能分析

Android 动态扫描的核心代码在/DynamicAnalyzer/views/android/目录下。

动态扫描的核心代码：

```
android/analysis.py                //对动态扫描分析得到的数据进行分析处理
android/dynamic_analyzer.py        //动态分析流程文件
android/environment.py             //动态分析环境配置相关
android/frida_core.py              //Frida 框架核心操作
android/frida_scripts.py           //Frida 框架脚本
android/operations.py              //动态分析操作
```

```
android/report.py                //动态分析报告输出
android/tests_common.py          //命令测试
android/tests_frida.py           //Frida 框架测试
```

照例来看一下动态分析的 URL 文件。

动态分析的 URL：

```
url(r'^dynamic_analysis/$', dz.dynamic_analysis, name='dynamic'),
url(r'^android_dynamic/(?P<checksum>[0-9a-f]{32})$', dz.dynamic_analyzer, name=
'dynamic_analyzer'),
url(r'^httptools$', dz.httptools_start, name='httptools'),
url(r'^logcat/$', dz.logcat),
```

此处先从动态分析的入口 dynamic_analysis()函数进行分析，dynamic_analysis()函数一开始就会对设备进行检测，如果设备正常运行，则调用 get_device()函数获取设备数据；如果设备未启动或没有被检测到，则会返回 print_n_send_error_response()。

检测动态分析环境：

```
try:
    identifier = get_device()
except Exception:
    no_device = True
if no_device or not identifier:
    msg = ('Is the android instance running? MobSF cannot'
           ' find android instance identifier. '
           'Please run an android instance and refresh'
           ' this page. If this error persists,'
           ' set ANALYZER_IDENTIFIER in MobSF/settings.py')
    return print_n_send_error_response(request, msg, api)
```

获取设备信息后，会调用/DynamicAnalyzer/views/android\environment.py 内的 Environment 类进行环境配置。

environment.py 文件分析：

```
connect_n_mount()            //重启 adb 服务，尝试 adb 连接设备
adb_command()                //将 adb 命令包装成可执行的命令
dz_cleanup()                 //清除之前的动态分析记录和数据
configure_proxy()            //设置代理，先调用 Httptools 杀死请求，再在代理模式下开启 Httptools
install_mobsf_ca()           //安装或删除 MobSF 的根证书
set_global_proxy()           //给设备设置全局代理，4.4 以上的系统进入 get_proxy_ip,
                             //4.4 以下的系统会代理到 127.0.0.1:1337
unset_global_proxy()         //取消设置的全局代理
enable_adb_reverse_tcp()     //开启 adb 反向 TCP 代理，仅支持 5.0 以上的系统
start_clipmon()              //监控剪切板
get_screen_res()             //获取当前屏幕分辨率
screen_shot()                //截屏
screen_stream()              //分析屏幕流
android_component()          //获取 Apk 的组件
get_android_version()        //获取 Android 版本
```

```
get_android_arch()          //获取 Android 体系结构
launch_n_capture()          //启动和捕获 Activity
is_mobsfyied()              //获取 Android 的 MobSfyed 实例,读取 Xposed 或 Frida 文件并输出
mobsfy_init()               //设置 MobSF 代理,安装 Xposed 或 Frida 框架
mobsf_agents_setup()        //安装 MobSF 根证书,设置 MobSF 代理
xposed_setup()              //安装 Xposed 框架
frida_setup()               //安装 Frida 框架
run_frida_server()          //运行 Frida 框架
```

回到 dynamic_analysis()函数,创建动态分析环境后测试 adb 连接,如果连接失败,则返回 print_n_send_error_response()函数。

测试 adb 连接:

```
if not env.connect_n_mount():
    msg = 'Cannot Connect to ' + identifier
    return print_n_send_error_response(request, msg, api)
```

获取 Android 版本并根据系统版本获取 Android 的 MobSfyed 实例,如果失败,则会返回 print_n_send_error_response()函数。

获取 MobSfyed 实例:

```
version = env.get_android_version()
logger.info('Android Version identified as %s', version)
xposed_first_run = False
if not env.is_mobsfyied(version):
    msg = ('This Android instance is not MobSfyed/Outdated.\n'
           'MobSFying the Android runtime environment')
    logger.warning(msg)
    if not env.mobsfy_init():
        return print_n_send_error_response(
            request,
            'Failed to MobSFy the instance',
            api)
    if version < 5:
        xposed_first_run = True
```

如果系统版本低于 5,则运行 Xposed 框架。当第一次运行 Xposed 框架时,会重启设备以启用所有模块。

运行 Xposed:

```
if xposed_first_run:
    msg = ('Have you MobSFyed the instance before'
           'attempting Dynamic Analysis?'
           'Install Framework for Xposed.'
           'Restart the device and enable'
           'all Xposed modules. And finally'
           'restart the device once again.')
    return print_n_send_error_response(request, msg, api)
```

接下来会对环境进行一系列配置。

环境配置：

```
# 清除之前的动态分析记录和数据
env.dz_cleanup(checksum)
# 设置 Web 代理
env.configure_proxy(package)
# 开启 adb 反向 TCP 代理,仅支持 Android 5.0 以上系统
env.enable_adb_reverse_tcp(version)
# 给设备设置全局代理,这个功能仅支持 Android 4.4 及以上系统
env.set_global_proxy(version)
# 开始剪切板监控
env.start_clipmon()
```

环境配置完成后会安装待分析的 Apk,同时封装 adb 命令：

```
status, output = env.install_apk(apk_path.as_posix(), package)
```

install_apk()函数位于 environment.py 文件的 Environment 类中。

install_apk()函数：

```
def install_apk(self, apk_path, package):
    """安装 Apk 文件并校验安装"""
    if self.is_package_installed(package, ''):
        logger.info('Removing existing installation')
        # 如果应用在设备中已安装,则卸载掉之前安装的包
        self.adb_command(['uninstall', package], False, True)
    # 禁用安装校验
    self.adb_command([
        'settings',
        'put',
        'global',
        'verifier_verify_adb_installs',
        '0',
    ], True)
    logger.info('Installing APK')
    # 安装应用
    out = self.adb_command([
        'install',
        '-r',
        '-t',
        '-d',
        apk_path], False, True)
    if not out:
        return False, 'adb install failed'
    out = out.decode('utf-8', 'ignore')
    # 安装校验
    return self.is_package_installed(package, out), out
```

回到 dynamic_analysis()函数,通过 HttpResponse 返回数据:

```
return render(request, template, context)
```

下面分析 dynamic_analysis 文件中的 httptools_start()函数。httptools_start()函数的主要功能是在代理模式下开启 Httptools。

先调用 Httptools 杀死请求,再通过代理模式开启 Httptools。

开启 Httptools:

```
stop_httptools(settings.PROXY_PORT)
start_httptools_ui(settings.PROXY_PORT)
time.sleep(3)
logger.info('httptools UI started')
```

stop_httptools()和 start_httptools_ui()函数在/DynamicAnalyzer/tools/webproxy.py 文件中。

stop_httptools()函数:

```
def stop_httptools(port):
    """Kill httptools."""
    # 调用 Httptools UI 杀死请求
    try:
        requests.get('http://127.0.0.1:' + str(port) + '/kill', timeout=5)
        logger.info('Killing httptools UI')
    except Exception:
        pass

    # 调用 Httptools Proxy 杀死请求
    try:
        http_proxy = 'http://127.0.0.1:' + str(port)
        headers = {'httptools': 'kill'}
        url = 'http://127.0.0.1'
        requests.get(url, headers=headers, proxies={
                    'http': http_proxy})
        logger.info('Killing httptools Proxy')
    except Exception:
        pass
```

start_httptools_ui()函数:

```
# 启动 Httptools 的 UI
def start_httptools_ui(port):
    """Start Server UI."""
    subprocess.Popen(['httptools',
                    '-m', 'server', '-p', str(port)])
    time.sleep(3)
```

下面介绍/DynamicAnalyzer/tools/webproxy.py 文件中其他函数的功能。

webproxy.py 文件函数：

```
start_proxy()                  # 在代理模式下启动 Httptools
create_ca()                    # 第一次运行时创建 CA
get_ca_file                    # 获取 CA 文件
```

下面分析主要负责动态操作的 operations.py。

operations.py 文件函数：

```
is_attack_pattern()            # 通过正则表达式验证攻击
strict_package_check()         # 通过正则表达式校验包名称
is_path_traversal()            # 检查路径遍历
invalid_params()               # 检查无效参数响应
mobsfy()                       # 通过 POST 方法配置实例进行动态分析
execute_adb()                  # 通过 POST 方法执行 adb 命令
get_component()                # 通过 POST 方法获取 Android 组件
take_screenshot()              # 通过 POST 方法截屏
screen_cast()                  # 通过 POST 方法投屏
touch()                        # 通过 POST 方法发送触摸事件
mobsf_ca()                     # 通过 POST 方法安装或删除 MobSF 代理的根证书
```

再来看看负责对动态分析获取的数据进行分析的 analysis.py 文件，重点分析运行动态文件分析的 run_analysis()函数。run_analysis()函数首先收集日志数据并对日志进行遍历筛选处理。

run_analysis()日志收集：

```
# 收集日志
datas = get_log_data(apk_dir, package)
clip_tag = 'I/CLIPDUMP-INFO-LOG'
clip_tag2 = 'I CLIPDUMP-INFO-LOG'
# 遍历日志数据,对日志数据进行处理
for log_line in datas['logcat']:
    if clip_tag in log_line:
        clipboard.append(log_line.replace(clip_tag, 'Process ID '))
    if clip_tag2 in log_line:
        log_line = log_line.split(clip_tag2)[1]
        clipboard.append(log_line)
```

通过正则表达式收集 URL 数据，并对恶意 URL 进行检查，匹配 URL 是否在恶意软件列表中出现。

run_analysis()收集 URL：

```
url_pattern = re.compile(
    r'((?:https?://|s?ftps?://|file://|'
    r'Javascript:|data:|www\d{0,3}'
    r'[.])[\w().=/;,#:@?&~*+!$%\'{}-]+)', re.UNICODE)
urls = re.findall(url_pattern, datas['traffic'].lower())
if urls:
```

```
    urls = list(set(urls))
else:
    urls = []
logger.info('Performing Malware Check on extracted Domains')
domains = MalwareDomainCheck().scan(urls)
```

MalwareDomainCheck 是/MalwareAnalyzer/views/domian_check.py 文件中的一个类,scan()函数通过匹配收集到的 URL 来检测恶意软件。

MalwareDomainCheck()检测 URL:

```
def scan(self, urls):
    if not settings.DOMAIN_MALWARE_SCAN:
        logger.info('Domain Malware Check disabled in settings')
        return self.result
    self.domainlist = get_domains(urls)
    if self.domainlist:
        self.update()
        self.malware_check()
        self.maltrail_check()
        self.gelocation()
    return self.result
```

随后通过正则表达式匹配提取所有的电子邮件地址。

提取 Email 地址:

```
# Email 正则表达式匹配
emails = []
regex = re.compile(r'[\w.-]{1,20}@[\w-]{1,20}\.[\w]{2,10}')
for email in regex.findall(datas['traffic'].lower()):
    if (email not in emails) and (not email.startswith('//')):
        emails.append(email)
```

最后汇总结果并返回。

汇总静态分析结果:

```
all_files = get_app_files(apk_dir, md5_hash, package)
analysis_result['urls'] = urls
analysis_result['domains'] = domains
analysis_result['emails'] = emails
analysis_result['clipboard'] = clipboard
analysis_result['xml'] = all_files['xml']
analysis_result['sqlite'] = all_files['sqlite']
analysis_result['other_files'] = all_files['others']
return analysis_result
```

视频 7

4.3 Apk 静态分析流程

本书在 4.2 节结合源码对 MobSF 的功能进行了讲解,接下来用一个实际的例子直观地了解 MobSF 静态分析的流程以及静态分析通常关注的切入点。本节介绍使用 MobSF

对 Apk 进行静态分析的流程，此处用到的 Apk 文件是从 https://github.com/rewanth1997/Damn-Vulnerable-Bank 下载的漏洞靶机应用。按照 4.1 节的介绍安装并启动 MobSF 后，直接在首页提交 Apk 就可以进行静态分析。

如图 4.2 所示为 MobSF 静态分析结果。

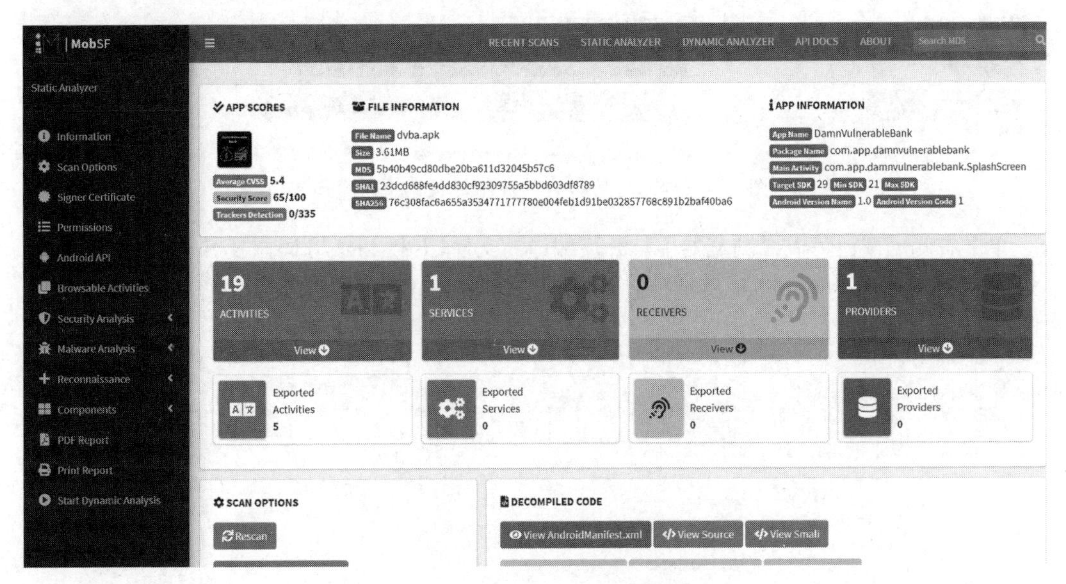

图 4.2 MobSF 静态分析结果

分析完毕后 MobSF 就会生成一个结果页面，其中内容很多，可以通过左侧标签栏直接定位到逆向分析时感兴趣的部分。下面将逐一分析 MobSF 生成的报告。

首先是 Information 部分，其中显示了应用的基本信息，包括应用名称、包名、程序入口、SDK 版本、各组件的数量、设置为导出的组件数量等，还有一个综合的安全得分。

如图 4.3 所示为 MobSF 静态分析基本信息。

图 4.3 MobSF 静态分析基本信息

下面是扫描选项，可以选择重新扫描、动态分析，也可以查看反编译出来的 AndroidManifest.xml 文件以及 Smali 源代码和 Java 源码。

如图 4.4 所示为静态分析报告的反编译代码文件部分。

SCAN OPTIONS

Rescan

Start Dynamic Analysis

DECOMPILED CODE

View AndroidManifest.xml　View Source　View Smali

Download Java Code　Download Smali Code　Download APK

图 4.4　静态分析报告的反编译代码文件部分

单击右侧的按钮可以在浏览器中打开反编译的文件，下载 Java 源码以及 Smali 格式的源码。

如图 4.5 所示为 MobSF 反编译出来的 AndroidManifest.xml 文件内容。

AndroidManifest.xml

```
1.  <?xml version="1.0" encoding="utf-8"?>
2.  <manifest android:versionCode="1" android:versionName="1.0" android:compileSdkVersion="29" android:compileSdkVersionCodename="10" package="com.app.damnvulnerablebank" platformBuildVersionCode="2
3.    xmlns:android="http://schemas.android.com/apk/res/android">
4.      <uses-sdk android:minSdkVersion="21" android:targetSdkVersion="29" />
5.      <uses-permission android:name="android.permission.INTERNET" />
6.      <uses-permission android:name="android.permission.USE_BIOMETRIC" />
7.      <uses-permission android:name="android.permission.USE_FINGERPRINT" />
8.      <application android:theme="@style/AppTheme" android:label="@string/app_name" android:icon="@mipmap/ic_launcher" android:allowBackup="true" android:hardwareAccelerated="true" android:largeHea
9.          <activity android:name="com.app.damnvulnerablebank.Myprofile" />
10.         <activity android:name="com.app.damnvulnerablebank.CurrencyRates">
11.             <intent-filter>
12.                 <action android:name="android.intent.action.VIEW" />
13.                 <category android:name="android.intent.category.DEFAULT" />
14.                 <category android:name="android.intent.category.BROWSABLE" />
15.                 <data android:scheme="http" android:host="xe.com" />
16.                 <data android:scheme="https" android:host="xe.com" />
17.             </intent-filter>
18.         </activity>
19.         <activity android:name="com.app.damnvulnerablebank.ResetPassword" />
20.         <activity android:name="com.app.damnvulnerablebank.ViewBeneficiary" />
21.         <activity android:name="com.app.damnvulnerablebank.ApproveBeneficiary" />
22.         <activity android:name="com.app.damnvulnerablebank.PendingBeneficiary" />
23.         <activity android:name="com.app.damnvulnerablebank.AddBeneficiary" />
24.         <activity android:name="com.app.damnvulnerablebank.SendMoney" android:exported="true">
25.             <meta-data android:name="android.support.PARENT_ACTIVITY" android:value=".ViewBeneficiaryAdmin" />
26.         </activity>
```

图 4.5　MobSF 反编译出来的 AndroidManifest.xml 文件内容

接下来是签名证书信息，该应用仅采用 v2 签名，签名算法是 rsassa_pkcs1v15。

如图 4.6 所示为 MobSF 静态分析后得到的 Apk 证书信息。

SIGNER CERTIFICATE

```
APK is signed
v1 signature: False
v2 signature: True
v3 signature: False
Found 1 unique certificates
Subject: O=dvba, OU=dvba, CN=damncorp
Signature Algorithm: rsassa_pkcs1v15
Valid From: 2020-10-29 07:43:13+00:00
Valid To: 2045-10-23 07:43:13+00:00
Issuer: O=dvba, OU=dvba, CN=damncorp
Serial Number: 0x1230704c
Hash Algorithm: sha256
md5: 41d413f665c0f789b190b96241e540c0
sha1: e26ea75bdc6ab4769acedc4c78027aab8580a858
sha256: 0d770dd2df7f63e949e8ca87b7e97ba6827762e289bd281679910609568acdde
sha512: 0943f72dcc5c543af6bf2648ba2f928f5652987b713622d2f015709af490e1b33174e7f18e149cce039e1d0303ab7e80fe47977eceed4ae28e91c6b9a66a58a5
PublicKey Algorithm: rsa
Bit Size: 2048
Fingerprint: e9637ca397b8c7197333f1b6da9ddb4ad5bb1fcef1f123f1415751e103fda196
```

Search:

STATUS	DESCRIPTION
secure	Application is signed with a code signing certificate

图 4.6　MobSF 静态分析后得到的 Apk 证书信息

再下来是应用请求的权限，如图 4.7 所示为 MobSF 静态分析得到的应用请求权限信息。

APPLICATION PERMISSIONS

Search:

PERMISSION	STATUS	INFO	DESCRIPTION
android.permission.INTERNET	normal	full Internet access	Allows an application to create network sockets.
android.permission.USE_BIOMETRIC	normal		Allows an app to use device supported biometric modalities.
android.permission.USE_FINGERPRINT	normal	allow use of fingerprint	This constant was deprecated in API level 28. Applications should request USE_BIOMETRIC instead

图 4.7 MobSF 静态分析得到的应用请求权限信息

从图 4.7 中可以看到，Damn-Vulnerable-Bank 这个应用申请了网络访问权限、指纹识别和生物识别权限。

接下来是源码中调用了 Android API 以及在代码中的位置，单击右侧文件链接可以进入具体的反编译出来的源码文件，并自动定位到具体位置，如图 4.8 所示为应用调用的 Android API 信息。

ANDROID API

Search:

API	FILES
Android Notifications	c/c/a/a/c/d.java
Base64 Decode	c/b/a/e.java c/c/b/h/d0/k.java a/a/a/a/a.java
Base64 Encode	c/c/b/h/d0/n.java b/i/j/a.java c/b/a/e.java c/c/b/b.java

图 4.8 应用调用的 Android API 信息

比如 a/a/a/a/a.java 文件定义的类 a.a.a.a.a 中调用了 Base64 解码操作，单击右侧链接打开 a/a/a/a/a.java，可以定位到第 47 行，此处导入了 Android API 的 Base64 库：

如图 4.9 所示为定位应用调用 Base64 解码 API 的位置。

```
import android.os.StrictMode;
import android.text.TextDirectionHeuristic;
import android.text.TextDirectionHeuristics;
import android.text.TextPaint;
import android.text.TextUtils;
import android.text.method.PasswordTransformationMethod;
import android.util.AttributeSet;
import android.util.Base64;
import android.util.Log;
import android.util.LongSparseArray;
import android.util.Property;
```

图 4.9 定位应用调用 Base64 解码 API 的位置

接着是 BROWSABLE ACTIVITIES，也就是可以用浏览器打开的 Activity，后面也识别出了访问用到的域名。

如图 4.10 所示为应用中可以使用浏览器打开的 Activity。

BROWSABLE ACTIVITIES

Search:

ACTIVITY	INTENT
com.app.damnvulnerablebank.CurrencyRates	Schemes: http://, https://, Hosts: xe.com,

Showing 1 to 1 of 1 entries　Previous 1 Next

图 4.10　应用中可以使用浏览器打开的 Activity

接下来是一个大类——安全性分析。其中分别对网络安全性、Manifest、代码、二进制 so 文件、NIAP 验证、文件的安全性做出分析。

1. 网络安全性

Damn-Vulnerable-Bank 被扫描出了 3 个网络安全性问题，其中 2 个高危漏洞，分别是应用内的配置文件允许应用使用未加密的明文与各域名通过 HTTP 协议进行通信，以及在配置文件中设置使设备相信用户自行安装的数字证书。如图 4.11 所示为 MobSF 列出的应用可能存在的网络安全问题。

NETWORK SECURITY

Search:

NO	SCOPE	SEVERITY	DESCRIPTION
1	*	high	Base config is insecurely configured to permit clear text traffic to all domains.
2	*	high	Base config is configured to trust user installed certificates.
3	*	medium	Base config is configured to trust system certificates.

图 4.11　MobSF 列出的应用可能存在的网络安全问题

2. Manifest 安全性校验

Manifest 安全性校验是对 AndroidManifest.xml 中的一些不安全配置与组件的不安全使用的检测，可以看到该应用被检测出 6 项高危漏洞，首先是在前一项网络安全性中提到的与明文网络通信相关的设置，允许应用使用明文进行网络通信。

如图 4.12 和图 4.13 所示为 MobSF 从 AndroidManifset.xml 中找到的存在风险的组件。

3. 代码分析

代码分析这一项会去扫描反编译出来的代码逻辑，利用正则表达式筛选可能会有问题的代码行为，再去匹配数据库中的漏洞规则。单击表格最右侧 FILES 一列的文件名可以定位到问题代码的具体位置。

如图 4.14 所示为 MobSF 对代码的扫描结果。

从图 4.14 中可以看到，Damn-Vulnerable-Bank 代码被扫描出其中一个高危险性的地方，应用会向扩展存储也就是 SD 卡中写数据。SD 卡中的数据是对所有应用开放的，其他应用也可以访问到写在 SD 卡的数据。如果数据中包含重要信息，则会导致泄露。

MANIFIEST ANALYSIS

Search:

NO	ISSUE	SEVERITY	DESCRIPTION
1	Clear text traffic is Enabled For App [android:usesCleartextTraffic=true]	high	The app intends to use cleartext network traffic, such as cleartext HTTP, FTP stacks, DownloadManager, and MediaPlayer. The default value for apps that target API level 27 or lower is "true". Apps that target API level 28 or higher default to "false". The key reason for avoiding cleartext traffic is the lack of confidentiality, authenticity, and protections against tampering; a network attacker can eavesdrop on transmitted data and also modify it without being detected.
2	App has a Network Security Configuration [android:networkSecurityConfig=@xml/network_security_config]	info	The Network Security Configuration feature lets apps customize their network security settings in a safe, declarative configuration file without modifying app code. These settings can be configured for specific domains and for a specific app.
3	Application Data can be Backed up [android:allowBackup=true]	medium	This flag allows anyone to backup your application data via adb. It allows users who have enabled USB debugging to copy application data off of the device.

图 4.12 MobSF 从 AndroidManifest.xml 中找到的存在风险的组件

NO	ISSUE	SEVERITY	DESCRIPTION
4	**Activity** (com.app.damnvulnerablebank.CurrencyRates) is not Protected. An intent-filter exists.	high	An Activity is found to be shared with other apps on the device therefore leaving it accessible to any other application on the device. The presence of intent-filter indicates that the Activity is explicitly exported.
5	**Activity** (com.app.damnvulnerablebank.SendMoney) is not Protected. [android:exported=true]	high	An Activity is found to be shared with other apps on the device therefore leaving it accessible to any other application on the device.
6	**Activity** (com.app.damnvulnerablebank.ViewBalance) is not Protected. [android:exported=true]	high	An Activity is found to be shared with other apps on the device therefore leaving it accessible to any other application on the device.
7	**Activity** (androidx.biometric.DeviceCredentialHandlerActivity) is not Protected. [android:exported=true]	high	An Activity is found to be shared with other apps on the device therefore leaving it accessible to any other application on the device.
8	**Activity** (com.google.firebase.auth.internal.FederatedSignInActivity) is Protected by a permission, but the protection level of the permission should be checked. **Permission:** com.google.firebase.auth.api.gms.permission.LAUNCH_FEDERATED_SIGN_IN [android:exported=true]	high	An Activity is found to be shared with other apps on the device therefore leaving it accessible to any other application on the device. It is protected by a permission which is not defined in the analysed application. As a result, the protection level of the permission should be checked where it is defined. If it is set to normal or dangerous, a malicious application can request and obtain the permission and interact with the component. If it is set to signature, only applications signed with the same certificate can obtain the permission.

图 4.13 MobSF 从 AndroidManifest.xml 中找到的存在风险的组件

</> CODE ANALYSIS

Search:

NO	ISSUE	SEVERITY	STANDARDS	FILES
3	App can read/write to External Storage. Any App can read data written to External Storage.	high	**CVSS V2:** 5.5 (medium) **CWE:** CWE-276 Incorrect Default Permissions **OWASP Top 10:** M2: Insecure Data Storage **OWASP MASVS:** MSTG-STORAGE-2	com/app/damnvulnerablebank/MainActivity.java

图 4.14 MobSF 对代码的扫描结果

单击右侧的文件可以定位漏洞代码，如图 4.15 所示为漏洞代码所在的具体位置。

```
try {
    String glGetString = GLES20.glGetString(7937);
    if (glGetString != null && (glGetString.contains("Bluestacks") || glGetString.contains("Translator"))) {
        i2 += 10;
    }
} catch (Exception e) {
    e.printStackTrace();
}
try {
    if (new File(Environment.getExternalStorageDirectory().toString() + File.separatorChar + "windows" + File.separatorChar + "BstSharedFolder").exists()) {
        i2 += 10;
    }
} catch (Exception e2) {
    e2.printStackTrace();
}
c.b.a.d.f1255a = i2;
```

图 4.15 漏洞代码所在的具体位置

4. 二进制分析

二进制分析主要是分析 Apk 中使用的 so 文件是否启动了保护措施，比如 PIE、STACK CANARY 以及 RELRO 等。

如图 4.16 所示为 MobSF 对应用内二进制文件的扫描结果。

SHARED LIBRARY BINARY ANALYSIS

Search:

NO	SHARED OBJECT	NX	PIE	STACK CANARY	RELRO	RPATH	RUNPATH	FORTIFY	SYMBOLS STRIPPED
1	lib/x86/libfrida-check.so	True info The shared object has NX bit set. This marks a memory page non-executable making attacker injected shellcode non-executable.	False high The shared object is built without Position Independent Code flag. In order to prevent an attacker from reliably jumping to, for example, a particular exploited function in memory, Address space layout randomization (ASLR) randomly arranges the address space	True info This shared object has a stack canary value added to the stack so that it will be overwritten by a stack buffer that overflows the return address. This allows detection of overflows by verifying the	Full RELRO high This shared object does not have RELRO enabled. The entire GOT (.got and .got.plt both) are writable. Without this compiler flag, buffer overflows on a global variable can overwrite	False info The shared object does not have run-time search path or RPATH set.	False info The shared object does not have RUNPATH set.	False warning The shared object does not have any fortified functions. Fortified functions provides buffer overflow checks against glibc's commons insecure functions like strcpy, gets etc. Use the compiler option -D_FORTIFY_SOURCE=2 to fority functions.	True info Symbols are stripped.

图 4.16 MobSF 对应用内二进制文件的扫描结果

5. NIAP 验证

NIAP 是 National Information Assurance Partnership（美国国家信息保障组织）的缩写，该检测是判断该应用是否满足 NIAP 验证的要求。

如图 4.17 所示为 MobSF 对应用进行 NIAP 验证的结果。

6. 文件分析

文件分析会去扫描应用包内的一些文件，标识出存在风险的文件。比如对某个智能门锁应用执行静态扫描，MobSF 找到该应用包内存在一个.appkey 文件，可能是负责某些加密操作的密钥，被硬编码在该文件中。虽然在编写应用的过程中这种做法很便利，在加密解密的过程中只需要读取该路径下的文件获取密钥即可，但是也为黑客们提供了可利用的漏洞。

NIAP ANALYSIS v1.3

Search:

NO	IDENTIFIER	REQUIREMENT	FEATURE	DESCRIPTION
1	FCS_RBG_EXT.1.1	Security Functional Requirements	Random Bit Generation Services	The application use no DRBG functionality for its cryptographic operations.
2	FCS_STO_EXT.1.1	Security Functional Requirements	Storage of Credentials	The application does not store any credentials to non-volatile memory.
3	FCS_CKM_EXT.1.1	Security Functional Requirements	Cryptographic Key Generation Services	The application generate no asymmetric cryptographic keys.
4	FDP_DEC_EXT.1.1	Security Functional Requirements	Access to Platform Resources	The application has access to ['network connectivity'].
5	FDP_DEC_EXT.1.2	Security Functional Requirements	Access to Platform Resources	The application has access to no sensitive information repositories.
6	FDP_NET_EXT.1.1	Security Functional Requirements	Network Communications	The application has user/application initiated network communications.

图 4.17　MobSF 对应用进行 NIAP 验证的结果

如图 4.18 所示为 MobSF 对应用的文件进行扫描的结果。

FILE ANALYSIS

Search:

NO	ISSUE	FILES
1	Certificate/Key files hardcoded inside the app.	assets/.appkey

Showing 1 to 1 of 1 entries　Previous 1 Next

图 4.18　MobSF 对应用的文件进行扫描的结果

7. APKiD 分析

APKiD 是一个开源的工具，可以识别出 Apk 所使用的编译器、包装器、混淆器等特征。如图 4.19 所示为 MobSF 使用 APKiD 对应用的扫描结果。

APKiD ANALYSIS

Search:

DEX	DETECTIONS
classes.dex	Search:

FINDINGS	DETAILS
Anti Debug Code	Debug.isDebuggerConnected() check
Anti-VM Code	Build.FINGERPRINT check Build.MODEL check Build.MANUFACTURER check Build.PRODUCT check Build.HARDWARE check Build.TAGS check
Compiler	r8

Showing 1 to 3 of 3 entries　Previous 1 Next

图 4.19　MobSF 使用 APKiD 对应用的扫描结果

MobSF 检测到应用存在反调试代码以及对抗虚拟机的代码。

8. 恶意域名检测

在这一部分 MobSF 通过正则表达式提取代码中所使用的域名,并解析对应的 IP 地址以及所在的位置。

如图 4.20 所示为 MobSF 扫描出的代码中所使用的域名及其定位。

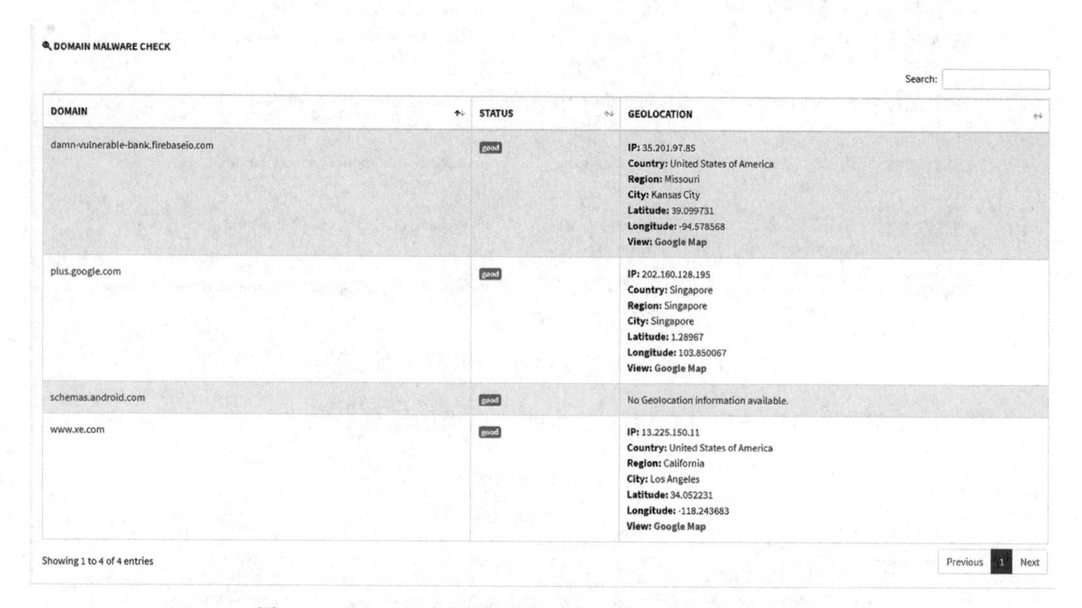

DOMAIN MALWARE CHECK

Search:

DOMAIN	STATUS	GEOLOCATION
damn-vulnerable-bank.firebaseio.com	good	IP: 35.201.97.85 Country: United States of America Region: Missouri City: Kansas City Latitude: 39.099731 Longitude: -94.578568 View: Google Map
plus.google.com	good	IP: 202.160.128.195 Country: Singapore Region: Singapore City: Singapore Latitude: 1.28967 Longitude: 103.850067 View: Google Map
schemas.android.com	good	No Geolocation information available.
www.xe.com	good	IP: 13.225.150.11 Country: United States of America Region: California City: Los Angeles Latitude: 34.052231 Longitude: -118.243683 View: Google Map

Showing 1 to 4 of 4 entries Previous 1 Next

图 4.20 MobSF 扫描出的代码中所使用的域名及其定位

接下来是代码中的硬编码检测,这部分会分析代码中的常量字符串中所暴露出来的信息。

9. URL 检测

这里会列出代码中硬编码的 URL,部分开发人员的失误可能会导致一些敏感链接或者测试时使用的内网信息被硬编码在代码中,如图 4.21 所示为 MobSF 对应用进行 URL 检测的结果。

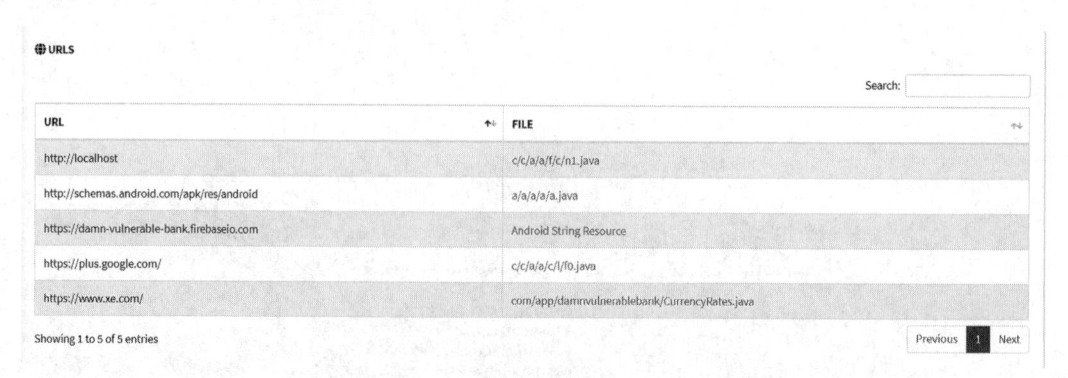

URLS

Search:

URL	FILE
http://localhost	c/c/a/a/f/c/n1.java
http://schemas.android.com/apk/res/android	a/a/a/a/a.java
https://damn-vulnerable-bank.firebaseio.com	Android String Resource
https://plus.google.com/	c/c/a/a/c/l/f0.java
https://www.xe.com/	com/app/damnvulnerablebank/CurrencyRates.java

Showing 1 to 5 of 5 entries Previous 1 Next

图 4.21 MobSF 对应用进行 URL 检测的结果

10. Firebase 数据库检测

这里展示的是代码中的 Firebase 数据库 URL,如图 4.22 所示为 MobSF 对代码中 Firebase 数据库 URL 的扫描结果。

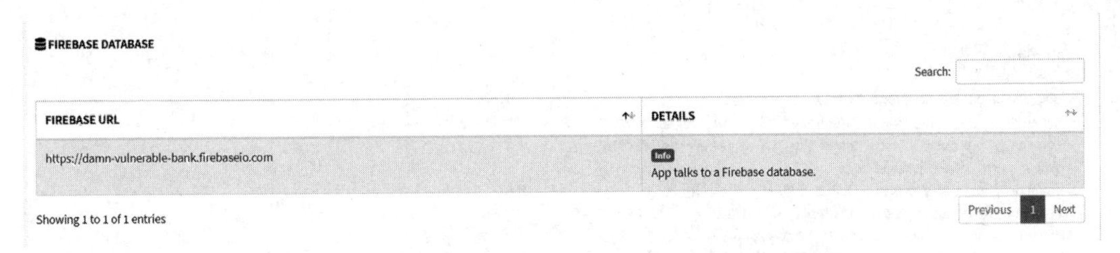

图 4.22 MobSF 对代码中 Firebase 数据库 URL 的扫描结果

11. 邮箱地址

这里列出从代码中匹配到的邮箱地址。

如图 4.23 所示为 MobSF 从代码中扫描得到的邮箱地址。

EMAILS

Search:

EMAIL	FILE
u0013android@android.com0 u0013android@android.com	c/c/a/a/c/y.java

Showing 1 to 1 of 1 entries

Previous 1 Next

图 4.23 MobSF 从代码中扫描得到的邮箱地址

12. 追踪器

这里展示的是从代码中匹配到的追踪器特征。

如图 4.24 所示为 MobSF 从应用中没有找到匹配特征的追踪器。

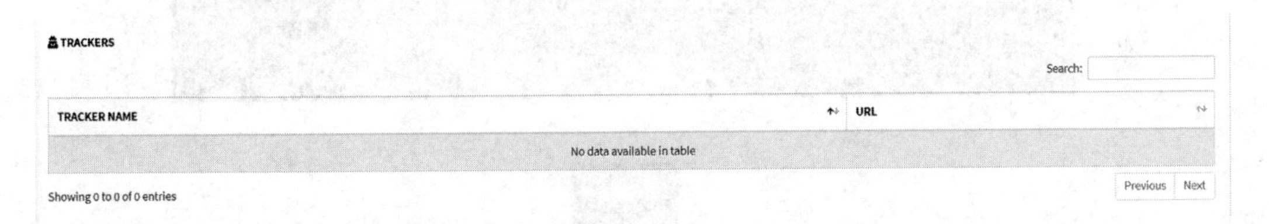

图 4.24 MobSF 从应用中没有找到匹配特征的追踪器

13. 字符串

这里展示的是代码分析过程中识别出来的字符串常量，安全意识不强的开发人员比较容易在这里暴露一些关键的逻辑与信息。

如图 4.25 所示为 MobSF 从应用中扫描出来的字符串。

14. POSSIBLE HARDCODED SECRETS

MobSF 通过正则字符串匹配的方式识别出一些密钥类型的硬编码字符串，通常是一些加解密函数的密钥或者是 API 所用的密钥。如果遇到粗心大意的开发者或者没有经过完整安全测试的应用，在此处可能会发现一些非常重要的信息，比如内网服务器的密码、数据库的密码等。

剩下的部分是 Apk 的一些内部结构，比如组件、资源文件、用到的第三方库等。分析人员可以将上面这些分析结果自动整合成. pdf 文件，如图 4.26 所示为 MobSF 生成的. pdf 文件。

STRINGS

"abc_action_bar_up_description" : "Idi gore"
"common_google_play_services_install_text" : "%1$s ያለ Google Play አገልግሎቶች አይሰራም፣ እነሱ ደግሞ በመሣሪያዎ ላይ የሉም።"
"common_google_play_services_install_title" : "Google Play পরিষেবা পান"
"search_menu_title" : "Iskanje"
"common_google_play_services_enable_button" : "Ota käyttöön"
"common_signin_button_text_long" : "Prijavi me na Google"
"confirm_device_credential_password" : "שימוש בסיסמה"
"abc_searchview_description_voice" : "හඬ සෙවීම"
"common_google_play_services_update_button" : "అప్‌డేట్ చేయి"
"abc_shareactionprovider_share_with_application" : "Ibahagi gamit ang %s"
"common_google_play_services_install_button" : "Installieren"
"common_signin_button_text" : "Вход"
"fingerprint_error_hw_not_available" : "جهاز بصمة الإصبع غير متاح."
"fingerprint_error_no_fingerprints" : "Није регистрован ниједан отисак прста."
"confirm_device_credential_password" : "Koristi lozinku"
"common_google_play_services_updating_text" : "%1$s no se ejecutará sin los servicios de Google Play. La plataforma se está actualizando en este momento."
"fingerprint_error_user_canceled" : "El usuario canceló la operación de huella digital."
"fingerprint_error_lockout" : "ניסית יותר מדי פעמים. יש לנסות שוב מאוחר יותר."
"abc_menu_delete_shortcut_label" : "supprimer"
"search_menu_title" : "खोजें"

图 4.25 MobSF 从应用中扫描出来的字符串

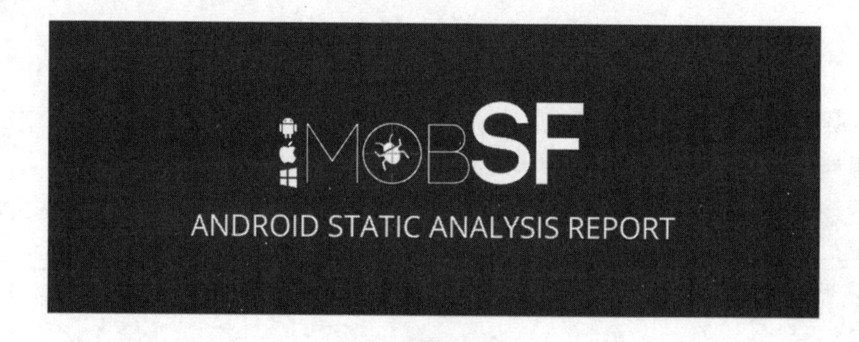

DamnVulnerableBank (1.0)

File Name:	dvba.apk
Package Name:	com.app.damnvulnerablebank
Average CVSS Score:	6.8
App Security Score:	75/100 (LOW RISK)
Scan Date:	Jan. 13, 2021, 6:04 a.m.

图 4.26 MobSF 生成的.pdf 文件

从图 4.26 可以看到,.pdf 文件中附带了评分细则,0～15 分为严重风险,16～40 分为高风险,41～70 分为中等风险,71～100 分为低风险。

4.4 Apk 动态分析流程

MobSF 提供了动态调试环境，可以通过模拟器或者真机对 Apk 进行动态分析。针对不同的 Android 版本，MobSF 提供了不同的调试方案，对于 Android 5.0 以下的系统，MobSF 提供 Xposed 框架，在执行动态调试前要在动态调试器页面单击 MobSFy Android Runtime 按钮，刷入 Xposed 框架，当然这个过程需要提供 Root 权限。在 Android 5.0 以上的系统中，MobSF 会在与调试环境连接时自动配置 Frida 框架。这里用到的动态分析环境是 Android 9.0 AVD 模拟器。

如图 4.27 所示为使用 AVD 管理器创建模拟器。

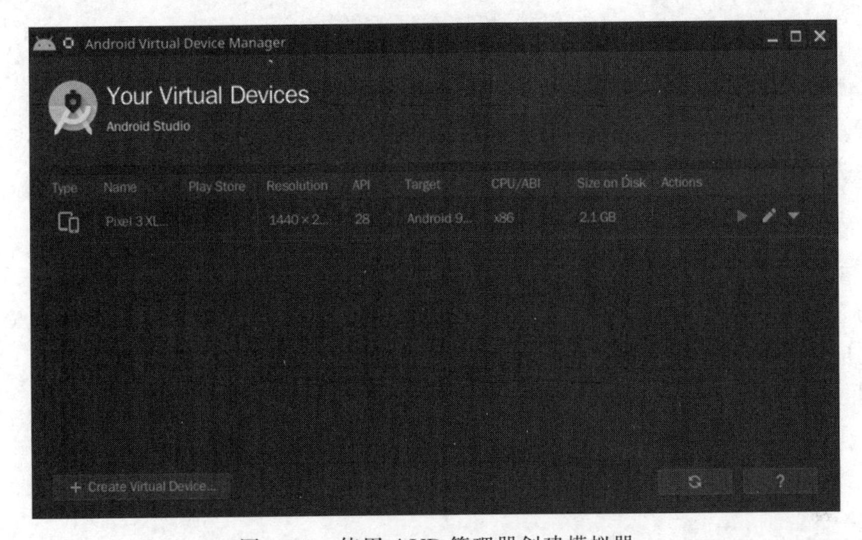

图 4.27 使用 AVD 管理器创建模拟器

MobSF 动态分析需要对模拟器的 System 镜像部分进行修改，所以不能直接从 Android Studio 或者 AVD manager 启动模拟器，需要使用命令行启动：

```
emulator -list-avd                              //显示当前创建的模拟器
emulator -avd 模拟器名称 -writable-system -no-snapshot
```

注意，adb 应尽量使用 Android Studio 内的版本。如果使用了不同的版本，需要在 MobSF 目录下的 setting.py 中指定：

```
ADB_BINARY = 'adb 路径'
```

注意，配置动态调试器不要使用 Docker 容器的方式运行 MobSF，并且 MobSF 要在模拟器启动成功后再运行。进入动态分析页面，页面会提示 MobSF 系统是否已连接上模拟器，以及上传到系统中的应用包，此处选择执行动态分析过程。

如图 4.28 所示为 MobSF 的动态调试界面。

动态分析页面上面是一排功能键，可用于实现监控模拟器屏幕、启动 Activity 测试器、获取 adb log、屏幕截图等。由于模拟器系统选择的是 Android 9.0 版本，MobSF 使用 Frida

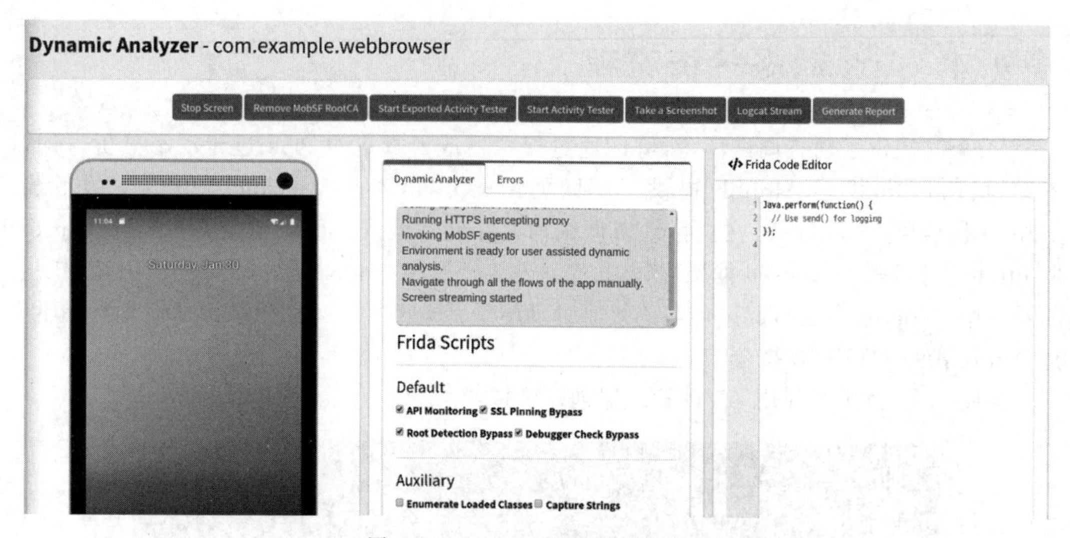

图 4.28　MobSF 的动态调试界面

作为动态分析框架。分析人员也可以自己编写 Frida 脚本,或者选择 MobSF 提供的基础功能脚本。在这个界面运行的测试最终会体现在动态测试报告中。

本次动态分析所使用的应用是一个简单包装的 WebView 浏览器,没有做任何安全防护。在动态分析中上传应用,进入动态调试界面,先选择 Start Activity Tester,MobSF 会逐一启动应用中的 Activity。

如图 4.29 所示为选择 Start Activity Tester 测试脚本。

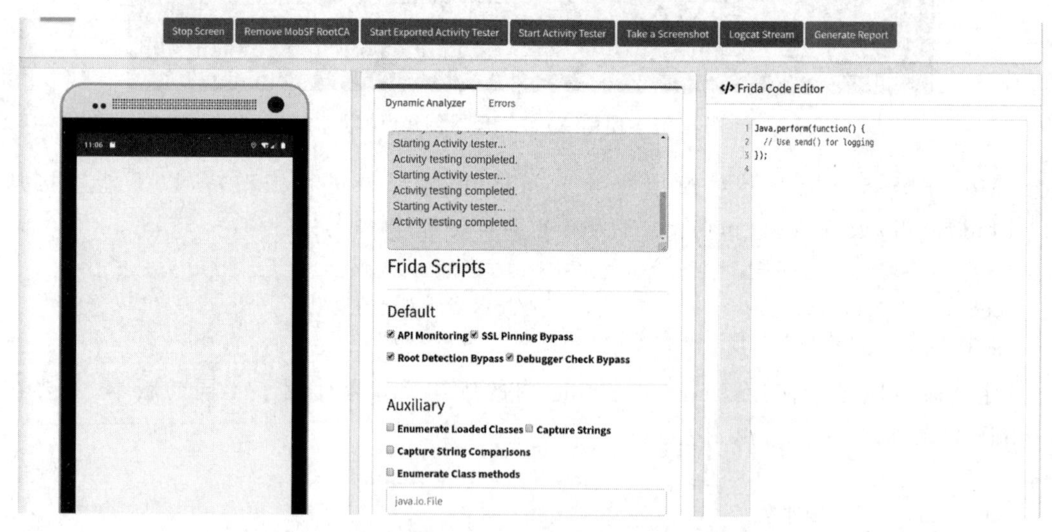

图 4.29　选择 Start Activity Tester 测试脚本

这个浏览器很简单,只有一个主页面,接下来使用 Frida 调试,看看能否得到更多的信息。在右侧 Frida 脚本栏里选择一个 file_trace 并加载,单击 Start Instrumentation。此时应用开始运行,单击 Frida Live Logs,可以查看 Frida 脚本执行产生的日志。分析者可在虚拟机中对应用进行一些操作,同时观察日志输出。

如图 4.30 所示为 MobSF 显示的 Frida 脚本执行日志。

Frida Logs - com.example.webbrowser

Data refreshed in every 10 seconds.

```
Loaded Frida Script - api_monitor
Loaded Frida Script - root_bypass
Loaded Frida Script - ssl_pinning_bypass
Loaded Frida Script - debugger_check_bypass
[API Monitor] Cannot find org.apache.http.impl.client.AbstractHttpClient.execute
[API Monitor] Cannot find com.android.okhttp.internal.http.HttpURLConnectionImpl.getInputStream
[SSL Pinning Bypass] okhttp CertificatePinner not found
[SSL Pinning Bypass] okhttp3 CertificatePinner not found
[SSL Pinning Bypass] DataTheorem trustkit not found
[SSL Pinning Bypass] Appcelerator PinningTrustManager not found
[SSL Pinning Bypass] Apache Cordova SSLCertificateChecker not found
[SSL Pinning Bypass] Wultra CertStore.validateFingerprint not found
---------------------------
[Java::File.new.1] New file : /system/etc/security/cacerts
---------------------------
[Java::File.new.1] New file : /system/etc/security/cacerts
---------------------------
[Java::File.new.1] New file : /data/misc/keychain/pubkey_blacklist.txt
---------------------------
[Java::File.new.1] New file : /data/misc/keychain/serial_blacklist.txt
```

图 4.30 MobSF 显示的 Frida 脚本执行日志

从日志中可以发现，脚本追踪到应用创建了一些文件，还有这些文件的位置。

回到动态分析器首页，顶端出现了一个新按钮—— API Monitor，单击该按钮可以实时监控应用运行过程中调用的 API，能看到它的参数与返回值、调用者等信息。

如图 4.31 所示为 API Monitor 扫描应用调用的 API。

API Monitor - com.example.webbrowser

Data refreshed in every 10 seconds.

Data Snip: 100

Search:

NAME	CLASS	METHOD	ARGUMENTS	RESULT
WebView	android.webkit.WebView	loadUrl	["https://www.baidu.com"]	
WebView	android.webkit.WebView	loadUrl	["https://www.baidu.com"]	
WebView	android.webkit.WebView	loadUrl	["https://www.baidu.com/"]	
IPC	android.content.ContextWrapper	registerReceiver	["",	
IPC	android.content.ContextWrapper	registerReceiver	["",	
IPC	android.content.ContextWrapper	registerReceiver	["",	

图 4.31 API Monitor 扫描应用调用的 API

如图 4.32 所示为 API Monitor 获取了传入 API 的参数。

Crypto - Hash	java.security.MessageDigest	update	[[48,89,48,19,6,7,42,-122,72,-50,61,2,1,6,8,42,-122,72,-50,61,3,1,7,3,66,0,4,125,-88,75,18,41,-128,-...	
Crypto - Hash	java.security.MessageDigest	digest	[]	"[object Object]"
Crypto - Hash	java.security.MessageDigest	digest	[[48,89,48,19,6,7,42,-122,72,-50,61,2,1,6,8,42,-122,72,-50,61,3,1,7,3,66,0,4,125,-88,75,18,41,-128,-...	"[object Object]"
Crypto - Hash	java.security.MessageDigest	update	[[48,89,48,19,6,7,42,-122,72,-50,61,2,1,6,8,42,-122,72,-50,61,3,1,7,3,66,0,4,-41,-12,-52,105,-78,-28...	

图 4.32 API Monitor 获取了传入 API 的参数

单击 Generate Report 按钮，MobSF 会进行一些分析流程，收集数据整合成一份动态分析报告。接下来分析一下动态分析报告的内容。

如图 4.33 所示为 MobSF 动态分析生成的报告。

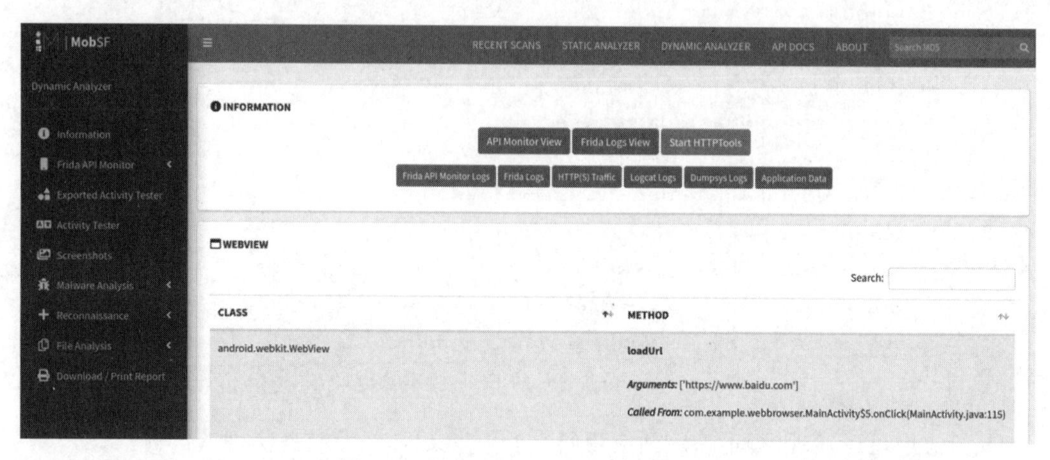

图 4.33 MobSF 动态分析生成的报告

INFORMATION 区域主要是一些调试时产生的日志文件和 API 调用数据，可以进去查看详细信息，比如单击 HTTP(S) Traffic，其中收录了 MobSF 监控应用的网络通信记录。

如图 4.34 所示为 MobSF 动态调试的 INFORMATION 区域。

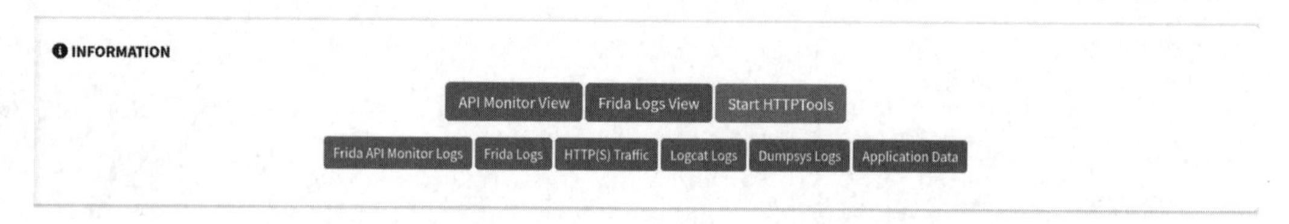

图 4.34 MobSF 动态调试的 INFORMATION 区域

如图 4.35 所示为 MobSF 监控应用的网络通信记录。

```
========
REQUEST
========
GET http://connectivitycheck.gstatic.com/generate_204 HTTP/1.1
User-Agent: Mozilla/5.0 (X11; Linux x86_64) AppleWebKit/537.36 (KHTML, like Gecko) Chrome/60.0.3112.32 Safari/537.36
Host: connectivitycheck.gstatic.com
Connection: Keep-Alive
Accept-Encoding: gzip
=========
RESPONSE
=========
HTTP/1.1 204 No Content
Content-Length: 0
Date: Sat, 30 Jan 2021 02:54:30 GMT
========
REQUEST
========
GET http://connectivitycheck.gstatic.com/generate_204 HTTP/1.1
User-Agent: Mozilla/5.0 (X11; Linux x86_64) AppleWebKit/537.36 (KHTML, like Gecko) Chrome/60.0.3112.32 Safari/537.36
Host: connectivitycheck.gstatic.com
Connection: Keep-Alive
Accept-Encoding: gzip
=========
RESPONSE
=========
HTTP/1.1 204 No Content
Content-Length: 0
Date: Sat, 30 Jan 2021 02:54:36 GMT
```

图 4.35 MobSF 监控应用的网络通信记录

Frida API Monitor 部分是对 API 监控产生的信息进行分类整合，包括网页调用 API 加载的 URL、远程服务调用行为、跨进程通信行为、数据加密行为。

如图 4.36 所示为 MobSF 扫描出的 WebView 相关的 API。

WEBVIEW

Search:

CLASS	METHOD
android.webkit.WebView	loadUrl *Arguments:* ['https://www.baidu.com'] *Called From:* com.example.webbrowser.MainActivity$5.onClick(MainActivity.java:115)
android.webkit.WebView	loadUrl *Arguments:* ['https://www.baidu.com'] *Called From:* com.example.webbrowser.MainActivity$5.onClick(MainActivity.java:115)
android.webkit.WebView	loadUrl *Arguments:* ['https://www.baidu.com/'] *Called From:* com.example.webbrowser.MainActivity$6.onClick(MainActivity.java:123)

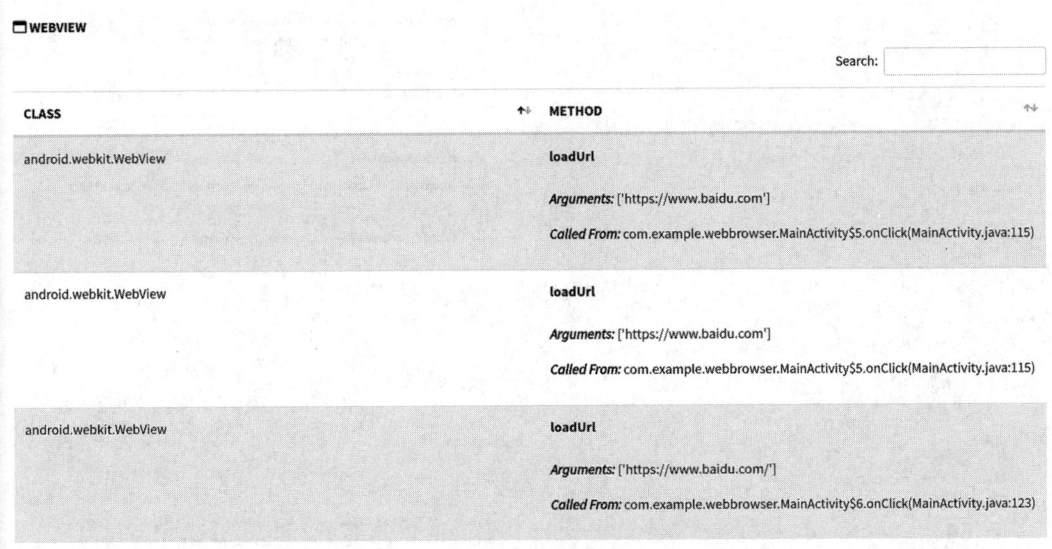

图 4.36　MobSF 扫描出的 WebView 相关的 API

如图 4.37 所示为 MobSF 扫描出的 Binder 相关的 API。

BINDER

Search:

CLASS	METHOD
android.app.ContextImpl	registerReceiver *Arguments:* ['<instance: android.content.BroadcastReceiver, $className: bGA>', '<instance: android.content.IntentFilter>', None, None] *Called From:* android.app.ContextImpl.registerReceiver(ContextImpl.java:1437)
android.app.ContextImpl	registerReceiver *Arguments:* ['<instance: android.content.BroadcastReceiver, $className: bGA>', '<instance: android.content.IntentFilter>'] *Called From:* android.content.ContextWrapper.registerReceiver(ContextWrapper.java:623)

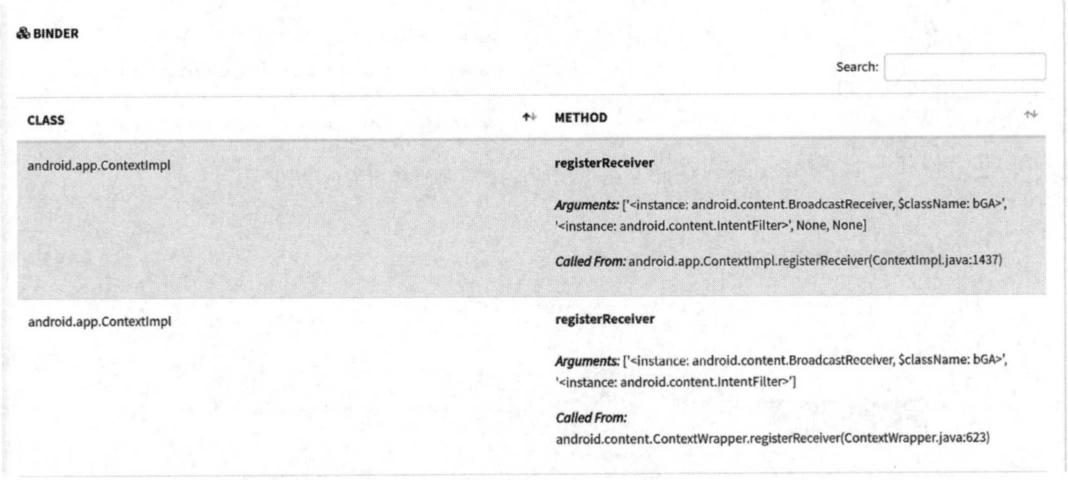

图 4.37　MobSF 扫描出的 Binder 相关的 API

如图 4.38 所示为 MobSF 扫描出的 IPC 相关的 API。

如图 4.39 所示为 MobSF 扫描出的应用数据加密相关的 API。

Activity Tester 包括导出 Activity 测试和 Activity 测试，测试过程中 MobSF 通过 adb 执行应用中的所有可执行的 Activity，同时获取 Activity 的信息以及对应界面的截图。

如图 4.40 所示为运行 Activity Tester 的结果。

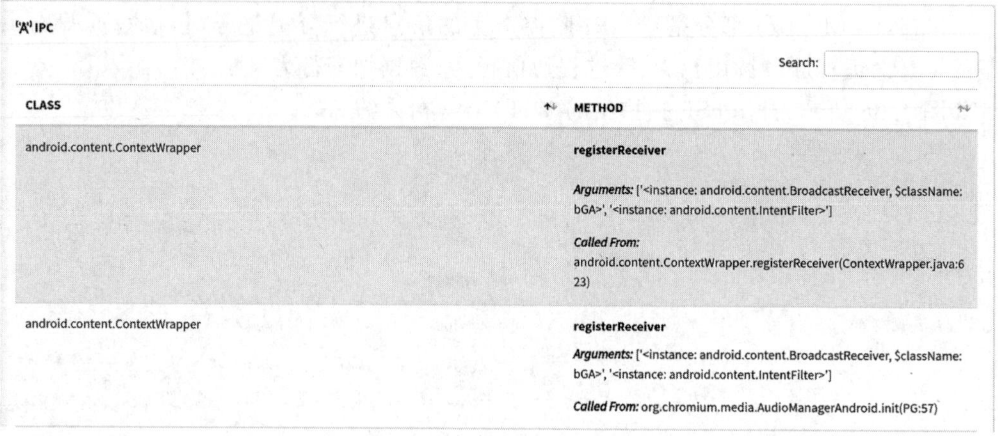

IPC

Search:

CLASS	METHOD
android.content.ContextWrapper	**registerReceiver** ***Arguments:*** ['<instance: android.content.BroadcastReceiver, $className: bGA>', '<instance: android.content.IntentFilter>'] ***Called From:*** android.content.ContextWrapper.registerReceiver(ContextWrapper.java:623)
android.content.ContextWrapper	**registerReceiver** ***Arguments:*** ['<instance: android.content.BroadcastReceiver, $className: bGA>', '<instance: android.content.IntentFilter>'] ***Called From:*** org.chromium.media.AudioManagerAndroid.init(PG:57)

图 4.38 MobSF 扫描出的 IPC 相关的 API

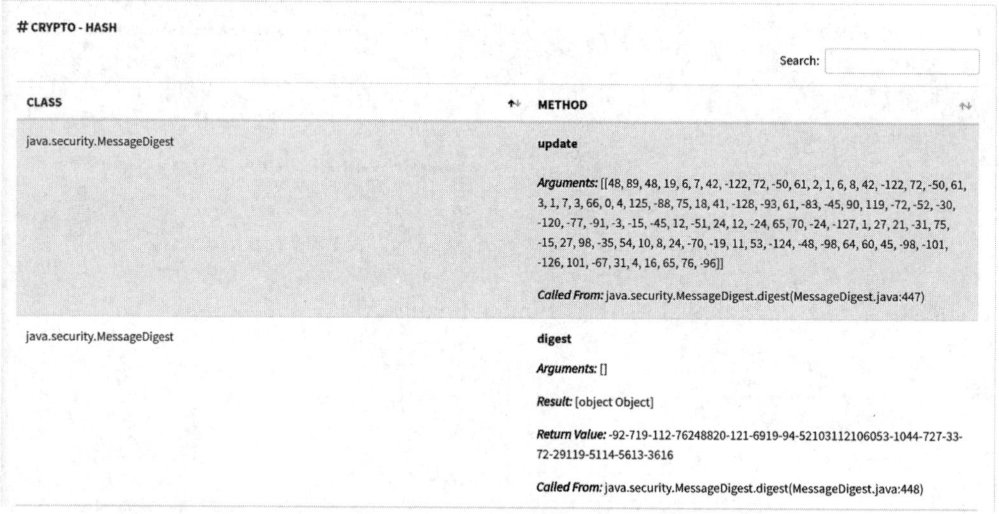

CRYPTO - HASH

Search:

CLASS	METHOD
java.security.MessageDigest	**update** ***Arguments:*** [[48, 89, 48, 19, 6, 7, 42, -122, 72, -50, 61, 2, 1, 6, 8, 42, -122, 72, -50, 61, 3, 1, 7, 3, 66, 0, 4, 125, -88, 75, 18, 41, -128, -93, 61, -83, -45, 90, 119, -72, -52, -30, -120, -77, -91, -3, -15, -45, 12, -51, 24, 12, -24, 65, 70, -24, -127, 1, 27, 21, -31, 75, -15, 27, 98, -35, 54, 10, 8, 24, -70, -19, 11, 53, -124, -48, -98, 64, 60, 45, -98, -101, -126, 101, -67, 31, 4, 16, 65, 76, -96]] ***Called From:*** java.security.MessageDigest.digest(MessageDigest.java:447)
java.security.MessageDigest	**digest** ***Arguments:*** [] ***Result:*** [object Object] ***Return Value:*** -92-719-112-76248820-121-6919-94-52103112106053-1044-727-33-72-29119-5114-5613-3616 ***Called From:*** java.security.MessageDigest.digest(MessageDigest.java:448)

图 4.39 MobSF 扫描出的应用数据加密相关的 API

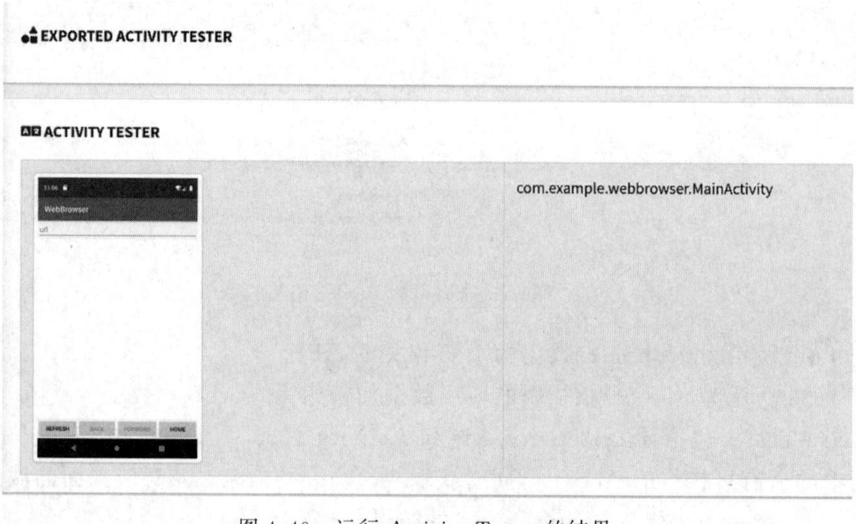

EXPORTED ACTIVITY TESTER

ACTIVITY TESTER

WebBrowser

url

REFRESH BACK FORWARD HOME

com.example.webbrowser.MainActivity

图 4.40 运行 Activity Tester 的结果

动态调试的 Malware Analysis 与静态调试的 Malware Analysis 相似，都是检测和应用有关的 URL 以及域名地址的安全性。静态调试从代码中正则匹配出 URL，而动态地址则是在应用运行过程中产生的动态数据中获取 URL。

如图 4.41 所示为 MobSF 运行 Malware Analysis 的结果。

DOMAIN MALWARE CHECK

DOMAIN	STATUS	GEOLOCATION
play.googleapis.com	good	IP: 74.125.204.95 Country: United States of America Region: California City: Mountain View Latitude: 37.405991 Longitude: -122.078514 View: Google Map
connectivitycheck.gstatic.com	good	IP: 203.208.40.34 Country: China Region: Beijing City: Beijing Latitude: 39.907501 Longitude: 116.397232 View: Google Map
www.baidu.com	good	IP: 14.215.177.39 Country: China Region: Guangdong City: Guangzhou Latitude: 23.116671 Longitude: 113.25 View: Google Map

图 4.41 MobSF 运行 Malware Analysis 的结果

最后是文件分析，从分析结果中可以看到，MobSF 直接得到了应用的 Cookies 和 shared_prefs 文件，单击进入看到详细的内容。

如图 4.42 所示为 MobSF 的文件分析结果。

SQLITE DATABASE

data/data/com.example.webbrowser/app_webview/Cookies

data/data/com.example.webbrowser/app_webview/Web Data

XML FILES

data/data/com.example.webbrowser/shared_prefs/WebViewChromiumPrefs.xml

OTHER FILES

data/data/com.example.webbrowser/cache/org.chromium.android_webview/5a66faa5e69f9143_0

data/data/com.example.webbrowser/cache/org.chromium.android_webview/f6e5a59a022ac707_0

data/data/com.example.webbrowser/cache/org.chromium.android_webview/431f0c87bb4c75e5_0

data/data/com.example.webbrowser/cache/org.chromium.android_webview/a48a499ff8070fd6_0

data/data/com.example.webbrowser/cache/org.chromium.android_webview/7ff81ffc7052df9b_0

data/data/com.example.webbrowser/cache/org.chromium.android_webview/28c1f5d94468824b_0

图 4.42 MobSF 的文件分析结果

图 4.43 是 MobSF 得到的 WebViewChromiumPrefs.xml 文件内容。

图 4.44 是 MobSF 得到的 Web Data 数据库文件内容。

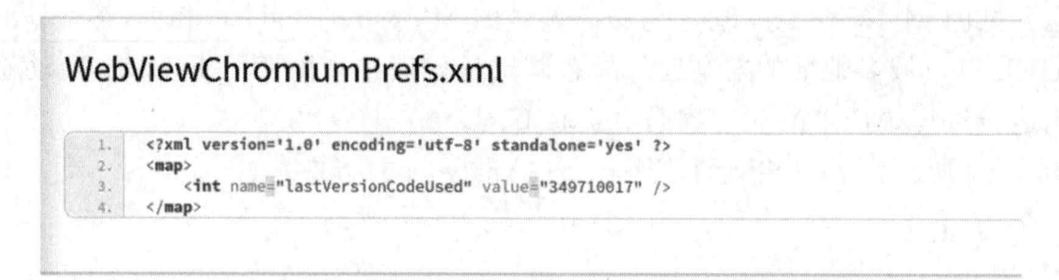

图 4.43 MobSF 得到的 WebViewChromiumPrefs.xml 文件内容

Web Data

meta

key	value
mmap_status	-1
version	78
last_compatible_version	78

autofill

name	value	value_lower	date_created	date_last_used	count

credit_cards

guid	name_on_card	expiration_month	expiration_year	card_number_encrypted	date_modified	origin	use_count	use_date	billing_address_id

autofill_profiles

guid	company_name	street_address	dependent_locality	city	state	zipcode	sorting_code	country_code	date_modified	origin	language_code	use_count	use_date	validity_bitfield

图 4.44 MobSF 得到的 Web Data 数据库文件内容

4.5 规则自定义开发

Android 静态分析使用的匹配规则保存在 StaticAnalyzer/views/android/rules/android_rules.yaml 中，通过修改 yaml 文件，可以根据实际需求为 MobSF 添加新的漏洞匹配规则。

下面列出规则文件的几个关键字段。

id：漏洞名称。

description：漏洞的详细描述。

type：正则表达式的匹配方式。

pattern：匹配的模式串。

severity：紧急的程度。

每条规则后面还有对应的漏洞评估系统的标准编号与安全评分。现在添加一条自定义的漏洞规则，对应用中调用的第三方 SDK 发出警告，提醒开发者注意对调用的 SDK 的安全性进行评估。编辑 android_rules.yaml，添加下面的内容：

```
- id: 第三方 SDK
  description: >-
     调用第三方 SDK 需要对其安全性做评估，避免调用恶意或不安全的 SDK
  type: Regex
  pattern: (import com\.alibaba\.sdk)|(import com\.google\.android)|(import com\.amap\.api)
  severity: warning
```

```
input_case: lower
cvss: 1.1
cwe: cwe-test
masvs: ''
owasp-mobile: ''
```

重新启动 MobSF,对 App 重新进行静态分析,若在 Code Analysis 中找到自定义的规则,则说明改动生效了。

如图 4.45 所示为自定义漏洞规则在 MobSF 中生效的结果。

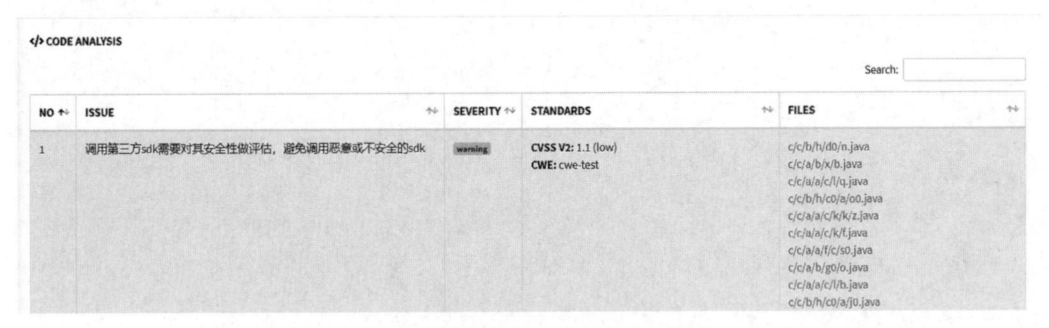

图 4.45 自定义漏洞规则在 MobSF 中生效的结果

4.6 本章小结

本章详细介绍了 Android 应用自动化分析框架 MobSF 的功能与用法。对于功能复杂的应用,逐个类文件、逐条函数方法地去分析程序中可能包含的漏洞风险工作量太大,因此自动化、流程化处理是分析人员需要考虑的方式。MobSF 提供了静态、动态两种调试手段,且规则可自定义,可以作为安全分析人员进行应用安全性评估的一个有力工具。

工 具 篇

本篇对移动应用安全工具进行讲解，根据静态逆向、动态调试、Hook 调试、汇编分析等进行分类，包括 4 章。第 5 章介绍了静态逆向工具的使用；第 6 章介绍了动态调试工具的使用；第 7 章介绍了 Hook 工具的使用；第 8 章介绍了 Unicorn 框架在汇编分析上的应用。通过对工具的学习为后续的实战打下基础。

第 5 章 静态逆向工具

CHAPTER 5

5.1 Apktool 工具

5.1.1 Apktool 基础与用法

视频 8

Apktool 是最常用的反编译 Apk 文件的工具，它可以将 Apk 包中的 Dex 文件和资源文件解码，并在修改后重新构建并打包。在 GitHub 上下载它的源码和发布的版本，网址为 https://github.com/iBotPeaches/Apktool，直接下载 Jar 包。

如图 5.1 所示为 Apktool 的下载页面。

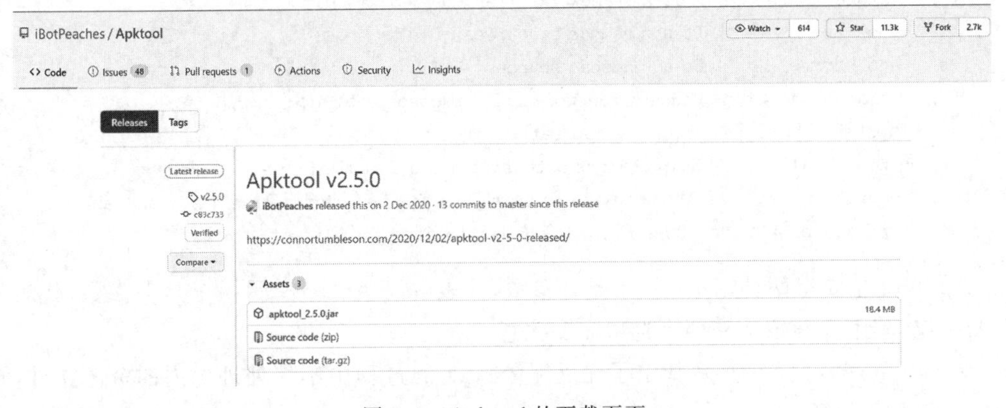

图 5.1　Apktool 的下载页面

下载完毕后在命令行工具中使用 Java 命令执行，查看它的功能与用法。

```
$ java -jar apktool.jar
```

如图 5.2 所示为 Apktool 所使用的参数。

从图 5.2 中可以看到以下参数：

```
usage: apktool
 -advance, --advanced   prints advance information.
 -version, --version    prints the version then exits
usage: apktool if|install-framework [options] <framework.apk>
```

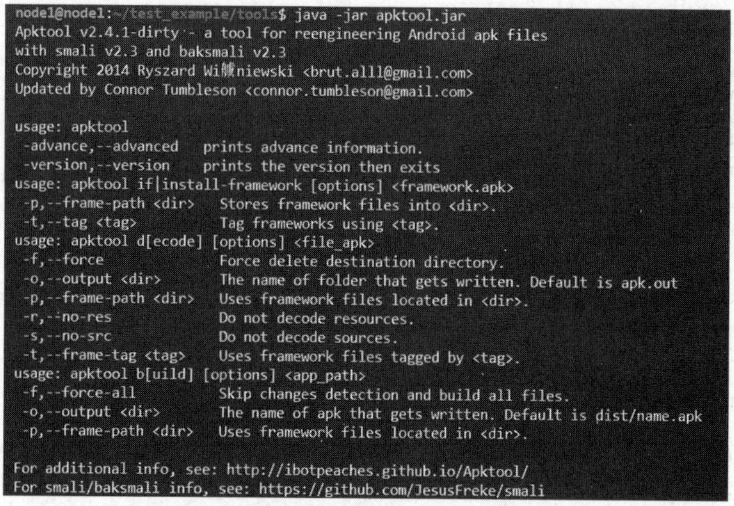

```
node1@node1:~/test_example/tools$ java -jar apktool.jar
Apktool v2.4.1-dirty - a tool for reengineering Android apk files
with smali v2.3 and baksmali v2.3
Copyright 2014 Ryszard Wi[illegible]niewski <brut.alll@gmail.com>
Updated by Connor Tumbleson <connor.tumbleson@gmail.com>

usage: apktool
 -advance,--advanced   prints advance information.
 -version,--version    prints the version then exits
usage: apktool if|install-framework [options] <framework.apk>
 -p,--frame-path <dir>   Stores framework files into <dir>.
 -t,--tag <tag>          Tag frameworks using <tag>.
usage: apktool d[ecode] [options] <file_apk>
 -f,--force              Force delete destination directory.
 -o,--output <dir>       The name of folder that gets written. Default is apk.out
 -p,--frame-path <dir>   Uses framework files located in <dir>.
 -r,--no-res             Do not decode resources.
 -s,--no-src             Do not decode sources.
 -t,--frame-tag <tag>    Uses framework files tagged by <tag>.
usage: apktool b[uild] [options] <app_path>
 -f,--force-all          Skip changes detection and build all files.
 -o,--output <dir>       The name of apk that gets written. Default is dist/name.apk
 -p,--frame-path <dir>   Uses framework files located in <dir>.

For additional info, see: http://ibotpeaches.github.io/Apktool/
For smali/baksmali info, see: https://github.com/JesusFreke/smali
```

图 5.2 Apktool 所使用的参数

```
 -p, --frame-path <dir>  Stores framework files into <dir>.
 -t, --tag <tag>         Tag frameworks using <tag>.
usage: apktool d[ecode] [options] <file_apk>
 -f, --force             Force delete destination directory.
 -o, --output <dir>      The name of folder that gets written. Default is apk.out
 -p, --frame-path <dir> Uses framework files located in <dir>.
 -r, --no-res            Do not decode resources.
 -s, --no-src            Do not decode sources.
 -t, --frame-tag <tag>  Uses framework files tagged by <tag>.
usage: apktool b[uild] [options] <app_path>
 -f, --force-all         Skip changes detection and build all files.
 -o, --output <dir>      The name of apk that gets written. Default is dist/name.apk
 -p, --frame-path <dir> Uses framework files located in <dir>.
```

Apktool 主要有两种用法：一个是 d 参数，代表解码 Apk 包；另一个是 b 参数，代表构建 Apk 包，其中 d 参数下有两个选项需要注意。

- -r，--no-res：这个参数指定了在反编译 Apk 的过程中不去处理包内的资源文件，也就是不解码 resource.arsc 文件和 AndroidManifest.xml 文件。Apktool 在处理某些应用的时候可能会因为资源文件解码错误而导致反编译失败。如果只是对源码进行修改可以绕过资源的反编译，只对 Dex 文件进行反编译处理，在二次打包时 Apktool 会将资源文件原封不动地复制回包内。
- -s，--no-src：这个参数指定了在反编译过程中不去处理包内的源码文件，这样包内的 Dex 文件就不会被反编译成 Smali，而 AndroidManifest.xml 与 resource.arsc 会被解码。

这两个参数在实际使用 Apktool 的过程中十分有用。还要注意另一个参数，这个参数在读 Apktool 源码的时候会看到：--force-manifest，虽然这个参数不在 usage 列表中，但是可以使用的，这个参数的作用是无论是否处理资源文件都强制将 AndroidManifest.xml 文件进行解码。

5.1.2　Apktool 源码分析

一般逆向工作中所使用的 Apktool 工具是已经编译好的发布版，但是由于各家的 Apk 包情况不同，部分应用针对 Apktool 工具做了防护，发布版会出现反编译失败的情况。这时可以根据自己的需要动手修改源码，对 Apktool 工具进行自定义。首先从 GitHub 将项目下载或者 clone 下来。

如图 5.3 所示为 Apktool 源码目录。

```
node1@node1:~/test_example/tools/Apktool$ ls -l
total 92
drwxrwxr-x 4 node1 node1  4096 Dec 11 17:19 brut.apktool
drwxrwxr-x 3 node1 node1  4096 Dec 11 17:19 brut.j.common
drwxrwxr-x 3 node1 node1  4096 Dec 11 17:19 brut.j.dir
drwxrwxr-x 3 node1 node1  4096 Dec 11 17:19 brut.j.util
-rw-rw-r-- 1 node1 node1  4418 Dec 11 17:19 build.gradle
-rw-rw-r-- 1 node1 node1   513 Dec 11 17:19 CONTRIBUTORS.md
drwxrwxr-x 3 node1 node1  4096 Dec 11 17:19 gradle
-rwxr-xr-x 1 node1 node1  5960 Dec 11 17:19 gradlew
-rw-rw-r-- 1 node1 node1  2942 Dec 11 17:19 gradlew.bat
-rw-rw-r-- 1 node1 node1 12605 Dec 11 17:19 INTERNAL.md
-rw-rw-r-- 1 node1 node1 11627 Dec 11 17:19 LICENSE
-rw-rw-r-- 1 node1 node1  2587 Dec 11 17:19 README.md
-rw-rw-r-- 1 node1 node1  2597 Dec 11 17:19 ROADMAP.md
drwxrwxr-x 5 node1 node1  4096 Dec 11 17:19 scripts
-rw-rw-r-- 1 node1 node1   240 Dec 11 17:19 SECURITY.md
-rw-rw-r-- 1 node1 node1   140 Dec 11 17:19 settings.gradle
```

图 5.3　Apktool 源码目录

分析 Apktool 源码的出发点在 brut.Apktool 目录。其中的 Apktool-cli 目录下有一个 Main.java 文件，这就是 Apktool 的程序入口。

如图 5.4 所示为 Apktool 的 main()函数。

```java
public class Main {
    public static void main(String[] args) throws IOException, InterruptedException, BrutException {

        // headless
        System.setProperty("java.awt.headless", "true");

        // set verbosity default
        Verbosity verbosity = Verbosity.NORMAL;

        // cli parser
        CommandLineParser parser = new DefaultParser();
        CommandLine commandLine;
```

图 5.4　Apktool 的 main()函数

Main.java 文件负责处理运行程序时输入的参数，并根据参数选择对应的功能。

如图 5.5 所示为 Apktool 处理参数的代码逻辑。

使用 Apktool 时添加参数“-d --decode”，程序会调用 cmdDecode 方法进行反编译 Apk 相关操作。在 cmdDecode 方法中会看见一个对象 ApkDecoder，这是 Apktool 负责具体反编译工作的对象，它的定义在 Apktool/brut.apktool/apktool-lib/src/main/java/brut/androlib/目录下的 ApkDecoder.java 文件中。接下来继续深入讨论 ApkDecoder 对象。

如图 5.6 所示为 Apktool 项目的 Androidlib 目录。

下面从 ApkDecoder 类的 decode 方法入手分析 Apktool 的反编译功能。

校验 Apk 文件初始化反编译目录：

```
boolean cmdFound = false;
for (String opt : commandLine.getArgs()) {
    if (opt.equalsIgnoreCase("d") || opt.equalsIgnoreCase("decode")) {
        cmdDecode(commandLine);
        cmdFound = true;
    } else if (opt.equalsIgnoreCase("b") || opt.equalsIgnoreCase("build")) {
        cmdBuild(commandLine);
        cmdFound = true;
    } else if (opt.equalsIgnoreCase("if") || opt.equalsIgnoreCase("install-framework")) {
        cmdInstallFramework(commandLine);
        cmdFound = true;
    } else if (opt.equalsIgnoreCase("empty-framework-dir")) {
        cmdEmptyFrameworkDirectory(commandLine);
        cmdFound = true;
    } else if (opt.equalsIgnoreCase("list-frameworks")) {
        cmdListFrameworks(commandLine);
        cmdFound = true;
    } else if (opt.equalsIgnoreCase("publicize-resources")) {
        cmdPublicizeResources(commandLine);
        cmdFound = true;
    }
}
```

图 5.5 Apktool 处理参数的代码逻辑

```
node1@node1:~/test_example/tools/Apktool/brut.apktool/apktool-lib/src/main/java/brut/androlib$ ls -l
total 84
-rw-rw-r-- 1 node1 node1  1182 Dec 11 17:19 AndrolibException.java
-rw-rw-r-- 1 node1 node1 31833 Dec 11 17:19 Androlib.java
-rw-rw-r-- 1 node1 node1 17462 Dec 11 17:19 ApkDecoder.java
-rw-rw-r-- 1 node1 node1  1547 Dec 11 17:19 ApkOptions.java
-rw-rw-r-- 1 node1 node1  3013 Dec 11 17:19 ApktoolProperties.java
drwxrwxr-x 2 node1 node1  4096 Dec 11 17:19 err
drwxrwxr-x 2 node1 node1  4096 Dec 11 17:19 meta
drwxrwxr-x 2 node1 node1  4096 Dec 11 17:19 mod
drwxrwxr-x 6 node1 node1  4096 Dec 11 17:19 res
drwxrwxr-x 2 node1 node1  4096 Dec 11 17:19 src
```

图 5.6 Apktool 项目的 Androidlib 目录

```
if (!mForceDelete && outDir.exists()) {
    throw new OutDirExistsException();
}

if (!mApkFile.isFile() || !mApkFile.canRead()) {
    throw new InFileNotFoundException();
}

try {
    OS.rmdir(outDir);
} catch (BrutException ex) {
    throw new AndrolibException(ex);
}
outDir.mkdirs();
```

上述代码负责判断输入的 Apk 文件是否有错以及初始化反编译目录。如图 5.7 所示为处理资源文件的代码逻辑。

这段代码先判断 Apk 包中是否有资源文件,也就是 resources.arsc 文件。如果存在,则根据是否使用了参数“-r,--no-res”指定了不解码资源文件,默认是 DECODE_RESOURCES_FULL,也就是解码所有资源文件,如果有 Manifest 文件,则调用 mAndrolib.decodeManifestWithResources()方法解码 AndroidManifest.xml 文件,然后调用 mAndrolib.

```
if (hasResources()) {
    switch (mDecodeResources) {
        case DECODE_RESOURCES_NONE:
            mAndrolib.decodeResourcesRaw(mApkFile, outDir);
            if (mForceDecodeManifest == FORCE_DECODE_MANIFEST_FULL) {
                setTargetSdkVersion();
                setAnalysisMode(mAnalysisMode, true);

                // done after raw decoding of resources because copyToDir overwrites dest files
                if (hasManifest()) {
                    mAndrolib.decodeManifestWithResources(mApkFile, outDir, getResTable());
                }
            }
            break;
        case DECODE_RESOURCES_FULL:
            setTargetSdkVersion();
            setAnalysisMode(mAnalysisMode, true);

            if (hasManifest()) {
                mAndrolib.decodeManifestWithResources(mApkFile, outDir, getResTable());
            }
            mAndrolib.decodeResourcesFull(mApkFile, outDir, getResTable());
            break;
    }
```

图 5.7 处理资源文件的代码逻辑

decodeResourcesFull()方法解码资源文件。如果指定了不解码资源文件，则调用 mAndrolib. decodeResourcesRaw()方法，接着判断是否设置了强制解码 AndroidManifest. xml 文件；如果设置了强制解码，则调用 mAndrolib. decodeManifestWithResources()方法解码文件。

接下来进入 mAndrolib 对象的类 Androlib，看看 Apktool 是怎么具体处理资源文件的。

如图 5.8 所示为 Androlib 类的部分逻辑截图。

```
public class Androlib {
    private final AndrolibResources mAndRes = new AndrolibResources();
    protected final ResUnknownFiles mResUnknownFiles = new ResUnknownFiles();
    public ApkOptions apkOptions;
    private int mMinSdkVersion = 0;

    public Androlib(ApkOptions apkOptions) {
        this.apkOptions = apkOptions;
        mAndRes.apkOptions = apkOptions;
    }

    public Androlib() {
        this.apkOptions = new ApkOptions();
        mAndRes.apkOptions = this.apkOptions;
    }

    public ResTable getResTable(ExtFile apkFile)
            throws AndrolibException {
        return mAndRes.getResTable(apkFile, true);
    }
```

图 5.8 Androlib 类的部分逻辑截图

首先来看 decodeResourcesRaw()方法。

decodeResourcesRaw()方法：

```
public void decodeResourcesRaw(ExtFile apkFile, File outDir)
        throws AndrolibException {
    try {
```

```
            LOGGER.info("Copying raw resources...");
            apkFile.getDirectory().copyToDir(outDir, APK_RESOURCES_FILENAMES);
        } catch (DirectoryException ex) {
            throw new AndrolibException(ex);
        }
    }
```

这个方法将包内的资源文件全部直接复制到输出目录下。也就是说，如果通过参数"-r,--no-res"指定不解码资源文件，则直接将资源文件复制出来。

再来看一下用来解码资源文件的方法 decodeResourcesFull()。

decodeResourcesFull()方法：

```
public void decodeResourcesFull(ExtFile apkFile, File outDir, ResTable resTable)
        throws AndroidException{

    mAndRes.decode(resTable, apkFile, outDir);

}
```

decodeResourcesFull()方法调用 mAndRes 对象的 decode()方法，对资源文件进行解码：

```
public void decode(ResTable resTable, ExtFile ApkFile, File outDir)
        throws AndrolibException {
    Duo<ResFileDecoder, AXmlResourceParser> duo = getResFileDecoder();
    ResFileDecoder fileDecoder = duo.m1;
    ResAttrDecoder attrDecoder = duo.m2.getAttrDecoder();

    attrDecoder.setCurrentPackage(resTable.listMainPackages().iterator().next());
    Directory inApk, in = null, out;

    try {
        out = new FileDirectory(outDir);
        inApk = ApkFile.getDirectory();
        out = out.createDir("res");
        if (inApk.containsDir("res")) {
            in = inApk.getDir("res");
        }
        if (in == null && inApk.containsDir("r")) {
            in = inApk.getDir("r");
        }
        if (in == null && inApk.containsDir("R")) {
            in = inApk.getDir("R");
        }
    } catch (DirectoryException ex) {
        throw new AndrolibException(ex);
    }

    ExtMXSerializer xmlSerializer = getResXmlSerializer();
    for (ResPackage pkg : resTable.listMainPackages()) {
```

```
        attrDecoder.setCurrentPackage(pkg);

        LOGGER.info("Decoding file-resources...");
        for (ResResource res : pkg.listFiles()) {
            fileDecoder.decode(res, in, out);
        }

        LOGGER.info("Decoding values */* XMLs...");
        for (ResValuesFile valuesFile : pkg.listValuesFiles()) {
            generateValuesFile(valuesFile, out, xmlSerializer);
        }
        generatePublicXml(pkg, out, xmlSerializer);
    }

    AndrolibException decodeError = duo.m2.getFirstError();
    if (decodeError != null) {
        throw decodeError;
    }
}
```

接着来分析负责处理 AndroidManifest.xml 文件的方法 mAndRes.decodeManifestWithResources()：

```
public void decodeManifestWithResources(ExtFile apkFile, File outDir, ResTable resTable)
        throws AndrolibException {
    mAndRes.decodeManifestWithResources(resTable, apkFile, outDir);
}
```

decodeManifestWithResources()同样调用了 mAndRes 对象中的同名方法，来解析 AndroidManifest.xml：

```
public void decodeManifestWithResources(ResTable resTable, ExtFile apkFile, File outDir)
        throws AndrolibException {
    Duo<ResFileDecoder, AXmlResourceParser> duo = getResFileDecoder();
    ResFileDecoder fileDecoder = duo.m1;
    ResAttrDecoder attrDecoder = duo.m2.getAttrDecoder();
    attrDecoder.setCurrentPackage(resTable.listMainPackages().iterator().next());
    Directory inApk, in = null, out;
    try {
        inApk = apkFile.getDirectory();
        out = new FileDirectory(outDir);
        LOGGER.info("Decoding AndroidManifest.xml with resources...");
        fileDecoder.decodeManifest(inApk, "AndroidManifest.xml", out, "AndroidManifest.xml");
        if (!resTable.getAnalysisMode()) {
            adjustPackageManifest(resTable, outDir.getAbsolutePath() + File.separator +
"AndroidManifest.xml");
            ResXmlPatcher.removeManifestVersions(new File(
                    outDir.getAbsolutePath() + File.separator + "AndroidManifest.xml"));
```

```
            mPackageId = String.valueOf(resTable.getPackageId());
        }
    } catch (DirectoryException ex) {
        throw new AndrolibException(ex);
    }
}
```

如果 Apk 中不存在 resources.arsc 文件,则不参照属性的引用对 AndroidManifest 文件解码:

```
else {
    // if there's no resources.arsc, decode the manifest without looking
    // up attribute references
    if (hasManifest()) {
        if (mDecodeResources == DECODE_RESOURCES_FULL
            || mForceDecodeManifest == FORCE_DECODE_MANIFEST_FULL) {
            mAndrolib.decodeManifestFull(mApkFile, outDir, getResTable());
        }
        else {
            mAndrolib.decodeManifestRaw(mApkFile, outDir);
        }
    }
}
```

资源文件处理完毕后再处理源码文件。一个 Apk 中可能有多个 Dex 文件,所以 decode() 方法先处理第一个 Dex 文件 classes.dex,然后再根据是否存在其他的 Dex 文件进行下一步。

如图 5.9 所示为 Apktool 判断是否存在其他 Dex 文件的代码。

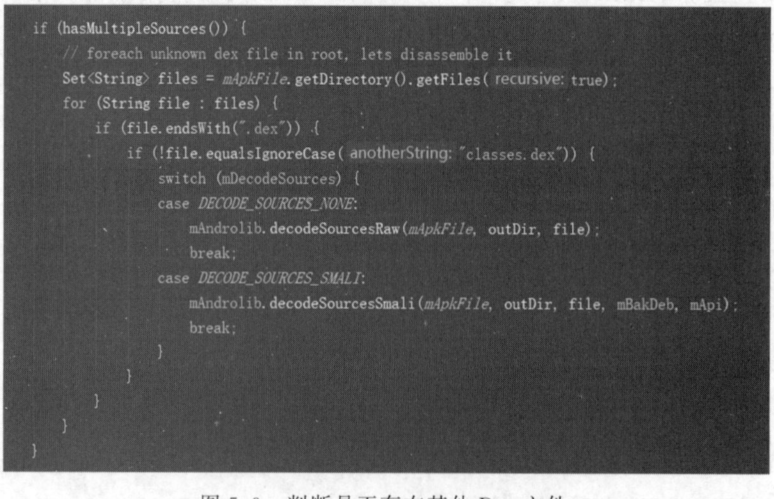

```
if (hasMultipleSources()) {
    // foreach unknown dex file in root, lets disassemble it
    Set<String> files = mApkFile.getDirectory().getFiles( recursive: true);
    for (String file : files) {
        if (file.endsWith(".dex")) {
            if (!file.equalsIgnoreCase( anotherString: "classes.dex")) {
                switch (mDecodeSources) {
                case DECODE_SOURCES_NONE:
                    mAndrolib.decodeSourcesRaw(mApkFile, outDir, file);
                    break;
                case DECODE_SOURCES_SMALI:
                    mAndrolib.decodeSourcesSmali(mApkFile, outDir, file, mBakDeb, mApi);
                    break;
                }
            }
        }
    }
}
```

图 5.9 判断是否存在其他 Dex 文件

针对每个 Dex 文件检查传入的参数,如果参数指定了不处理 Dex 文件,则调用 decodeSourcesRaw()方法,直接将 Dex 文件复制到目标目录下。

```
public void decodeSourcesRaw(ExtFile apkFile, File outDir, String filename)
        throws AndrolibException {
    try {
        LOGGER.info("Copying raw " + filename + " file...");
        apkFile.getDirectory().copyToDir(outDir, filename);
    } catch (DirectoryException ex) {
        throw new AndrolibException(ex);
    }
}
```

如果是默认情况，也就是需要解码 Dex 文件，则会调用 decodeSourcesSmali()方法：

```
public void decodeSourcesSmali(File apkFile, File outDir, String filename, boolean bakdeb, int
api)
        throws AndrolibException {
    try {
        File smaliDir;
        if (filename.equalsIgnoreCase("classes.dex")) {
            smaliDir = new File(outDir, SMALI_DIRNAME);
        } else {
            smaliDir = new File(outDir, SMALI_DIRNAME + "_" + filename.substring(0, filename.
indexOf(".")));
        }
        OS.rmdir(smaliDir);
        smaliDir.mkdirs();
        LOGGER.info("Baksmaling " + filename + "...");
        SmaliDecoder.decode(apkFile, smaliDir, filename, bakdeb, api);
    } catch (BrutException ex) {
        throw new AndrolibException(ex);
    }
}
```

decodeSourcesSmali()方法调用 Baksmali 组件将 Dex 文件反编译成 Smali 文件。

5.2 JEB 工具

JEB 是一款强大的跨平台的 Android 静态分析工具，提供了类似于 IDA Pro 的方法交叉引用与重命名功能，同时提供脚本化功能，用于自动化分析和对抗代码混淆。

5.2.1 JEB 安装

从 JEB 官网 https://www.pnfsoftware.com/jeb/下载软件包并解压。如图 5.10 所示为 JEB 程序目录。

JEB 的运行需要依赖 JDK8 或以上的 JDK 环境。提前下载安装 JDK 并设置系统变量 JAVA_HOME。JEB 提供了可在 Windows、Linux、macOS 上运行的 UI 客户端，在相应的

图 5.10　JEB 程序目录

系统执行对应文件：Windows 执行 jeb_wincon. bat；Linux 执行 jeb_linux. sh；macOS 执行 jeb_macos. sh。

如图 5.11 所示为 JEB 运行起来的效果。

图 5.11　JEB 运行起来的效果

5.2.2　JEB 静态分析

接下来通过使用 JEB 分析一个应用来熟悉它的用法。本书将从 JEB 官网 https://www. pnfsoftware. com/jeb/manual/下载官方实例应用 Raasta. Apk 作为此章节的测试应用。

如图 5.12 所示为下载 Raasta. Apk 的页面。

从文件菜单中打开 Raasta. Apk 文件，JEB 会使用这个 Apk 文件创建一个新的项目，并通过以下几个 Android 分析组件去处理它：

- Apk 组件负责拆解应用文件，解码它的 AndroidManifest 文件和资源文件。
- Dex 组件负责解析应用包中的 Dex 字节码文件。
- Xml 组件负责处理 Android 应用资源目录下的 XML 资源文件。

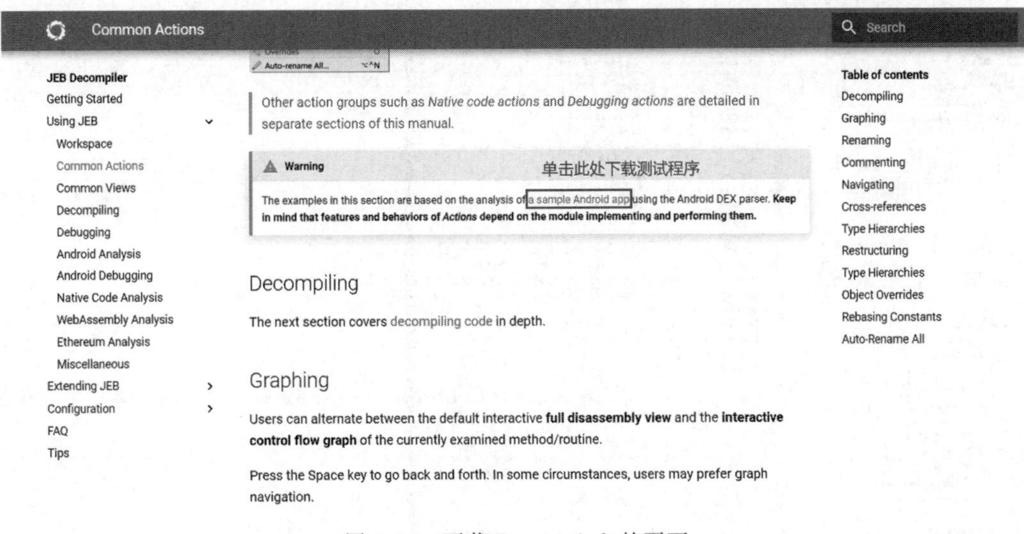

图 5.12　下载 Raasta. Apk 的页面

• 签名组件负责分析应用的签名。

打开项目后，左侧的项目浏览树会展示 Apk 包内的各类文件和目录，左侧下方的 Bytecode 结构树会显示 Dex 字节码反编译出来的源码项目结构。主要的 Dex 窗口是在项目分析完毕后自动打开的，展示 Dex 文件反编译出来的 Smali 语句。

如图 5.13 所示为 JEB 的主界面截图。

图 5.13　JEB 的主界面截图

接下来介绍 JEB 在进行静态分析时的常用功能。

1. 反编译功能

在主界面的 Dex 字节码窗口，滚动到需要反编译的部分区域，按 Tab 键就可以将 Smali 源码反编译成 Java 源码。这时会打开另一个窗口，里面是选择区域所属的 Java 类的 Java 源码。

如图 5.14 所示为 JEB 反编译应用的效果。

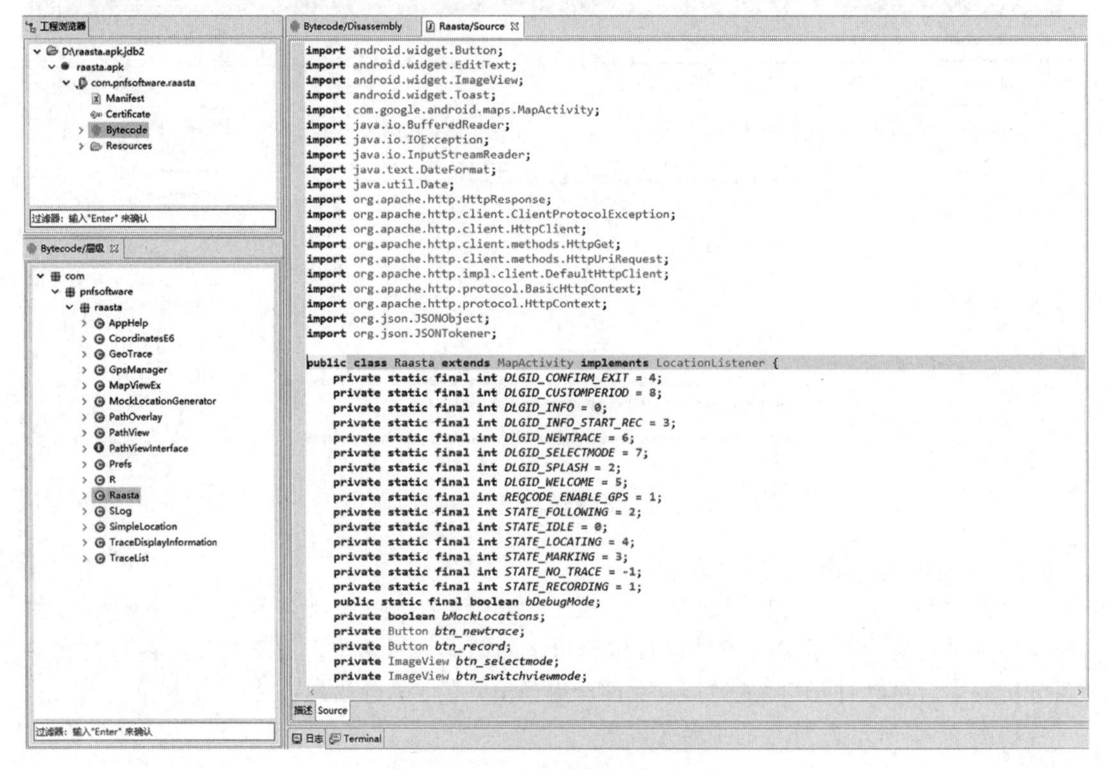

图 5.14　JEB 反编译应用的效果

在 Java 源码界面再按 Tab 键就会回到对应的 Smali 语句。

2. 重命名

静态分析时,可能会遇到代码被混淆的情况,多个方法名和变量被转化成类似于 a()、ab()之类毫无意义的形式。为了应对这种情况,一个比较重要的需求是可以对代码中的各项,比如类型、方法、例程、类变量、数据项或者包名进行重命名。JEB 提供了这一功能。

- 定位并单击需要重命名的项目。
- 按 N 键或者选择 Action 栏中的 Rename 选项。
- 输入新的名称。

如图 5.15 所示为 JEB 对反编译代码的项目进行重命名操作。

在“重命名”窗口中按 Ctrl+空格键可以查看之前的重命名历史记录。

3. 添加注释

在代码中的任意位置,按“/”键打开添加注释界面,输入注释内容。注释会附加在所选择的语句的后面。

如图 5.16 所示为 JEB 为代码添加注释。

4. 导航

在做静态分析时经常需要去找某个调用方法或结构体的定义。在 JEB 中,单击选中项目并按回车键或者在项目上双击,就会跳转到显示该项定义的窗口。可以使用快捷键“Alt+左箭头”或“Alt+右箭头”进行向前或者向后导航。

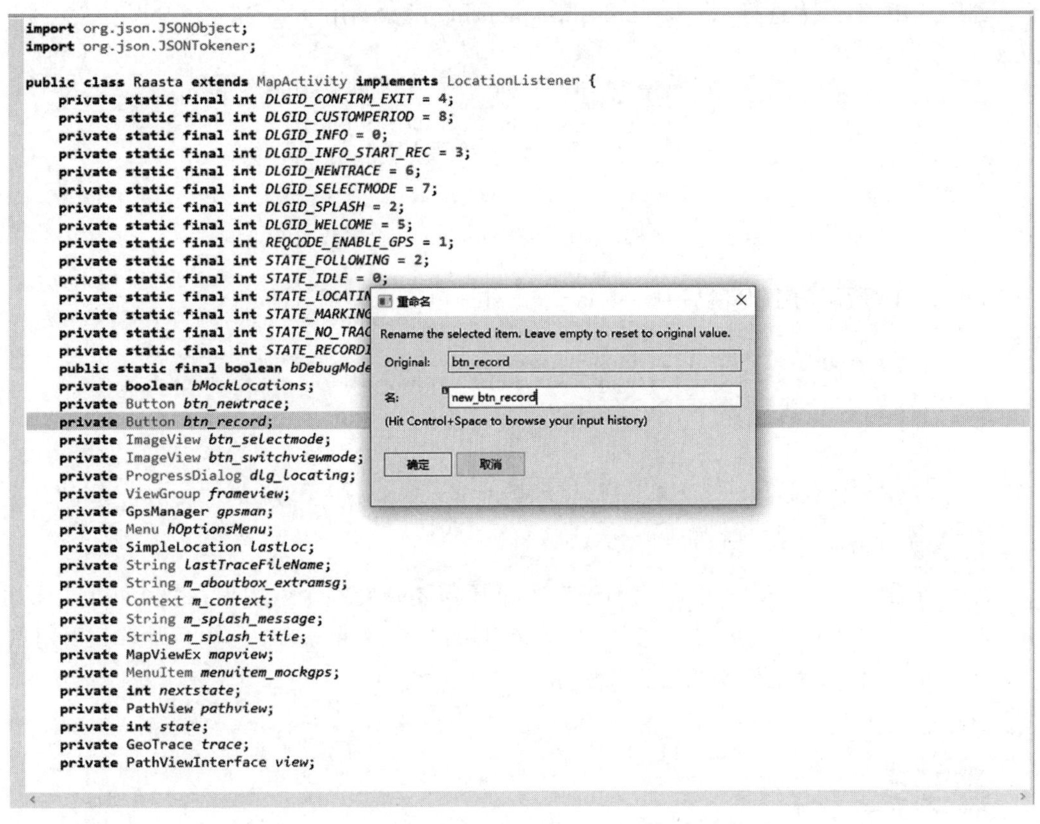

图 5.15 JEB 对反编译代码的项目进行重命名操作

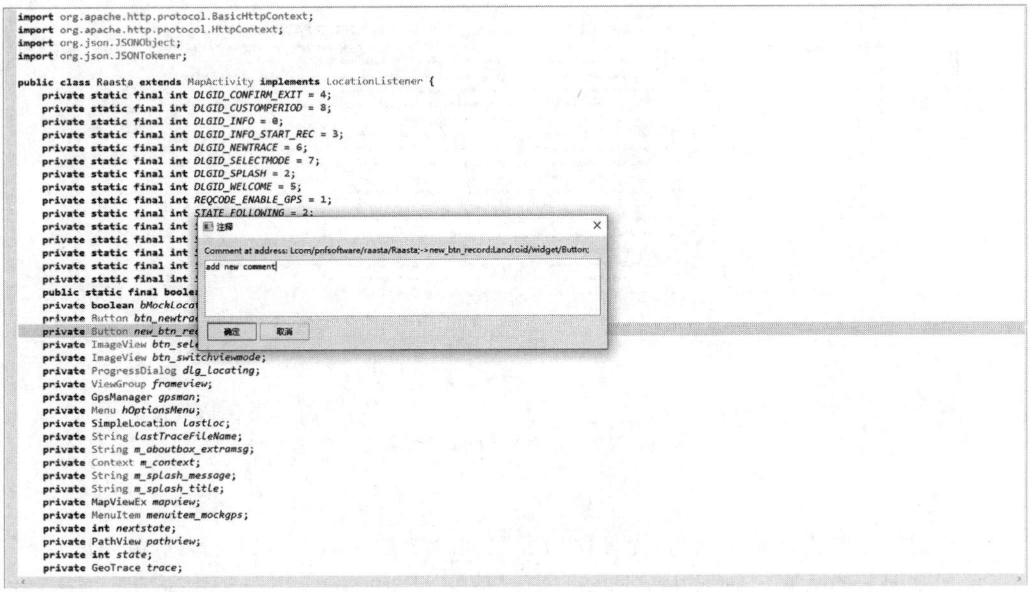

```
import org.apache.http.protocol.BasicHttpContext;
import org.apache.http.protocol.HttpContext;
import org.json.JSONObject;
import org.json.JSONTokener;

public class Raasta extends MapActivity implements LocationListener {
    private static final int DLGID_CONFIRM_EXIT = 4;
    private static final int DLGID_CUSTOMPERIOD = 8;
    private static final int DLGID_INFO = 0;
    private static final int DLGID_INFO_START_REC = 3;
    private static final int DLGID_NEWTRACE = 6;
    private static final int DLGID_SELECTMODE = 7;
    private static final int DLGID_SPLASH = 2;
    private static final int DLGID_WELCOME = 5;
    private static final int REQCODE_ENABLE_GPS = 1;
    private static final int STATE_FOLLOWING = 2;
    private static final int
    private static final int
    private static final int
    private static final int
    private static final int
    public static final boole
    private boolean bMockLoca
    private Button btn_newtra
    private Button new_btn_re
    private ImageView btn_sele
    private ImageView btn_switchviewmode;
    private ProgressDialog dlg_locating;
    private ViewGroup frameview;
    private GpsManager gpsman;
    private Menu hOptionsMenu;
    private SimpleLocation lastLoc;
    private String lastTraceFileName;
    private String m_aboutbox_extramsg;
    private Context m_context;
    private String m_splash_message;
    private String m_splash_title;
    private MapViewEx mapview;
    private MenuItem menuitem_mockgps;
    private int nextstate;
    private PathView pathview;
    private int state;
    private GeoTrace trace;
```

注释
Comment at address: Lcom/pnfsoftware/raasta/Raasta;->new_btn_record:Landroid/widget/Button;
add new comment
确定
取消

图 5.16 JEB 为代码添加注释

如图 5.17 所示为选择 set_lastSplashSequence()函数调用。

```
Prefs.set_lastSplashSequence(((Context)this), v4);
this.m_splash_title = v2.optString("cap");
this.m_splash_message = v2.optString("msg");
if(this.m_splash_title.length() <= 0) {
    return true;
}
```

图 5.17 选择 set_lastSplashSequence()函数调用

如图 5.18 所示为 JEB 跳转到 set_lastSplashSequence()函数的定义。

```
public static void set_lastSplashSequence(Context arg4, int arg5) {
    SharedPreferences$Editor v0 = arg4.getSharedPreferences("global", 0).edit();
    v0.putInt("splashSeq", arg5);
    v0.commit();
}
```

图 5.18 JEB 跳转到 set_lastSplashSequence()函数的定义

5. 交叉引用

除了查看某个引用项的定义，有时逆向人员还需要查看某个引用项在整个项目中的引用情况。在 JEB 中选择某项，按 X 键打开交叉引用窗口，双击窗口中的项目跳转到引用点。

如图 5.19 所示为查看函数的交叉引用。

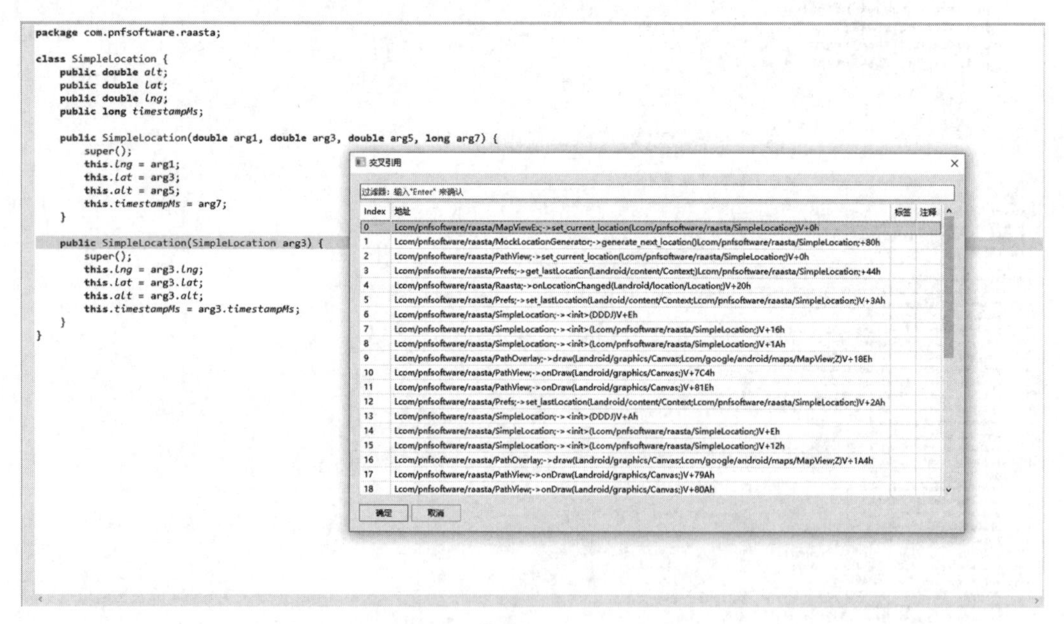

图 5.19 查看函数的交叉引用

6. 重构

JEB 提供了强大的重构能力，允许使用者在项目中创建新的包并把某个包内的类移动到新的或者是已存在的其他包中。

作为示范，此处将使用这个功能创建一个新包 com. newPack，然后将 com. pnfsoftware. raasta 包内的 AppHelp 类移动到新包 com. newPack 中。首先按 K 键新建一个包 com. newPack。

如图 5.20 所示为在 JEB 中新建一个包。

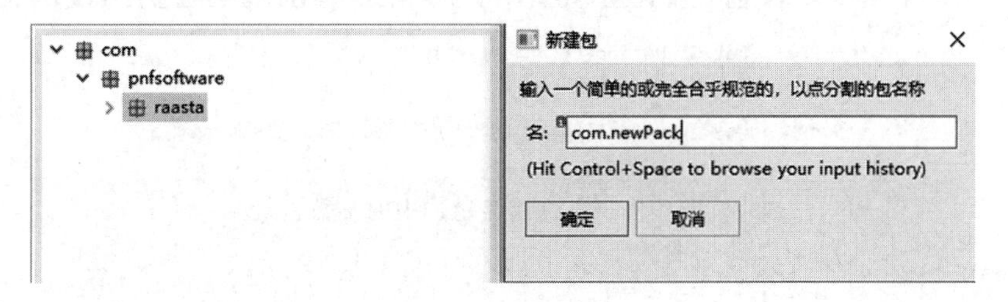

图 5.20 在 JEB 中新建一个包

然后按 L 键将 AppHelp 类移动到 com. newPack 包中。

如图 5.21 所示为在 JEB 中移动类。

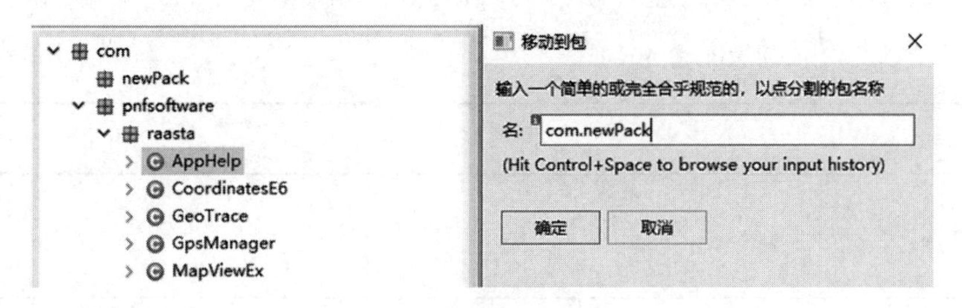

图 5.21 在 JEB 中移动类

7. 修改常量

这个功能允许选择整数常量以哪种进制形式显示。选择常量后，按 B 键循环选择插件提供的进制。通常插件提供八进制、十进制、十六进制方式，其他的插件可能会额外提供二进制方式，或者是非常规的显示方式，比如基于字符。

如图 5.22 所示为以十进制显示选中的整数常量。

```
if(arg6 > 0) {
    int v0 = Prefs.get_traceGpsPeriod(((Context)this), this.lastTraceFileName);
    if(v0 <= 0) {
        v0 = Prefs.get_GpsPeriod(((Context)this));
    }

    this.gpsman.request_updates(((long)(v0 * 1000)), 0f);
}
```

图 5.22 以十进制显示选中的整数常量

如图 5.23 所示为以八进制显示选中的整数常量。

```
if(arg6 > 0) {
    int v0 = Prefs.get_traceGpsPeriod(((Context)this), this.lastTraceFileName);
    if(v0 <= 0) {
        v0 = Prefs.get_GpsPeriod(((Context)this));
    }

    this.gpsman.request_updates(((long)(v0 * 01750)), 0f);
}
```

图 5.23 以八进制显示选中的整数常量

如图 5.24 所示为以十六进制显示选中的整数常量。

```
if(arg6 > 0) {
    int v0 = Prefs.get_traceGpsPeriod(((Context)this), this.lastTraceFileName);
    if(v0 <= 0) {
        v0 = Prefs.get_GpsPeriod(((Context)this));
    }

    this.gpsman.request_updates(((long)(v0 * 0x3E8)), 0f);
}
```

图 5.24　以十六进制显示选中的整数常量

视频 9

5.3　Jadx-gui 工具

Jadx 是一个将 Dex 字节码文件反编译成 Java 的开源工具,作者同时提供了 UI 客户端方便进行动态调试。Github 地址为 https://github.com/skylot/jadx。下载 Jar 包到本地后运行 Java 命令启动:

```
java - jarjadx - gui.jar
```

如图 5.25 所示为 Jadx-gui 的启动界面。

图 5.25　Jadx-gui 的启动界面

Jadx-gui 的主要特性是:

- 处理 Apk、Dex、Aar 和 Zip 文件,将其中的 Dalvik 字节码反编译成 Java 类。
- 反编译 AndroidManifest.xml 和解码其他的资源文件和 resources.arsc 文件。
- 添加了反混淆功能。
- 使用高亮语法显示反编译出来的代码。

如图 5.26 所示为 Jadx-gui 反编译代码的截图。

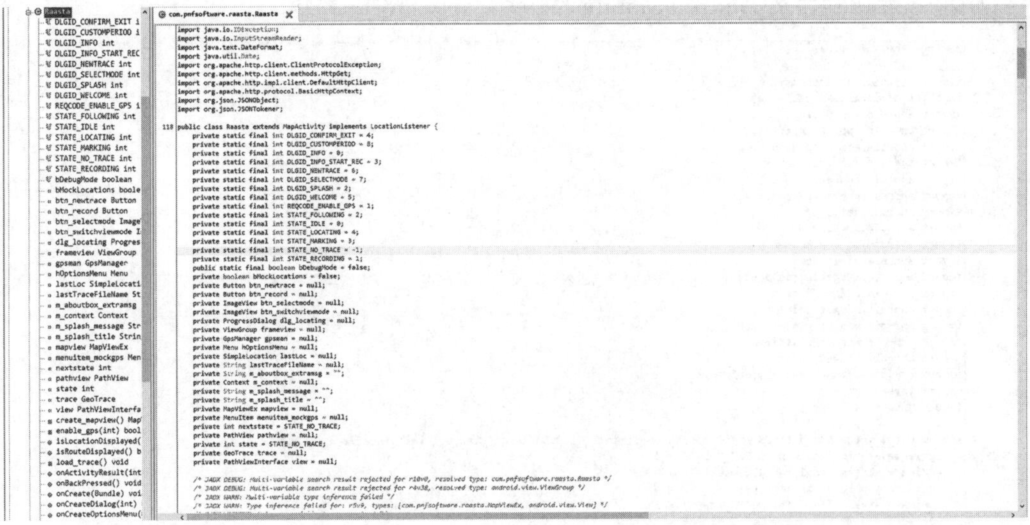

```
import java.io.IOException;
import java.io.InputStreamReader;
import java.text.DateFormat;
import java.util.Date;
import org.apache.http.client.ClientProtocolException;
import org.apache.http.client.methods.HttpGet;
import org.apache.http.impl.client.DefaultHttpClient;
import org.apache.http.protocol.BasicHttpContext;
import org.json.JSONObject;
import org.json.JSONTokener;

118 public class Raasta extends MapActivity implements LocationListener {
    private static final int DLGID_CONFIRM_EXIT = 4;
    private static final int DLGID_CUSTOMPERIOD = 8;
    private static final int DLGID_INFO = 0;
    private static final int DLGID_INFO_START_REC = 3;
    private static final int DLGID_NEWTRACE = 6;
    private static final int DLGID_SELECTMODE = 7;
    private static final int DLGID_SPLASH = 2;
    private static final int DLGID_WELCOME = 5;
    private static final int REQCODE_ENABLE_GPS = 1;
    private static final int STATE_FOLLOWING = 2;
    private static final int STATE_IDLE = 0;
    private static final int STATE_LOCATING = 4;
    private static final int STATE_MARKING = 3;
    private static final int STATE_NO_TRACE = -1;
    private static final int STATE_RECORDING = 1;
    public static final boolean bDebugMode = false;
    private boolean bMockLocations = false;
    private Button btn_newtrace = null;
    private Button btn_record = null;
    private ImageView btn_selectmode = null;
    private ImageView btn_switchviewmode = null;
    private ProgressDialog dlg_locating = null;
    private ViewGroup frameview = null;
    private GpsManager gpsman = null;
    private Menu hOptionsMenu = null;
    private SimpleLocation lastLoc = null;
    private String lastTraceFileName = null;
    private String m_aboutbox_extramsg = "";
    private Context m_context = null;
    private String m_splash_message = "";
    private String m_splash_title = "";
    private MapViewEx mapview = null;
    private MenuItem menuitem_mockgps = null;
    private int nextstate = STATE_NO_TRACE;
    private PathView pathview = null;
    private int state = STATE_NO_TRACE;
    private GeoTrace trace = null;
    private PathViewInterface view = null;

    /* JADX DEBUG: Multi-variable search result rejected for r10v0, resolved type: com.pnfsoftware.raasta.Raasta */
    /* JADX DEBUG: Multi-variable search result rejected for r4v38, resolved type: android.view.ViewGroup */
    /* JADX WARN: Multi-variable type inference failed */
    /* JADX WARN: Type inference failed for: r5v9, types: [com.pnfsoftware.raasta.MapViewEx, android.view.View] */
```

图 5.26 Jadx-gui 反编译代码的截图

- 跳转到项目的定义。

在类、方法和类变量项目上按 Ctrl+鼠标左键跳转到该项目的定义。如图 5.27 所示为选择 set_lastTraceFileName()函数。

```
public void onClick(DialogInterface dlg, int id) {
    String name = e.getText().toString();
    String filename = GeoTrace.generate_timebased_filename();
    GeoTrace t = new GeoTrace(Raasta.this.m_context, filename, true);
    t.set_name(name);
    t.save();
    Prefs.set_lastTraceFileName(Raasta.this.m_context, filename);
    Prefs.set_traceGpsPeriod(Raasta.this.m_context, filename, Prefs.get_GpsPeriod(Raasta.this.m_context));
    Raasta.this.btn_newtrace.setVisibility(Raasta.DLGID_CUSTOMPERIOD);
    Raasta.this.enable_gps(0);
    Raasta.this.load_trace();
}
```

图 5.27 选择 set_lastTraceFileName()函数

如图 5.28 所示为跳转到 set_lastTraceFileName()函数的定义。

```
public static void set_lastTraceFileName(Context context, String s) {
    SharedPreferences.Editor ed = context.getSharedPreferences("global", 0).edit();
    ed.putString("lastTraceFileName", s);
    ed.commit();
}
```

图 5.28 跳转到 set_lastTraceFileName()函数的定义

在 AndroidManifest. xml 中可以直接跳转到类的定义，如图 5.29 所示为在 AndroidManifest. xml 中找到 TraceList 类。

```
        <intent-filter>
            <action android:name="android.intent.action.MAIN"/>
            <category android:name="android.intent.category.LAUNCHER"/>
        </intent-filter>
    </activity>
    <activity android:label="@string/prefs_title" android:name=".Prefs"/>
    <activity android:label="@string/trlist_title" android:name=".TraceList"/>
    <activity android:theme="@style/Theme.Dialog" android:label="@string/help_title" android:name=".AppHelp"/>
</application>
```

图 5.29 在 AndroidManifest. xml 中找到 TraceList 类

如图 5.30 所示为从 AndroidManifest 中跳转到 TraceList 类。

```
package com.pnfsoftware.raasta;

import android.app.Activity;
import android.app.AlertDialog;
import android.app.Dialog;
import android.app.ListActivity;
import android.app.ProgressDialog;
import android.content.Context;
import android.content.DialogInterface;
import android.content.Intent;
import android.net.Uri;
import android.os.Bundle;
import android.os.Environment;
import android.view.View;
import android.widget.ArrayAdapter;
import android.widget.Button;
import android.widget.EditText;
import android.widget.LinearLayout;
import android.widget.ListView;
import android.widget.Toast;
import com.pnfsoftware.raasta.GeoTrace;
import java.io.File;
import java.util.Vector;

72 public class TraceList extends ListActivity implements View.OnClickListener, DialogInterface.OnClickListener {
    private static final int DLGID_CHOOSE = 1;
    private static final int DLGID_CREATE = 0;
    private static final int DLGID_DELETE = 5;
    private static final int DLGID_EXPORT = 3;
    private static final int DLGID_RENAME = 2;
    private static final int DLGID_REQCLOSE = 6;
    private static final int ID_CHOOSE_DELETE = 8195;
    private static final int ID_CHOOSE_EXPORT = 8194;
    private static final int ID_CHOOSE_OPEN = 8192;
    private static final int ID_CHOOSE_RENAME = 8193;
    private static final int ID_CREATE_TRACENAME = 4096;
    private static final int ID_RENAME_TRACENAME = 4097;
    private static int[] action_btn_ids = {ID_CHOOSE_OPEN, ID_CHOOSE_RENAME, ID_CHOOSE_EXPORT, ID_CHOOSE_DELETE};
    private static String[] m_action_names;
    private Activity m_activity;
    private Context m_context;
    private Dialog m_dlg_choose = null;
    private Dialog m_dlg_create = null;
    private Dialog m_dlg_delete = null;
    private Dialog m_dlg_export = null;
    private Dialog m_dlg_exporting = null;
    private Dialog m_dlg_rename = null;
    private Dialog m_dlg_reqclose = null;
    private String m_path_exportedTrace = null;
    private String m_selected_filename = "";
    private String m_selected_name = "";
    private Thread m_thread_exporting = null;
    private Vector<String> m_trfilenames;
    private Vector<String> m_trnames;
```

图 5.30 从 AndroidManifest 中跳转到 TraceList 类

- 查找项目的引用。

在项目上右击,在弹出的快捷菜单中选择 Find Usage 命令,就会弹出该项目的所有引用。如图 5.31 所示为在 Jadx-gui 中查找引用。

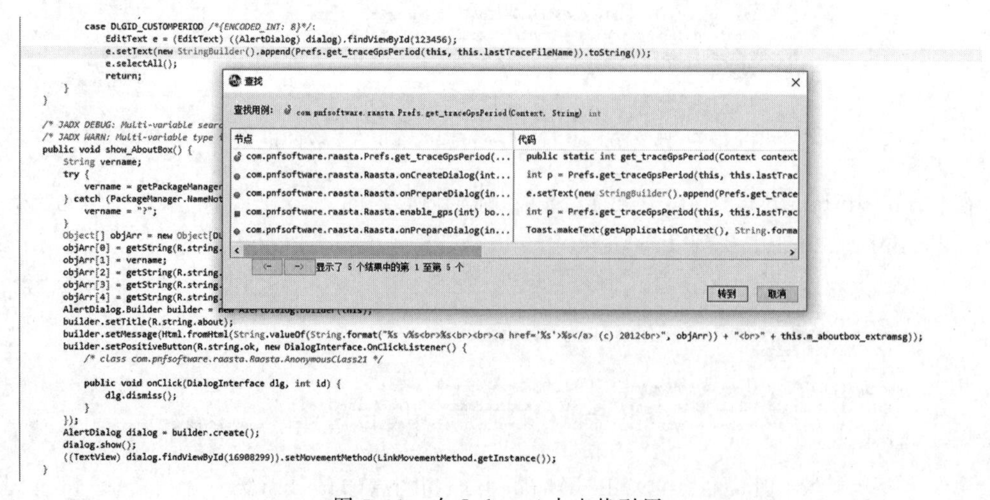

图 5.31 在 Jadx-gui 中查找引用

- 文本搜索。

Jadx-gui 提供全局文本搜索，在整个项目的范围内查找字符串，可以匹配类名、方法名、变量名、代码。

如图 5.32 所示为在 Jadx-gui 中进行文本搜索。

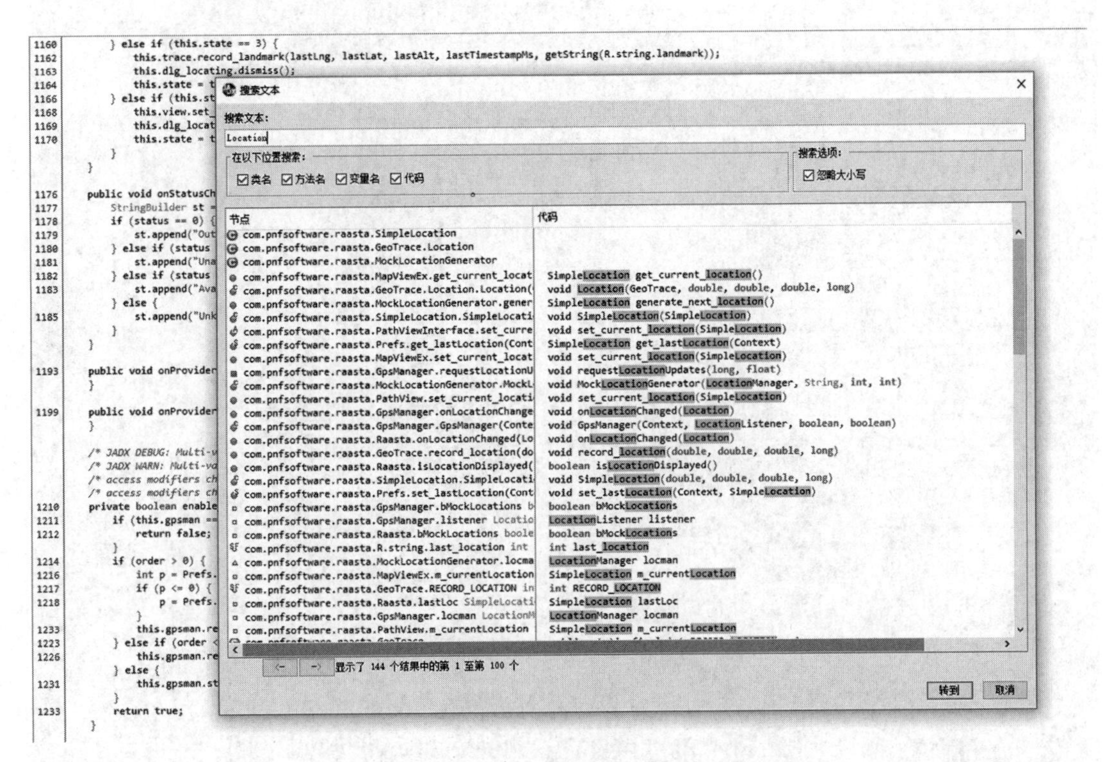

图 5.32 在 Jadx-gui 中进行文本搜索

Jadx-gui 功能相比较于 JEB 要少一些，但是 Jadx-gui 是开源项目，轻量小巧，足够应付静态分析的任务。

5.4 010-editor 工具

010-editor 可以说是目前最强大的一款十六进制编辑器，可以编辑与查看各种十六进制文件，可以通过加载不同的文件模板解析各种文件格式。

5.4.1 010-editor 解析 so 文件

010-editor 官网有 elf 的文件模板网址为 https://www.sweetscape.com/010editor/repository/files/ELF.bt，将其复制下来，单击 Templates 选项，选择 New Templates 打开模板。使用 010-editor 打开 so 文件后按 F5 键即可使用对应的模板。

010-editor 模板对照 elf 文件定义的格式从十六进制中直接解析出 so 文件的各段表。010-editor 的优点是可以更加直观地去定位某个结构的值在整个文件中的位置，可以配合

Hex editor 等十六进制文件编辑器对 so 文件直接进行修改。

如图 5.33 所示为使用 010-editor 打开 so 文件的界面。

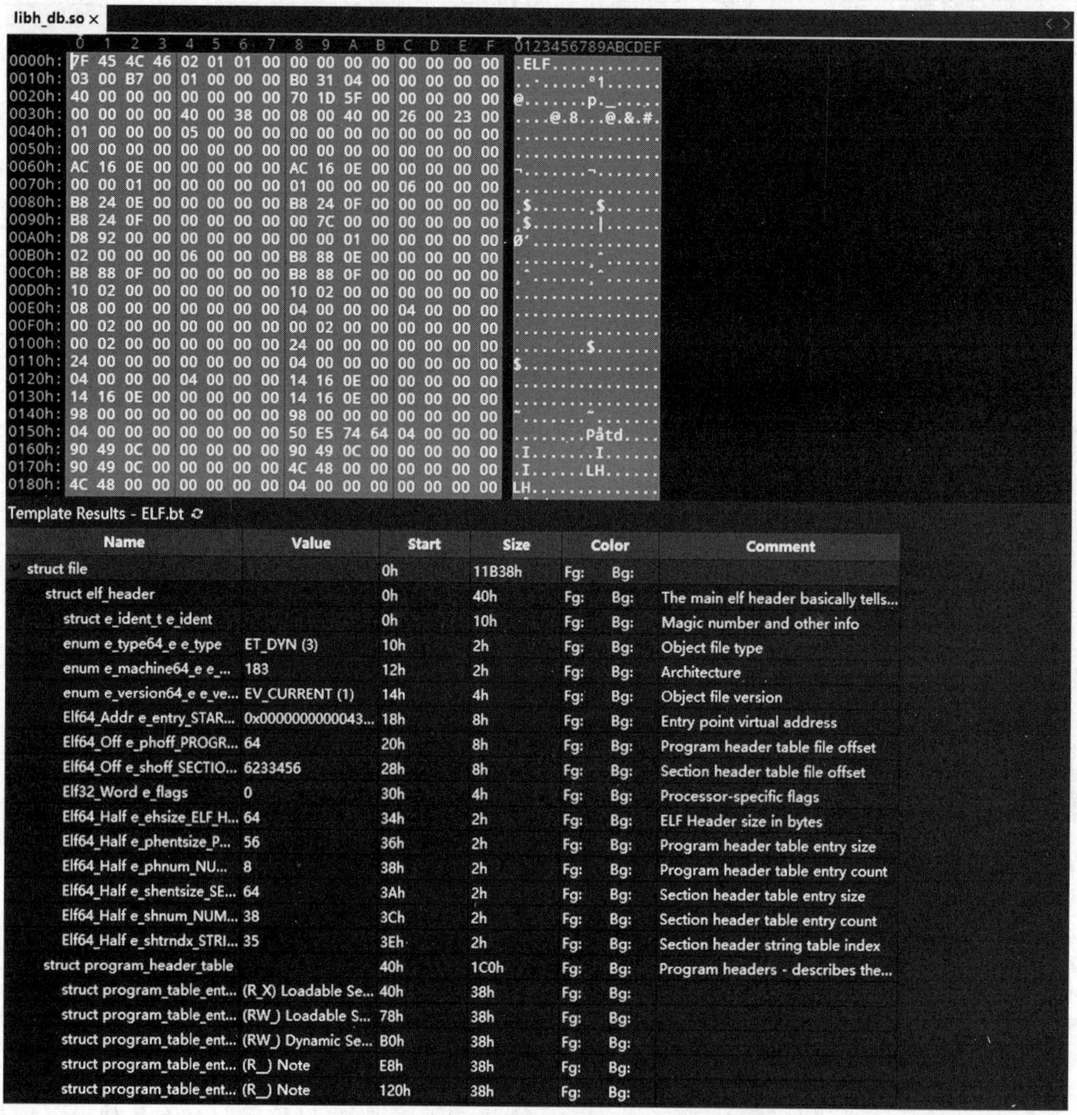

图 5.33　使用 010-editor 打开 so 文件的界面

5.4.2　010-editor 解析 Dex 文件

Dex 的文件模板可以在 010-editor 官网上找到，网址为 https://www.sweetscape.com/010editor/repository/files/DEX.bt，按照上面的做法加载模板，打开 Dex 文件。可以将 Apk 包用 Zip 工具解压缩获得 Dex 文件。

如图 5.34 所示为使用 010-editor 打开 Dex 文件的界面。

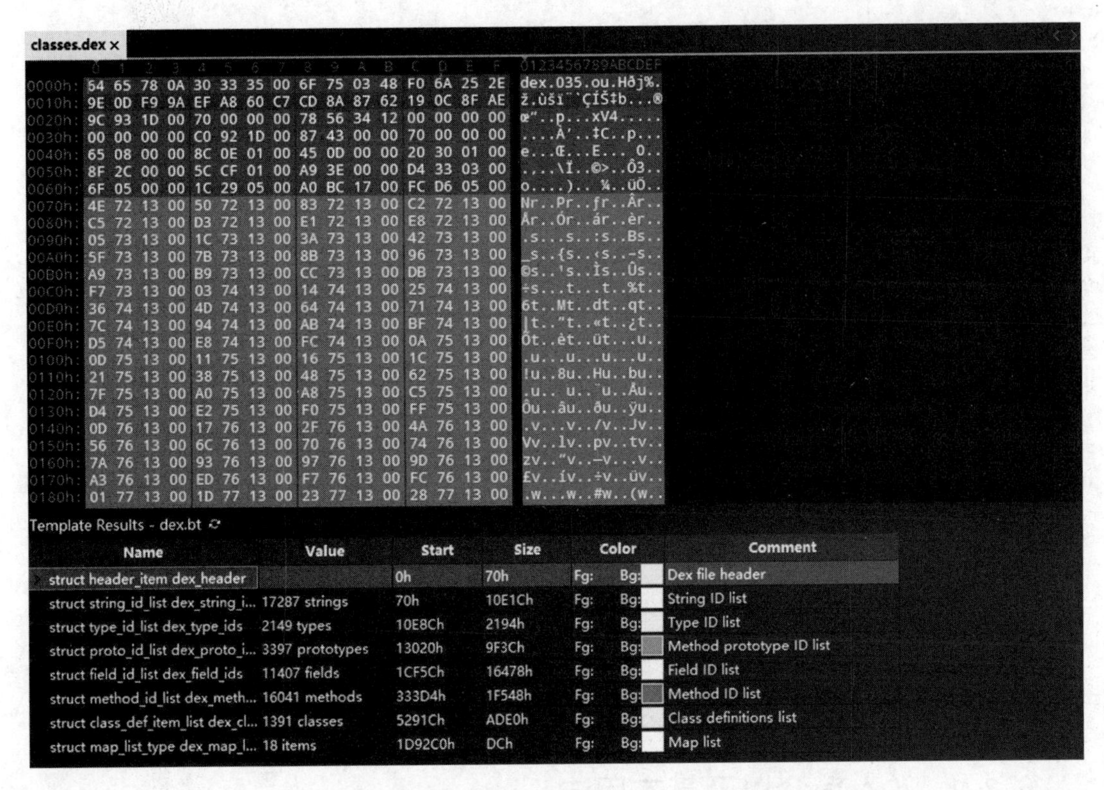

图 5.34 使用 010-editor 打开 Dex 文件的界面

5.5 本章小结

本章介绍了对 Android 应用进行静态分析常用的工具以及使用方法，包括各种工具对 Native 层与 Java 层的静态逆向分析。互联网中还有许多集成了图形化操作界面的 Android 分析工具，比如 Android Killer，这些分析工具本质上是对 Baksmali、Apktool 等工具的集成。这些工具还会在后面实战篇中陆续出现，本书也会结合具体需求介绍更多的用于逆向分析的实战工具。

第6章 动态调试工具

CHAPTER 6

6.1 动态调试介绍

需要运行应用程序才能实施和完成的分析方法统称为动态分析方法。抓包、动态调试、观察应用页面的UI设计和交互、使用Xposed/Frida Hook App中的某个函数、Smali插桩等，这些都可以称为动态调试。

视频10

6.2 IDA Pro工具

6.2.1 IDA简介以及基本用法

IDA是目前功能最强大的反汇编分析工具。IDA Pro提供了对Android的静态分析与动态调试的支持，包括Dalvik指令集的反汇编、原生库的反汇编和动态调试。

6.2.2 IDA动态调试Apk

首先Android手机要是Root过的，还要注意的一点是，Apk的AndroidManifest.xml中debuggable要为true，这里使用的示例是前面MobSF动态分析用到的浏览器。

(1) 将Apk装到手机上，然后执行命令行。

```
$ adb shell am start -D -n "com.example.webbrowser/com.example.webbrowser.MainActivity"
```

最后一个参数是"包名/要运行的Activity"，此时应用会被挂起，系统弹出等待调试器提示。如图6.1所示为以调试模式打开应用时，应用在等待调试器。

(2) 查看应用PID并进行端口转发。

- 查看PID：

```
$ adb shell
$ ps | grep com.example
```

- 端口转发：

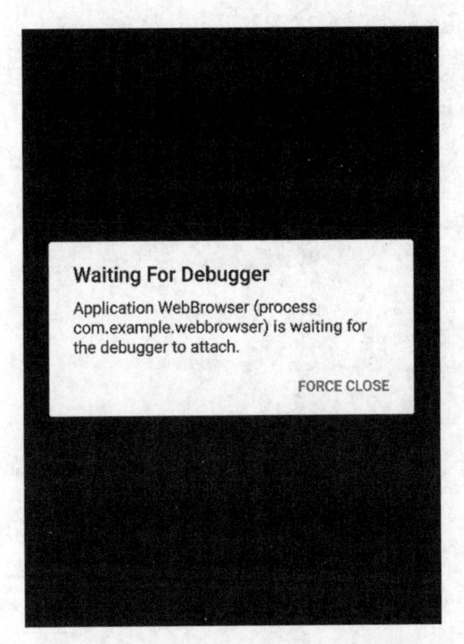

图 6.1 以调试模式打开应用时,应用在等待调试器

```
$ adb forward tcp:5005 jdwp:pid
```

命令中的 PID 为上一步用 ps 命令得到的应用运行的 PID。

(3) 首先打开 IDA 中的 dbgsrv 目录,将里面的 android_server 放到手机目录中,注意 android_server64 对应 Android64 位系统,android_server 对应 Android 32 位系统。

```
$ adb push android_server64 /data
```

(4) 运行 android_server。

```
$ adb shell
$ chmod 755 android_server
$ ./data/android_server64
```

如图 6.2 所示为启动 android_server64 的效果。

```
angler:/data # ./android_server64
IDA Android 64-bit remote debug server(ST) v1.22. Hex-Rays (c) 2004-2017
Listening on 0.0.0.0:23946...
=========================================================
[1] Accepting connection from 127.0.0.1...
[1] Closing connection from 127.0.0.1...
=========================================================
```

图 6.2 启动 android_server64 的效果

(5) 另外打开一个命令行窗口,运行。

```
$ adb forward tcp:23946 tcp:23946
```

(6) 运行 IDA,设置 Debugger,选择 ARM Linux/Android debugger,设置 Debug options。

如图 6.3 所示为 Debugger 设置界面。

如图 6.4 所示为将调试器的 Hostname 设置成 localhost。

图 6.3 Debugger 设置界面

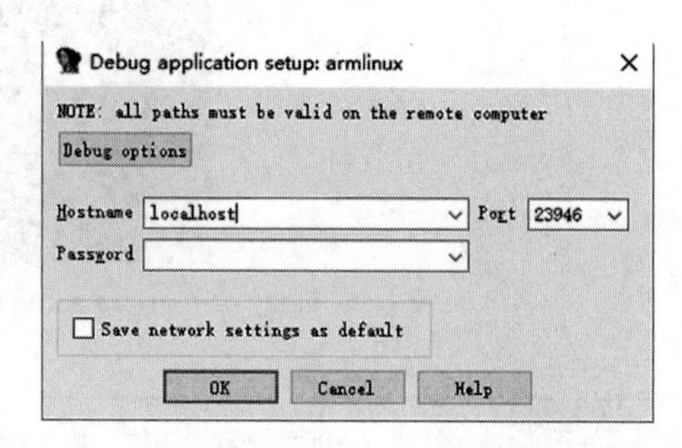

图 6.4 将调试器的 Hostname 设置成 localhost

(7) 选择附加进程。

Debugger 设置完成后会弹出手机上运行的进程列表,在其中找到需要附加的进程。

如图 6.5 所示为选择调试器的附加进程。

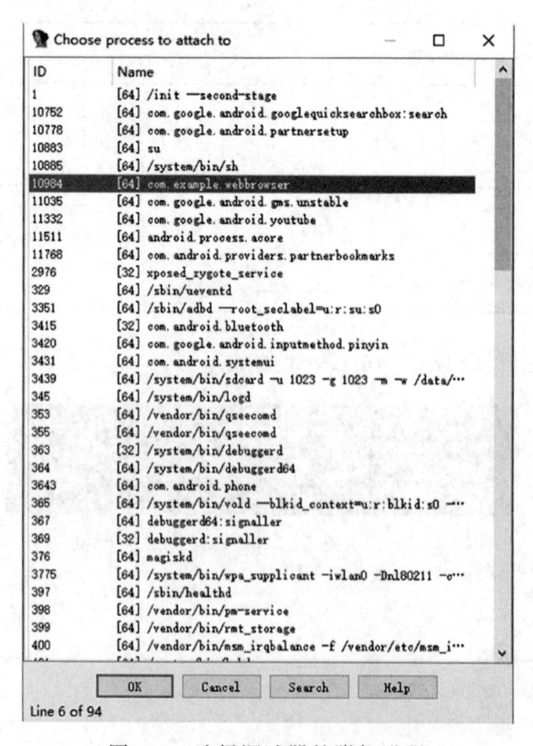

图 6.5 选择调试器的附加进程

(8) 附加进程后,IDA 会自动暂停,执行 jdb 命令。

```
jdb -connect com.sun.jdi.SocketAttach:hostname = localhost,port = 5005
```

如图 6.6 所示为执行 jdb 命令后控制台的输出截图。

图 6.6 执行 jdb 命令后控制台的输出截图

(9) 之后回到 IDA,可以先找到自己想要中断的地方设置好断点,再按 F9 键继续执行。如图 6.7 所示为调试器附加完毕后 IDA 的界面。

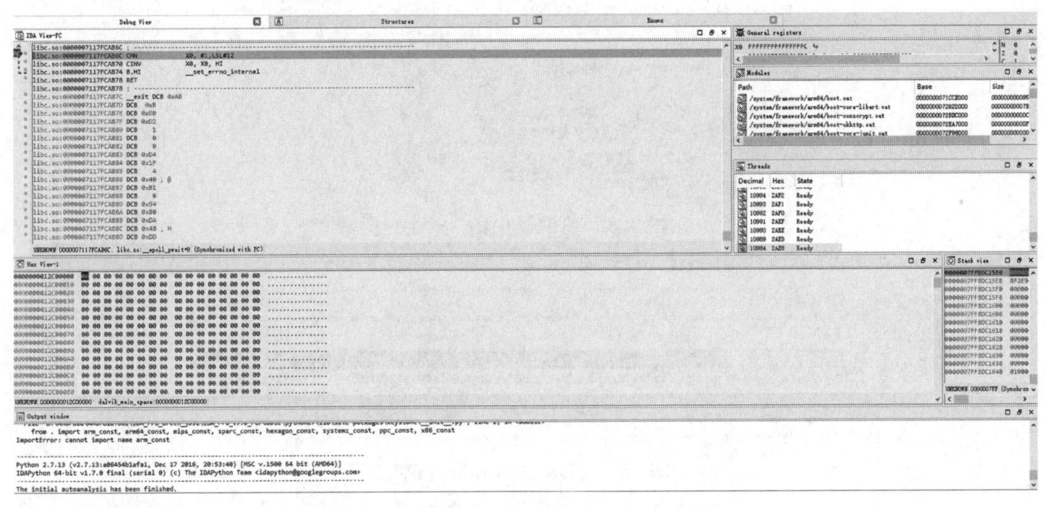

图 6.7 调试器附加完毕后 IDA 的界面

6.2.3 IDA Dump Android 应用内存

IDA 不仅能够调试应用程序,还可以访问设备的内存。本书将利用 IDA 提供的脚本程序 Dump Android 内存中的 so 文件。

首先按照前面的步骤将 IDA 调试器附加到 Android 应用上,配置调试器时在 3 个事件触发的地方设置断点,如图 6.8 所示,选中框中的 3 个选项。

按 F9 键运行程序直到断点处,在 Modules 窗口中查看目标 so 文件是否被加载,如图 6.9 所示为 IDA 的 Modules 窗口。

或者使用“cat/proc/pid/maps”命令查看起始地址。

如图 6.10 所示为使用 cat 命令从 maps 中查看到的起始地址。

在 IDA 的 Execute script 界面输入以下脚本:

```
auto file, fname, i, address, size, x;
address = 0x710D827000;
size = 0xB25B000;
fname = "D:\dump.so";
```

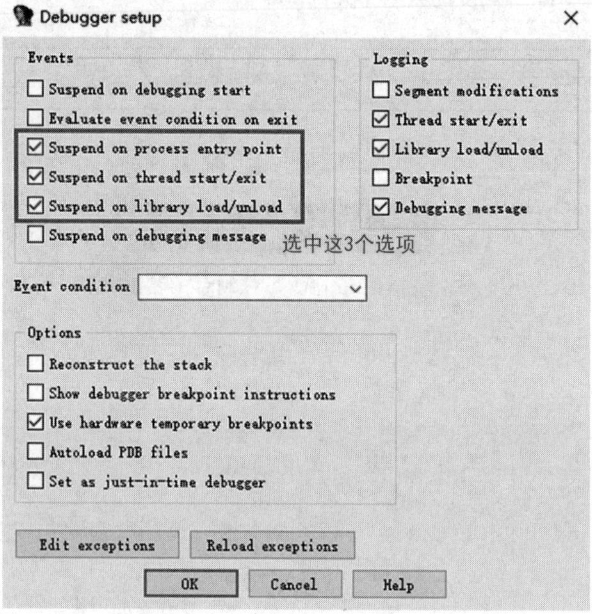
Debugger setup
Events
Suspend on debugging start
Evaluate event condition on exit
Suspend on process entry point
Suspend on thread start/exit
Suspend on library load/unload
Suspend on debugging message
选中这3个选项
Logging
Segment modifications
Thread start/exit
Library load/unload
Breakpoint
Debugging message
Event condition
Options
Reconstruct the stack
Show debugger breakpoint instructions
Use hardware temporary breakpoints
Autoload PDB files
Set as just-in-time debugger
Edit exceptions
Reload exceptions
OK
Cancel
Help

图 6.8　选中框中的 3 个选项

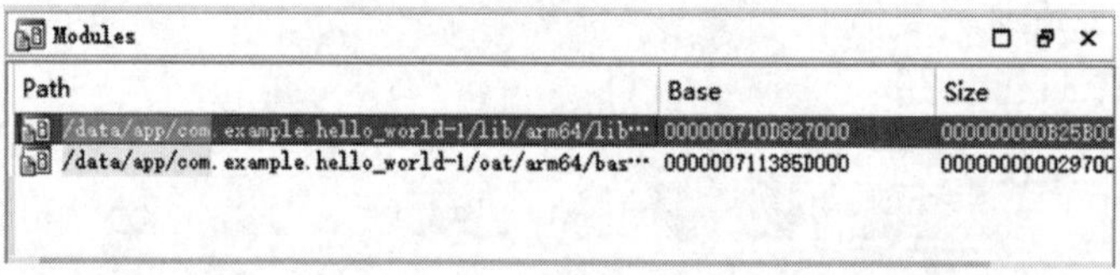
Modules
Path
Base
Size
/data/app/com.example.hello_world-1/lib/arm64/lib···
000000710D827000
/data/app/com.example.hello_world-1/oat/arm64/bas···
000000711385D000

图 6.9　IDA 的 Modules 窗口

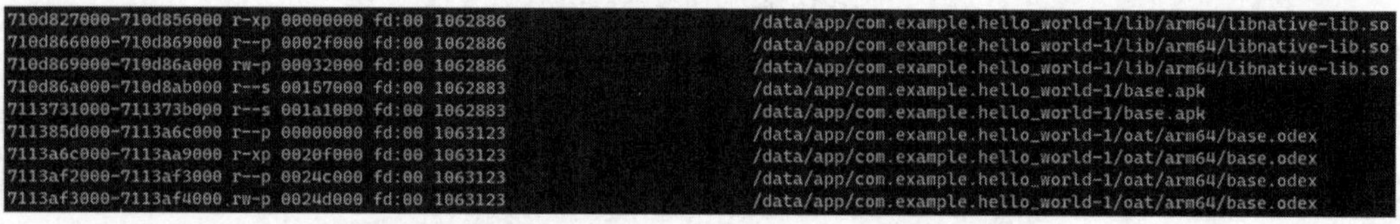
710d827000-710d856000 r-xp 00000000 fd:00 1062886 /data/app/com.example.hello_world-1/lib/arm64/libnative-lib.so
710d866000-710d869000 r--p 0002f000 fd:00 1062886 /data/app/com.example.hello_world-1/lib/arm64/libnative-lib.so
710d869000-710d86a000 rw-p 00032000 fd:00 1062886 /data/app/com.example.hello_world-1/lib/arm64/libnative-lib.so
710d86a000-710d8ab000 r--s 00157000 fd:00 1062883 /data/app/com.example.hello_world-1/base.apk
7113731000-711373b000 r--s 001a1000 fd:00 1062883 /data/app/com.example.hello_world-1/base.apk
711385d000-7113a6c000 r--p 00000000 fd:00 1063123 /data/app/com.example.hello_world-1/oat/arm64/base.odex
7113a6c000-7113aa9000 r-xp 0020f000 fd:00 1063123 /data/app/com.example.hello_world-1/oat/arm64/base.odex
7113af2000-7113af3000 r--p 0024c000 fd:00 1063123 /data/app/com.example.hello_world-1/oat/arm64/base.odex
7113af3000-7113af4000 rw-p 0024d000 fd:00 1063123 /data/app/com.example.hello_world-1/oat/arm64/base.odex

图 6.10　使用 cat 命令从 maps 中查看到的起始地址

```
file = fopen(fname, "wb");
for (i = 0; i < size; i++, address++)
{
x = DbgByte(address);
fputc(x, file);
}
fclose(file);
```

如图 6.11 所示为在 IDA 中执行脚本。

在 Modules 窗口中不仅可以看到 so 文件，也可以看到 Odex 文件，接下来可以使用 IDA Pro 的内存 Dump 功能从内存中 Dump 下 Dex 文件，这是对抗动态加载壳的常用思路。具体会在后面章节中介绍。

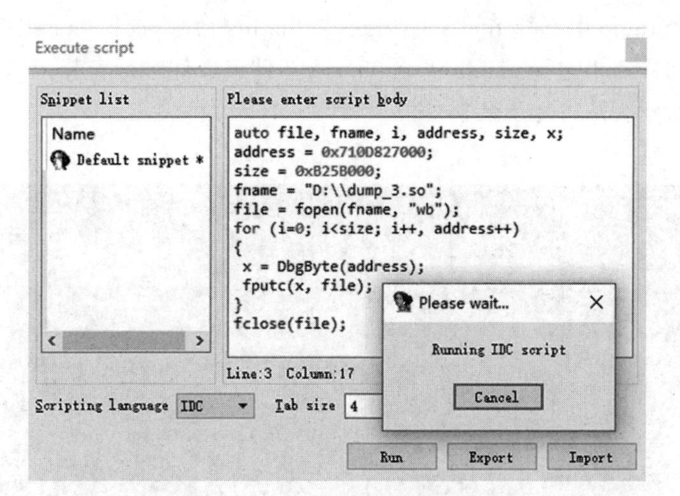

图 6.11 在 IDA 中执行脚本

6.3 JDB 调试器

JDK 提供的 JDB 调试器是动态调试 Java 程序的标准工具。Android Studio 不仅可以编写 Android 应用,在安装 smaliidea 插件后还可以将反编译出来的 Smali 目录作为项目导入 Android Studio,两者结合可以实现对 Smali 源码的打点调试。

(1) 在 Android Studio 上安装 smalidea 插件。

从网址 https://bitbucket.org/JesusFreke/smali/downloads/中下载 smalidea-0.05.zip 插件包到本地。

如图 6.12 所示为下载 smalidea 插件。

Java smali
Source
Commits
Branches
Pull requests
Pipelines
Deployments
Jira issues
Downloads

smali-2.3.jar	1.1 MB	Ben Gruver	13868	2019-08-07
smali-2.2.7.jar	1.1 MB	Ben Gruver	70335	2019-04-04
baksmali-2.2.7.jar	1.3 MB	Ben Gruver	69750	2019-04-04
baksmali-2.2.6.jar	1.3 MB	Ben Gruver	43160	2019-01-23
smali-2.2.6.jar	1.1 MB	Ben Gruver	41992	2019-01-23
baksmali-2.2.5.jar	1.3 MB	Ben Gruver	57970	2018-08-28
smali-2.2.5.jar	1.1 MB	Ben Gruver	55753	2018-08-28
smali-2.2.4.jar	4.2 MB	Ben Gruver	19303	2018-06-12
baksmali-2.2.4.jar	3.4 MB	Ben Gruver	19003	2018-06-12
smali-2.2.2.jar	4.2 MB	Ben Gruver	33370	2017-10-30
baksmali-2.2.2.jar	3.3 MB	Ben Gruver	34259	2017-10-30
smali-2.2.1.jar	4.2 MB	Ben Gruver	15717	2017-05-23
baksmali-2.2.1.jar	3.3 MB	Ben Gruver	16068	2017-05-23
smalidea-0.05.zip	11.9 MB	Ben Gruver	46175	2017-03-31
smali-2.2.0.jar	1014.8 KB	Ben Gruver	7769	2017-03-22
baksmali-2.2.0.jar	1.3 MB	Ben Gruver	8102	2017-03-22
smalidea-0.04.zip	9.8 MB	Ben Gruver	3861	2017-03-22
smali-2.2b4.jar	1011.1 KB	Ben Gruver	13041	2016-10-16
baksmali-2.2b4.jar	1.3 MB	Ben Gruver	13689	2016-10-16
smali-2.2b3.jar	1009.7 KB	Ben Gruver	1781	2016-10-04
baksmali-2.2b3.jar	1.3 MB	Ben Gruver	1849	2016-10-04

图 6.12 下载 smalidea 插件

在 Android Studio 中选择 file-> Settings-> Plugins 命令，选择 Install Plugin from Disk（从硬盘中安装插件），再选择 smalidea-0.05.zip 插件包文件进行安装，安装完毕后重启。

如图 6.13 所示为从本地安装插件。

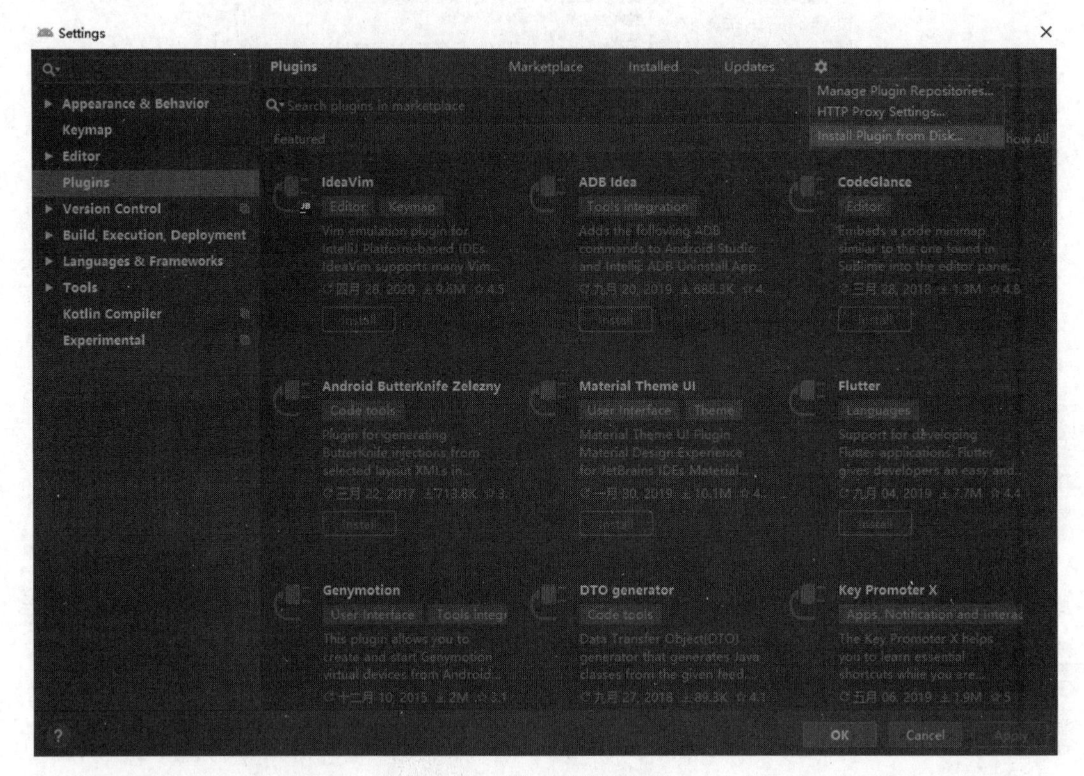

图 6.13　从本地安装插件

（2）反编译 Apk 文件。

将需要调试的应用使用 Apktool 反编译，得到 Smali 源码文件。

如图 6.14 所示为反编译 Apk 的文件目录。

```
node1@node1:~/test_example/tools/webBrowser_dir$ ls -l
total 24
-rw-rw-r--   1 node1 node1 1141 Feb  1 07:13 AndroidManifest.xml
-rw-rw-r--   1 node1 node1 1860 Feb  1 07:13 apktool.yml
drwxrwxr-x   3 node1 node1 4096 Feb  1 07:13 original
drwxrwxr-x 131 node1 node1 4096 Feb  1 07:13 res
drwxrwxr-x   4 node1 node1 4096 Feb  1 07:13 smali
drwxrwxr-x   5 node1 node1 4096 Feb  1 07:13 smali_classes2
```

图 6.14　反编译 Apk 的文件目录

（3）将反编译得到的目录导入 Android Studio，右击 Smali 目录，选择 Mark Directory as→Resources Root，这样 Smali 目录就会被标记为资源根目录。

如图 6.15 所示为将导入的 Smali 目录设置为资源目录。

（4）在 Android Studio 的 Run/Debug Configurations 选项卡中单击加号，新建一个 Remote 调试配置。调试器的名字可自定义，Debugger mode 与 Transport 保留默认设置即可，由于调试环境在本地，所以 Host 填 localhost，Port 填 5005。最后单击 Apply 保存配置。

如图 6.16 所示为新建 Remote 调试。

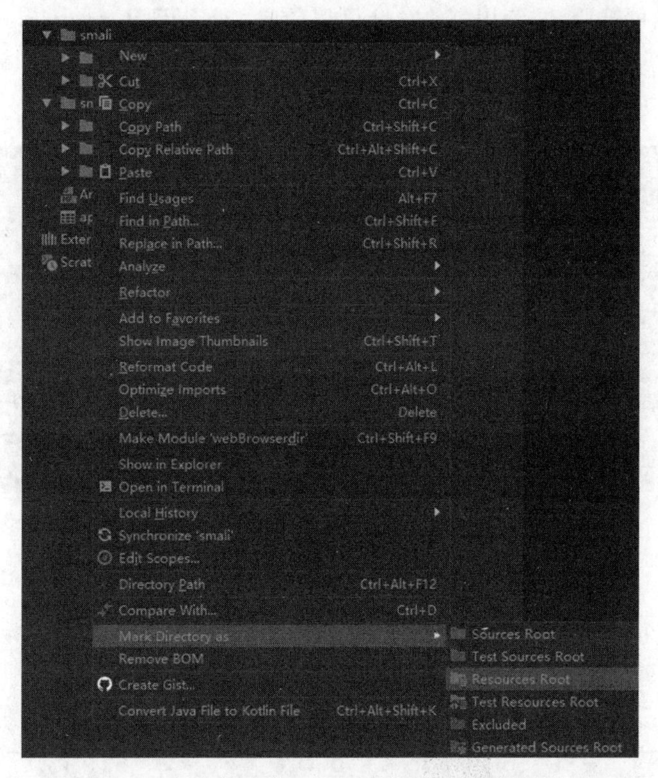

图 6.15 将导入的 Smali 目录设置为资源目录

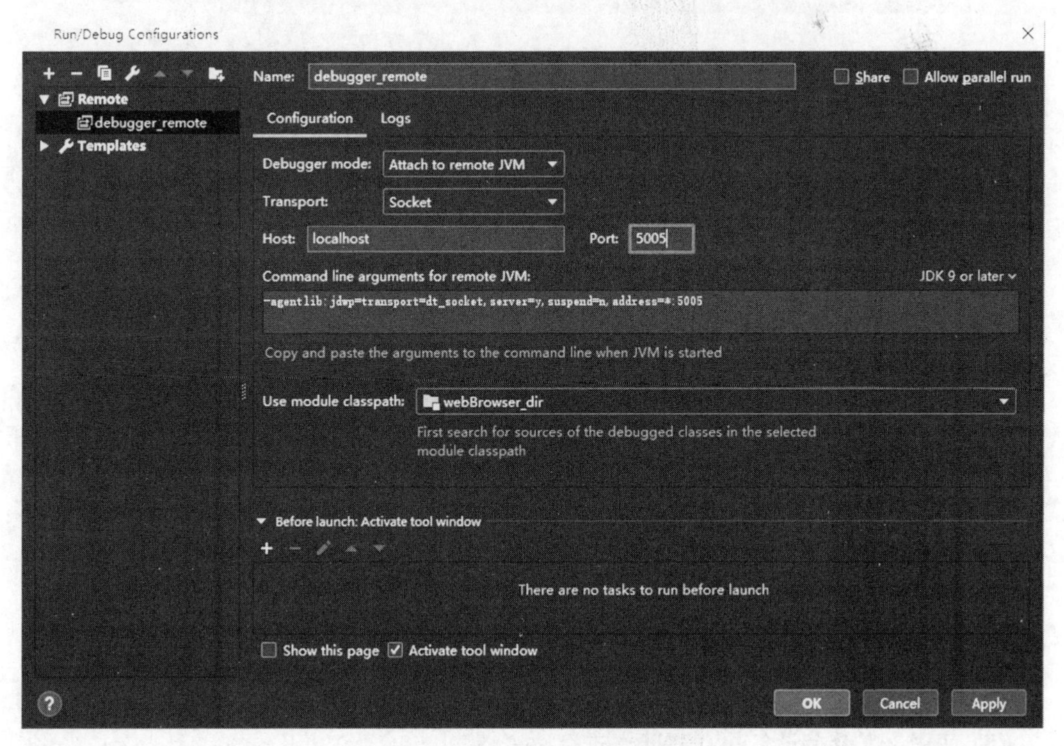

图 6.16 新建 Remote 调试

(5) 设置应用可被调试,使用 Apktool 反编译应用后得到 AndroidManifest. xml 文件,在 application 标签内添加一个 android:debuggable="true"的属性,再重新打包即可。

如图 6.17 所示为在 AndroidManifest. xml 文件中设置为可被调试。

```
AndroidManifest.xml ×
1  <?xml version="1.0" encoding="utf-8" standalone="no"?>
2  <manifest xmlns:android="http://schemas.android.com/apk/res/android" android:compileSdkVersion="28" android:compileSdkVersionCodename="9" package="com.example
3      <uses-permission android:name="android.permission.INTERNET"/>
4      <uses-permission android:name="android.permission.SET_ORIENTATION"/>
5      <uses-permission android:name="android.permission.ACCESS_FINE_LOCATION"/>
6      <application android:allowBackup="true"
7        android:appComponentFactory="android.support.v4.app.CoreComponentFactory"
8        android:debuggable="true"
9        android:icon="@mipmap/ic_launcher"
10       android:label="@string/app_name"
11       android:roundIcon="@mipmap/ic_launcher_round"
12       android:supportsRtl="true"
13       android:theme="@style/AppTheme">
14         <activity android:name="com.example.webbrowser.MainActivity">
15             <intent-filter>
16                 <action android:name="android.intent.action.MAIN"/>
17                 <category android:name="android.intent.category.LAUNCHER"/>
18             </intent-filter>
19         </activity>
```

图 6.17 在 AndroidManifest. xml 文件中设置为可被调试

(6) 在 Android SDK 目录下启动 Android Device Monitor。

如图 6.18 所示为启动 ADM 的界面。

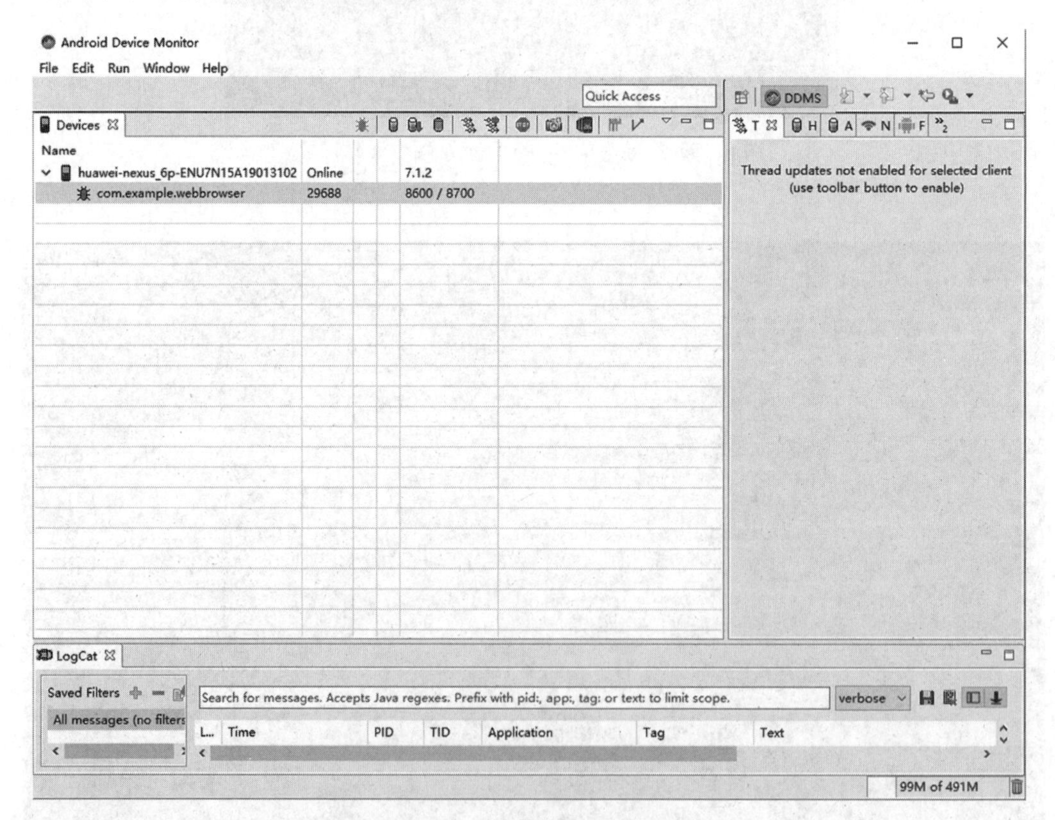

图 6.18 启动 ADM 的界面

(7) 重新编译、签名并安装 Apk。

(8) 使用 adb 链接设备并以调试模式启动 Apk。

如图 6.19 所示为使用调试模式打开应用。

图 6.19 使用调试模式打开应用

(9) 通过 adb shell 查看进程 id,或者直接从 ADM 中获取,并转发至 5005 端口。

如图 6.20 所示为通过 ps 命令查看进程 id。

图 6.20 通过 ps 命令查看进程 id

```
$ adb forward tcp:5005 jdwp:29688
```

(10) 在 Smali 文件中设置断点,单击调试按钮。

如图 6.21 所示为程序中断在断点。

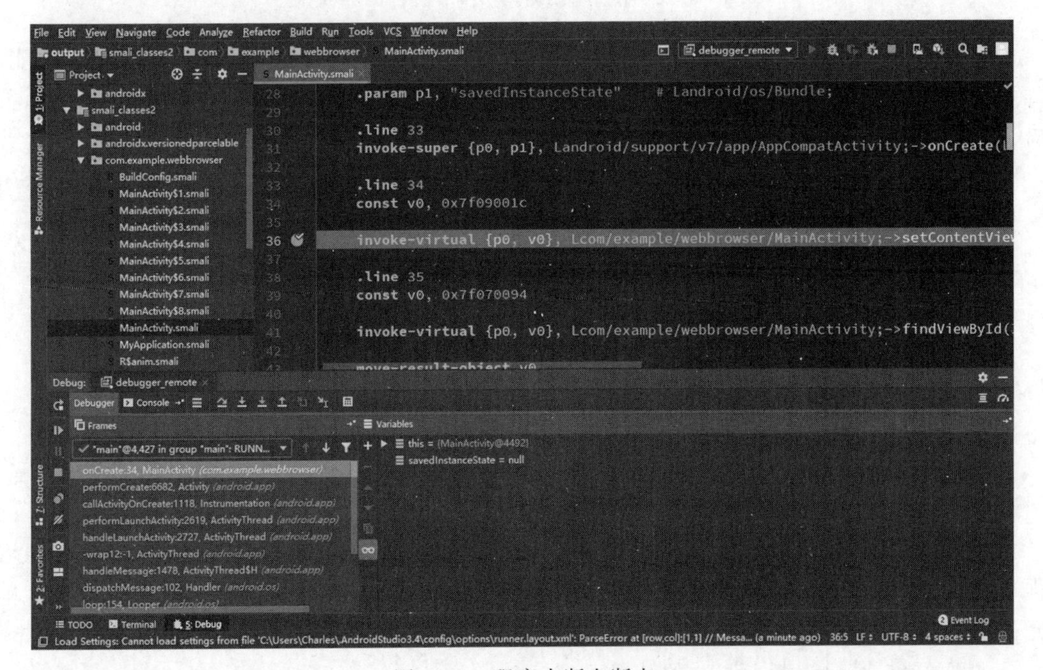

图 6.21 程序中断在断点

视频 11

6.4 JEB 调试工具

5.2.2 节曾介绍过 JEB 作为静态分析工具的用法，而 JEB 是一个功能强大的、为安全专业人士设计的、Android 应用程序的反编译工具，它不仅可以作为静态的分析工具，也可以用作动态调试，可以提高效率，减少工程师的分析时间。

首先打开 JEB，导入 Apk 文件。

如图 6.22 所示为使用 JEB 打开 Apk 文件的界面。

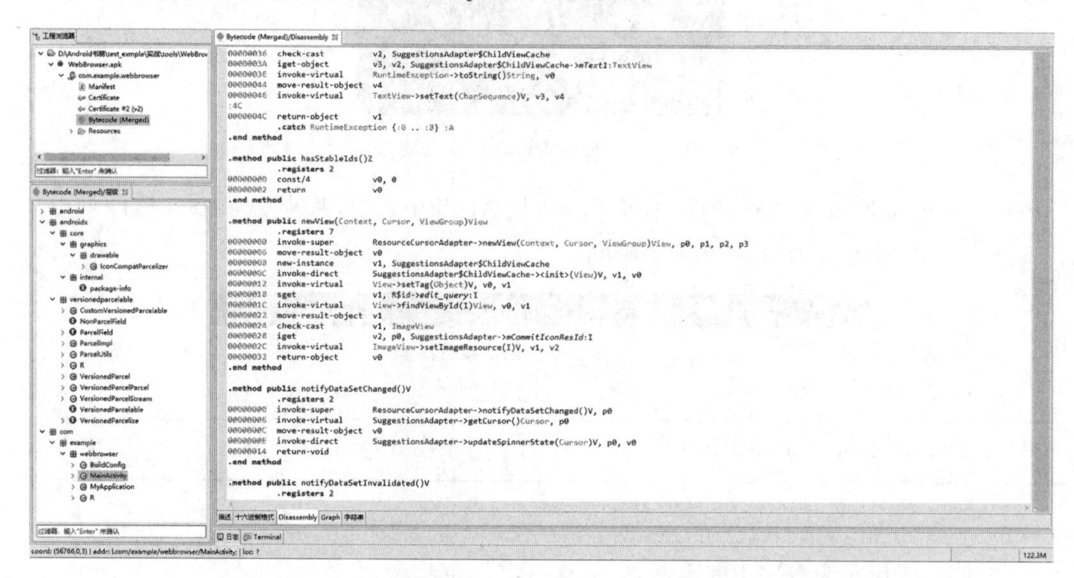

图 6.22 使用 JEB 打开 Apk 文件的界面

有关静态分析常用的功能可以回顾第 5 章内容。本节将介绍 JEB 的动态调试功能。首先定位到需要调试的代码块，按 Tab 键转化为 Smali 代码，在 Smali 代码中单击选中行后，使用快捷键 Ctrl+B 设置和取消断点。

如图 6.23 所示为在 Smali 文件设置断点操作。

```
.method protected onCreate(Bundle)V
    .registers 13
00000000 invoke-super       AppCompatActivity->onCreate(Bundle)V, p0, p1
00000006 const              v0, 0x7F09001C
0000000C invoke-virtual     MainActivity->setContentView(I)V, p0, v0
00000012 const              v0, 0x7F070094
00000018 invoke-virtual     MainActivity->findViewById(I)View, p0, v0
```

图 6.23 在 Smali 文件设置断点操作

设置好断点后，以调试模式启动被调试的应用，单击菜单栏的调试按钮进行调试。

如图 6.24 所示为选择调试机器和调试进程。

单击调试按钮，会弹出附加确定窗口。在“机器/设备”区域选中要调试的设备，在“进程”区域选中要调试的应用对应的进程，即“标示”为 D 的进程(可通过单击表头的 Flags 单元格执行排序，从而快速选中被调试进程)。

如图 6.25 所示为断点调试的结果。

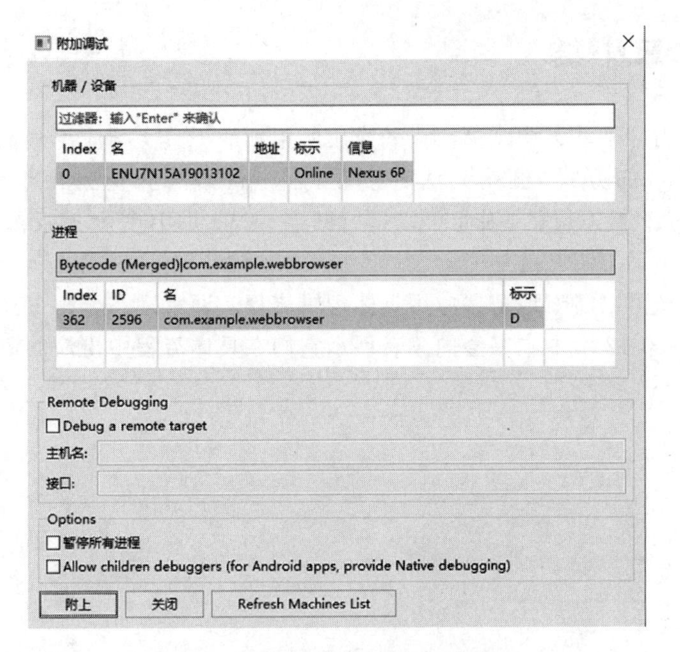

图 6.24 选择调试机器和调试进程

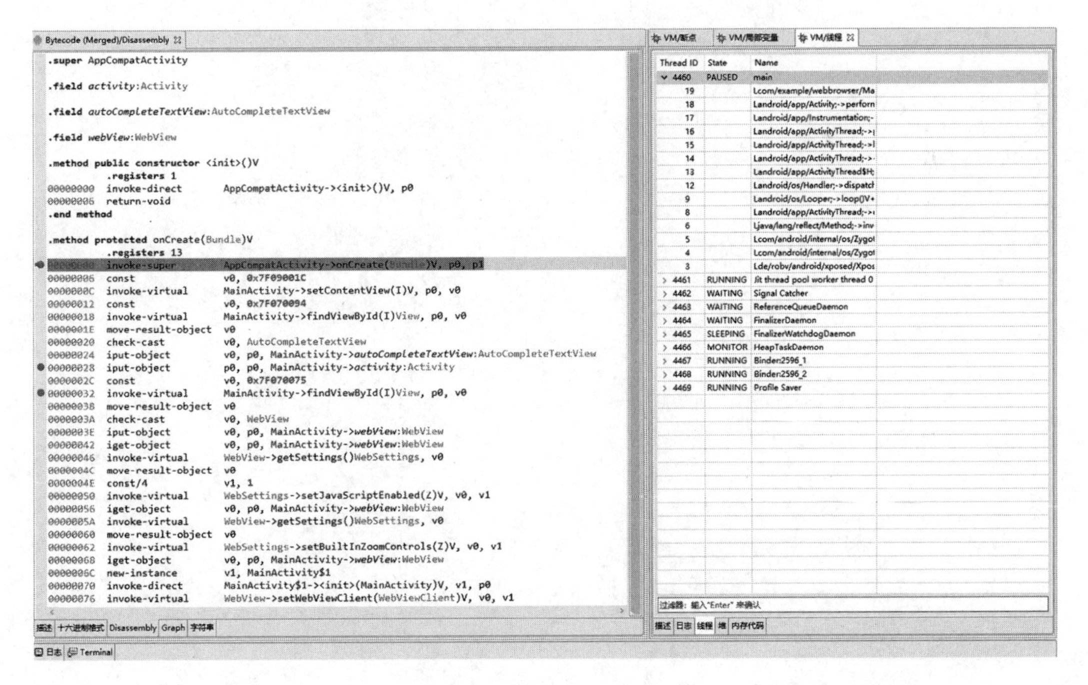

图 6.25 断点调试的结果

进行 JEB 调试的时候不要开启 DDMS，否则会出现端口冲突。单击附加按钮后成功调试。断点条件触发后进入断点所在的语句，在右边栏中可以查看局部变量值、线程活动以及断点。

6.5 本章小结

本章的主要内容是动态调试 Android 应用所用到的工具。与应用开发阶段的调试工具都是采用打点步进的方式，虽然无法直接获得应用的源码，但是由于 Smali 语句是在 Android 虚拟机中直接运行的，因此可以进行断点调试。JEB 等具有反编译 Smali 指令功能的软件也集成了动态调试的功能。

借助动态调试可以清晰地把握应用具体逻辑流程。通常动态分析工具和静态分析工具是相辅相成的，在第 12 章中本书会向读者展示它们在具体流程中扮演的角色。

第7章 Hook 工具

CHAPTER 7

7.1 Frida

视频 12

7.1.1 Frida 简介

Frida 是一个轻量级的 Hook 框架。Frida 的核心是用 C 语言编写的，并将 Google 的 V8 引擎注入到目标进程中，在这些进程中，通过 JavaScript 可以完全访问内存、挂钩函数甚至调用进程内的本机函数来执行。使用 Python 和 JavaScript 可以使用无风险的 API 进行快速开发。Frida 可以轻松捕获 JavaScript 中的错误并提供异常反馈而不是崩溃。

Frida 通过其强大的基于 C 语言的核心引擎 Gum 提供动态检测功能。因为动态检测逻辑很容易发生变化，所以通常需要用脚本语言编写，这样在开发和维护它时会得到一个简短的反馈循环。这就是 GumJS 发挥作用的地方。只需几行 C 代码就可以在运行时内运行一段 JavaScript，它可以完全访问 Gum 的 API，允许调试者挂钩函数、枚举加载的库、导入和导出的函数、读写内存、扫描模式的内存等。

7.1.2 Frida 安装运行

Frida 的 GitHub 网址为 https://github.com/frida/frida/releases，Frida 的运行需要两个部分：一个是运行在 PC 上的客户端，另一个是运行在移动设备上的服务端，两个部分的版本必须匹配。

首先下载 PC 端的客户端，建议使用 Python 的 pip 命令安装 Frida 客户端，各种版本的操作系统都适用。

```
$ pip install frida
$ pip install frida-tools
```

下载完毕后查看下载的客户端版本：

```
$ frida --version
```

根据客户端的版本与设备 CPU 架构去下载对应的服务端。

如图 7.1 所示为下载 Frida 服务端。

frida-server-14.2.9-android-arm.xz	6.11 MB
frida-server-14.2.9-android-arm64.xz	12.7 MB
frida-server-14.2.9-android-x86.xz	12.7 MB
frida-server-14.2.9-android-x86_64.xz	25.8 MB

图 7.1　下载 Frida 服务端

客户端与服务端都下载完毕后，先把 frida-server 推送到设备中：

```
$ adb push frida-server /data/local/tmp
```

设置 frida-server 的权限，运行 frida-server：

```
$ su
# cd /data/local/tmp
# chmod 777 frida-server
# ./frida-server
```

如果运行失败，则尝试关闭 Android 系统的 SELinux：

```
# setenforce 0
```

服务端启动完毕后，另开一个控制台，运行客户端查看与服务端的交互：

```
$ frida-ps -U
```

如果出现如图 7.2 所示的信息，则说明交互成功。

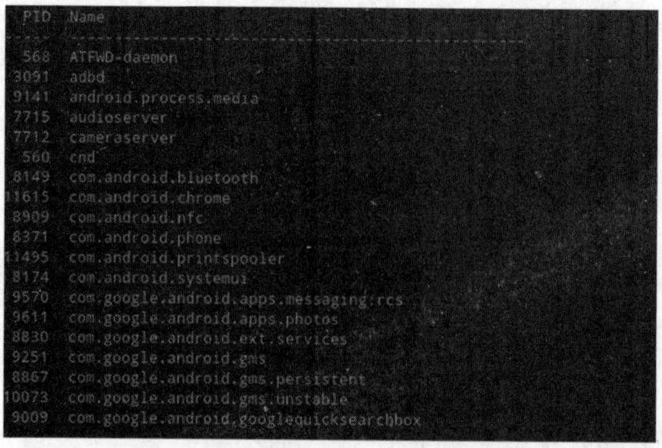

```
  PID  Name
-----  ------------------------------------------
  568  ATFWD-daemon
 3091  adbd
 9141  android.process.media
 7715  audioserver
 7712  cameraserver
  560  cnd
 8149  com.android.bluetooth
11615  com.android.chrome
 8909  com.android.nfc
 8371  com.android.phone
11495  com.android.printspooler
 8174  com.android.systemui
 9570  com.google.android.apps.messaging:rcs
 9611  com.google.android.apps.photos
 8830  com.google.android.ext.services
 9251  com.google.android.gms
 8867  com.google.android.gms.persistent
10073  com.google.android.gms.unstable
 9009  com.google.android.googlequicksearchbox
```

图 7.2　控制台输出的 Frida 交互信息

7.1.3　Frida 程序编写与运行

在编写 Frida 脚本前，先来编写测试用的 Android 程序。测试程序主界面仅有一个按钮，单击该按钮后会弹出一个窗口。接下来将介绍如何利用 Frida 在不修改测试程序的前提下改变弹出窗口中的文字。

如图 7.3 与图 7.4 所示为被修改的测试程序执行效果。

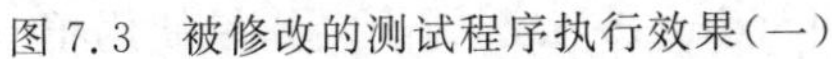
图 7.3 被修改的测试程序执行效果(一)

图 7.4 被修改的测试程序执行效果(二)

测试程序 MainActivity 代码：

```
public class MainActivity extends AppCompatActivity {

    @Override
    protected void onCreate(Bundle savedInstanceState) {
        super.onCreate(savedInstanceState);
        setContentView(R.layout.activity_main);

        Button button = findViewById(R.id.button);
        button.setOnClickListener(new View.OnClickListener(){
            @Override
            public void onClick(View view){
                AlertDialog.Builder alterDialog =
new AlertDialog.Builder(MainActivity.this);
                alterDialog.setTitle("");
                alterDialog.setMessage(getString());
                alterDialog
.setPositiveButton("确定", new DialogInterface.OnClickListener() {
                    @Override
                    public void onClick(DialogInterface dialog, int which) {}
                });
                alterDialog
.setNegativeButton("取消", new DialogInterface.OnClickListener() {
                    @Override
                    public void onClick(DialogInterface dialog, int which) {}
                });
                alterDialog.show();
            }
        });
```

```
    }
    private String getString(){
        return "正常输出";
    }
}
```

布局文件 activity_main.xml：

```
<?xml version = "1.0" encoding = "utf - 8"?>
< LinearLayout xmlns:android = "http://schemas.android.com/apk/res/android"
    android:orientation = "vertical" android:layout_width = "match_parent"
    android:layout_height = "match_parent">
    < Button
        android:id = "@ + id/button"
        android:layout_width = "match_parent"
        android:layout_height = "wrap_content"
        android:text = "click"/>
</LinearLayout >
```

仔细查看测试程序的代码，弹窗内的文字是由 getString 方法返回的。如果使用 Frida Hook getString 方法，拦截方法的返回值并返回自定义的字符串，就实现了修改弹窗内容的目的。接下来编写 Frida 程序，Frida 中负责执行 Hook 的逻辑是由 JavaScript 代码实现的：

```
setImmediate(function(){
    Java.perform(function(){
        send("starting script");
        var Activity = Java.use("com.example.frida_hook.MainActivity");
        Activity.getString.overload().implementation = function(){
            var result = this.getString();
            send("getString = " + result);
            var newResult = "应用已被 Hook!";
            send(newResult);
            return newResult;
        };
    });
});
```

启动待 Hook 的应用程序，在控制台执行下面的命令通过 Frida 执行 JavaScript 脚本：

```
$ frida -U -l frida_hook.js -n com.example.frida_hook
```

如图 7.5 所示为 JavaScript 脚本运行效果。

Frida 也支持将 JavaScript 代码嵌入到 Python 代码执行。JavaScript 代码整段以字符串的形式保存在 src 变量中。使用 frida.get_usb_device()方法获取当前通过 USB 接口连接到主机的设备：

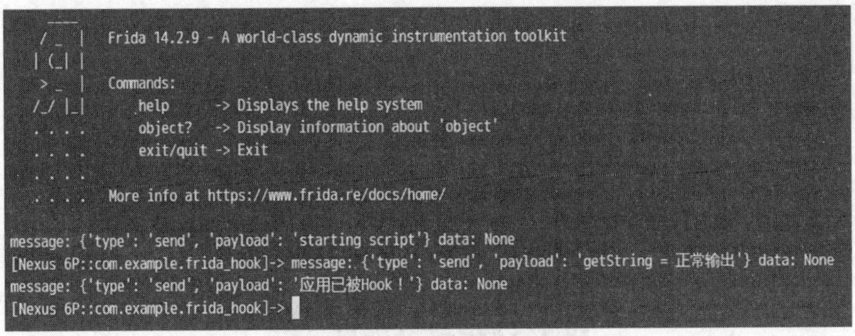

```
     ____
    / _  |   Frida 14.2.9 - A world-class dynamic instrumentation toolkit
   | (_| |
    > _  |   Commands:
   /_/ |_|       help      -> Displays the help system
   . . . .       object?   -> Display information about 'object'
   . . . .       exit/quit -> Exit
   . . . .
   . . . .   More info at https://www.frida.re/docs/home/

message: {'type': 'send', 'payload': 'starting script'} data: None
[Nexus 6P::com.example.frida_hook]-> message: {'type': 'send', 'payload': 'getString = 正常输出'} data: None
message: {'type': 'send', 'payload': '应用已被Hook!'} data: None
[Nexus 6P::com.example.frida_hook]->
```

图 7.5 JavaScript 脚本运行效果

```
import frida
import sys

device = frida.get_usb_device()
session = device.attach("com.example.frida_hook")
front_app = device.get_frontmost_application()
print("============»»» 正在运行的应用为: ", front_app)
src = """
setImmediate(function(){
   Java.perform(function(){
      send("starting script");
      var Activity = Java.use("com.example.frida_hook.MainActivity");
      Activity.getString.overload().implementation = function(){
         var result = this.getString();
         send("getString = " + result);
         var newResult = "应用已被 Hook!";
         send(newResult);
         return newResult;
      };

   });
});
"""

def on_message(message, data):
   if message["type"] == "send":
      print("[ + ] {}".format(message["payload"]))
   else:
      print("[ - ] {}".format(message))

script = session.create_script(src)
script.on("message", on_message)
script.load()
sys.stdin.read()
```

同样先启动待 Hook 的应用,然后执行 Python 程序。

如图 7.6 所示为 Frida Python 运行的效果。

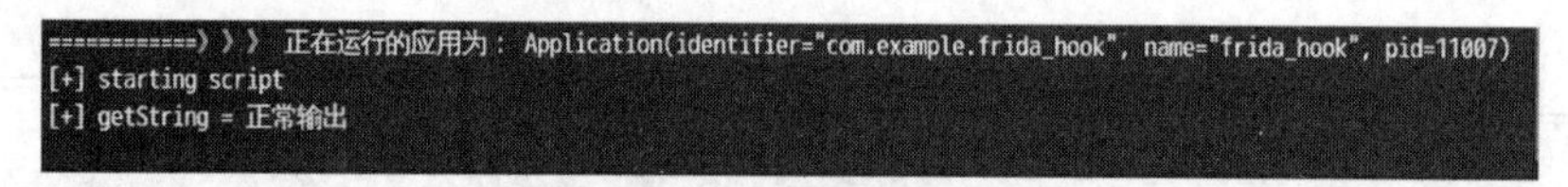

图 7.6　Frida Python 运行的效果

这时单击应用主界面的按钮，弹窗中的内容就被 Frida 修改了。

如图 7.7 所示为被 Hook 程序的运行结果。

图 7.7　被 Hook 程序的运行结果

视频 13

7.2　Xposed 框架

7.2.1　Xposed 简介

Xposed 是一款开源框架，其功能是可以在不修改 Apk 的情况下影响程序运行逻辑的框架服务，基于它可以制作出许多功能强大的模块，且在功能不冲突的情况下同时运作。Xposed 就好比是 Google 模块化手机的主体，但只是以一个框架的形式存在，在添加其他功能模块(module)之前，发挥不了什么作用，模块必须依靠 Xposed 框架才能正常运行。也正因为功能的模块化，使得 Xposed 具有比较高的可定制化程度，允许用户自选模块对手机功能进行自定义扩充。

Xposed 通过动态劫持方法运行的方式改变方法逻辑。手机中需要安装 Xposed 框架程序，框架程序可以看成 Xposed 模块的管理工具，在这里可以安装更新框架、激活或关闭 Xposed 模块、查看 Xposed 模块的日志。Xposed 模块则需要引入 XposedBridgeApi-54.jar，通过库中的 API 与框架建立联系。

7.2.2　Xposed 框架的安装

Xposed 框架的安装与运行是需要 Root 权限的，可以参照第 1 章中介绍的方法 Root 手机，或者使用模拟器，模拟器是自带 Root 权限的。前往 Xposed 官网下载安装包，网址为 http://xposed.appkg.com/nav。

安装包下载完毕后放在设备的 SD 卡中，运行安装。安装完毕后打开 Xposed Installer。如图 7.8 所示为 Xposed Installer 的主界面。

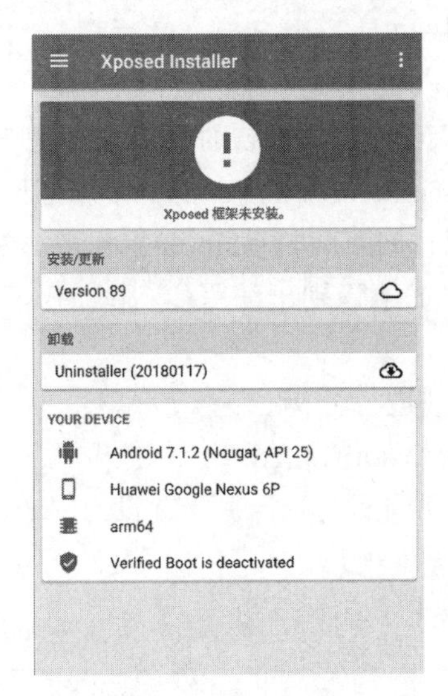

图 7.8　Xposed Installer 的主界面

设备或模拟器取得 Root 权限后，单击“安装/更新”按钮，等待一段时间后设备会重启。

如图 7.9 所示为 Xposed 的安装过程，图 7.10 所示为 Xposed 安装成功的效果。

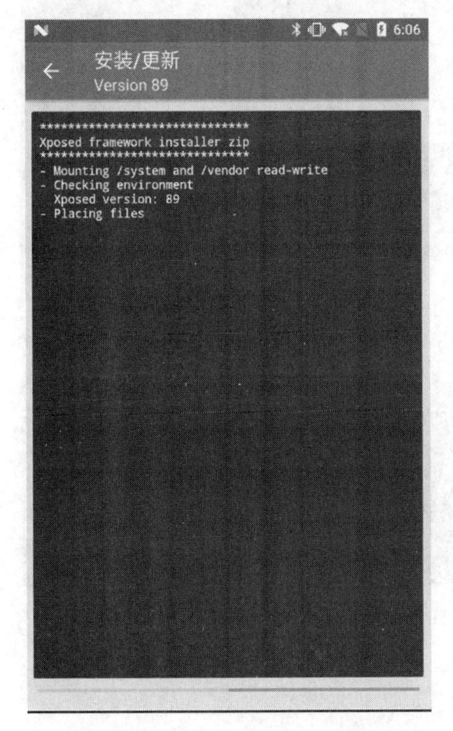

图 7.9　Xpoesd 的安装过程

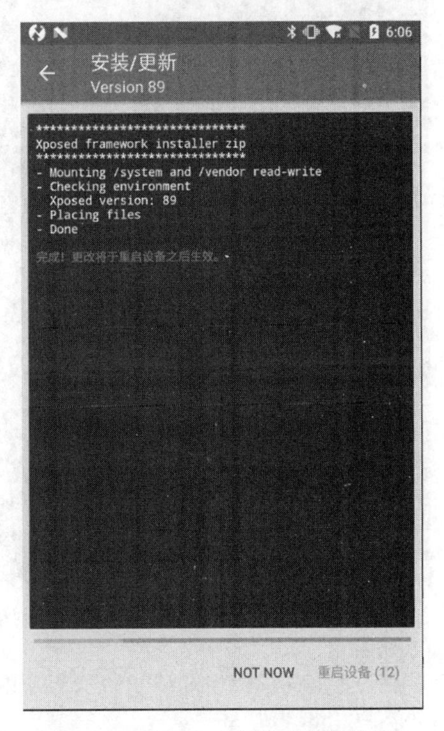

图 7.10　Xposed 安装成功的效果

7.2.3 Xposed 程序的编写与运行

从本质上来讲,Xposed 模块也是一个 Android 程序。与普通程序不同的是,想要让写出的 Android 程序成为一个 Xposed 模块,需要额外完成以下 4 个任务:

(1) 让手机上的 Xposed 框架识别出安装的这个程序是 Xposed 模块。

(2) 模块里要包含有 Xposed 的 API 的 Jar 包,以实现下一步的 Hook 操作。

(3) 这个模块里面要有对目标程序进行 Hook 操作的方法。

(4) 要让手机上的 Xposed 框架识别出编写的 Xposed 模块中哪一个方法是实现 Hook 操作的。

下面针对上述 4 个任务分别进行分析。

1. 新建项目并编辑 AndroidManifest.xml

首先需要创建一个 Android 项目,这个项目有没有 Activity 取决于需要,此处不需要 Activity,所以创建一个无 Activity 项目。

如图 7.11 所示为创建一个无 Activity 项目。

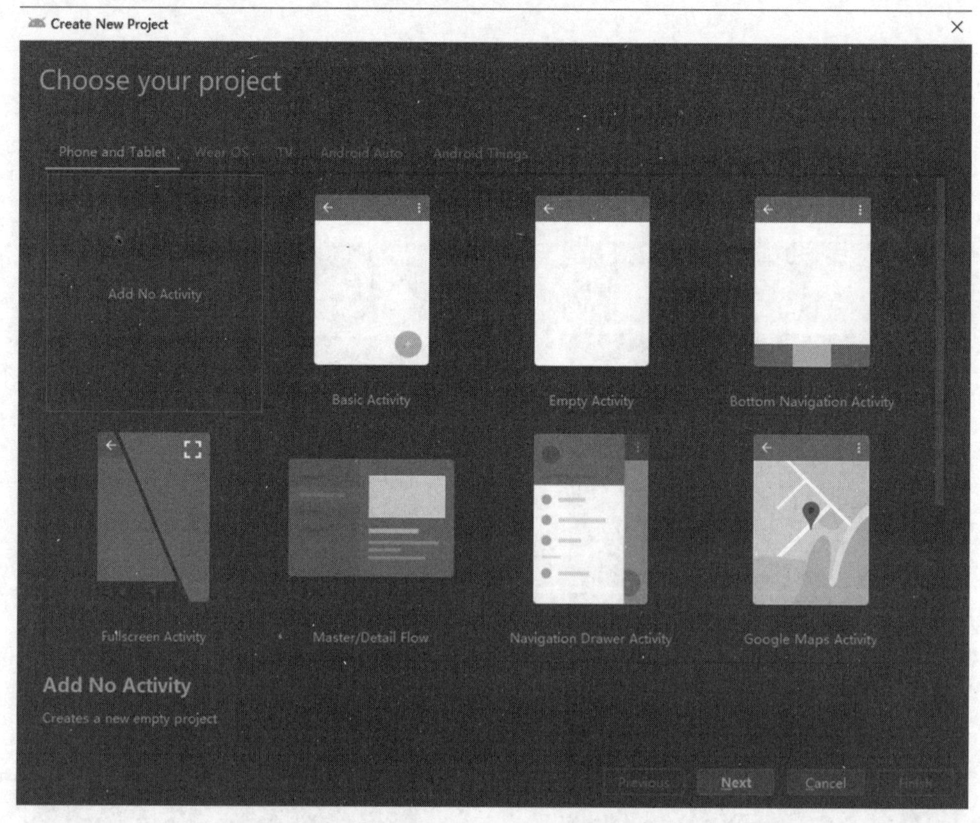

图 7.11 创建一个无 Activity 项目

创建完毕后需要修改 AndroidManifest.xml 文件,来说明这个程序是一个 Xposed 模块。插入以下代码:

```
<meta-data
```

```
android:name = "xposedmodule"
android:value = "true" />

< meta - data
    android:name = "xposeddescription"
android:value = "Xposed 实例" />

< meta - data
    android:name = "xposedminversion"
    android:value = "53" />
```

如图 7.12 所示为插入代码后的 AndroidManifest.xml 文件。

```
<manifest xmlns:android="http://schemas.android.com/apk/res/android"
    package="com.example.xposed_demo">

    <application
        android:allowBackup="true"
        android:icon="@mipmap/ic_launcher"
        android:label="Xposed_demo"
        android:roundIcon="@mipmap/ic_launcher_round"
        android:supportsRtl="true"
        android:theme="@style/AppTheme">
        <meta-data
            android:name="xposedmodule"
            android:value="true"/>
        <meta-data
            android:name="xposeddescription"
            android:value="Xposed实例"/>
        <meta-data
            android:name="xposedminversion"
            android:value="53"/>
    </application>>
</manifest>
```

图 7.12 插入代码后的 AndroidManifest.xml 文件

插入以上代码后，Xposed 框架就能将这个 Android 应用识别成一个 Xposed 模块了。如图 7.13 所示为 Xposed 框架识别出编写的模块。

图 7.13 Xposed 框架识别出编写的模块

2. 导入 Xposed API

让 Xposed 框架识别出编写的模块是第一步，要让这个模块具有 Xposed 的功能，需要导入 Xposed 的 API，也就是 XposedBridgeApi. jar。在 Android Studio3. 0 以上的版本中，只需要在 build. gradle 中进行配置，Android Studio 就会下载 XposedBridgeApi. jar 并构建到项目中。

找到在项目 app 目录下面的 build. gradle 文件，添加如下代码：

```
repositories {
    jcenter()
}

compileOnly 'de.robv.Android.xposed:api:82'
compileOnly 'de.robv.Android.xposed:api:82:sources'
```

如图 7.14 所示为插入代码后的 build. gradle 文件。

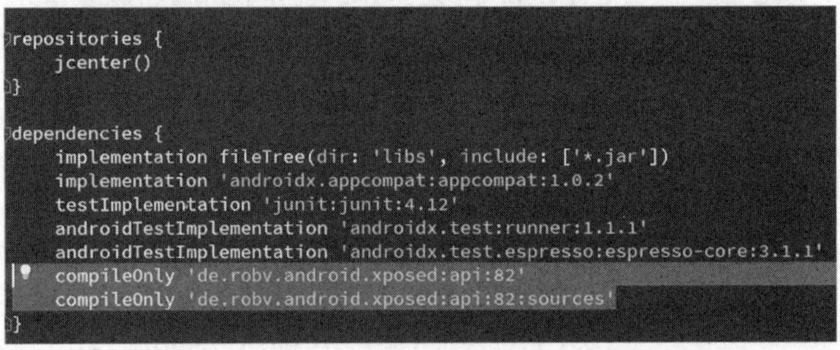

```
repositories {
    jcenter()
}

dependencies {
    implementation fileTree(dir: 'libs', include: ['*.jar'])
    implementation 'androidx.appcompat:appcompat:1.0.2'
    testImplementation 'junit:junit:4.12'
    androidTestImplementation 'androidx.test:runner:1.1.1'
    androidTestImplementation 'androidx.test.espresso:espresso-core:3.1.1'
    compileOnly 'de.robv.android.xposed:api:82'
    compileOnly 'de.robv.android.xposed:api:82:sources'
}
```

图 7.14 插入代码后的 build. gradle 文件

build. gradle 文件被修改后，Android Studio 会弹出提示，此时单击 sync now 选项，完成同步。Android Studio 会自行下载 XposedBridgeApi. jar。如果由于网络问题 XposedBridgeApi. jar 无法下载，则需要从网上手动下载 XposedBridgeApi. jar，放到项目的 libs 目录下，通过右键快捷菜单中的 Add As Library 命令添加这个 Jar 包。

如图 7.15 所示为手动载入 XposedBridgeApi. jar 包。

3. 实现 Hook 操作

导入 Xposed API 后便可以编写 Hook 代码了。此处先编写一个用来被 Hook 的测试程序。在 Android Studio 中创建一个带有一个按钮的 HelloWorld 程序，当单击按钮时，会调用 getMessage 方法返回一串字符："这是测试程序!"，将这段字符串设置到主页面的 TextView 中。

```
public class MainActivity extends AppCompatActivity {

    @Override
    protected void onCreate(Bundle savedInstanceState) {
        super.onCreate(savedInstanceState);
        setContentView(R.layout.activity_main);
```

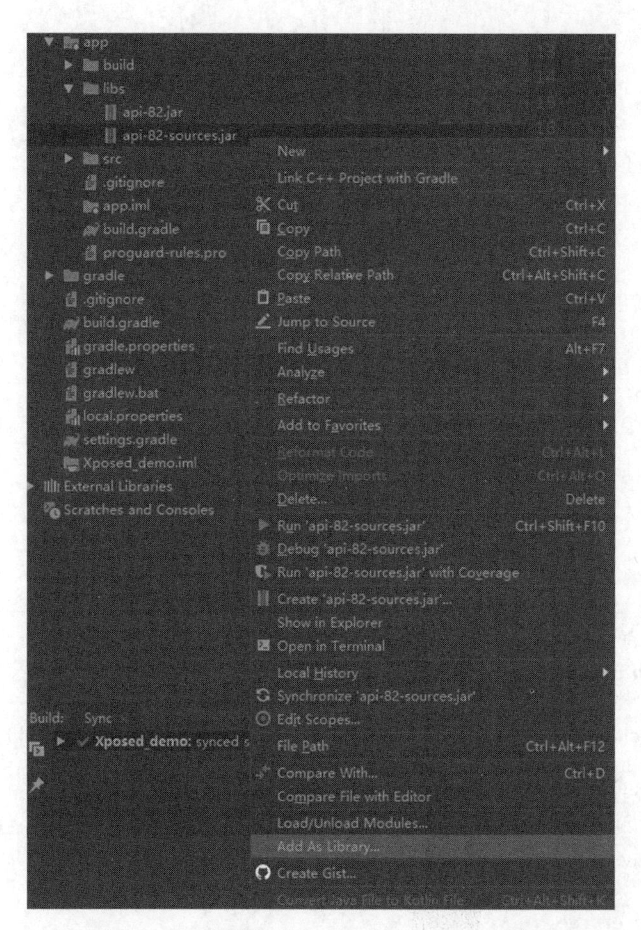

图 7.15 手动载入 XposedBridgeApi.jar 包

```
        Button button = findViewById(R.id.button);
        button.setOnClickListener(new View.OnClickListener(){
            @Override
            public void onClick(View view){
                TextView textView = findViewById(R.id.testView);
                textView.setText(getMessage());
            }
        });
    }

    public String getMessage(){
        return "这是测试程序!";
    }
}
```

如图 7.16 所示为测试程序的主界面。

本实例的目标就是 Hook MainActivty 中的 getMessage()方法，修改它返回的字符串。回到 Xposed Hook 模块，在模块中新建一个 HookForTest 类文件，HookForTest 类实现了 IXposedHookLoadPackage：

图 7.16　测试程序的主界面

```
public class HookForTest implements IXposedHookLoadPackage {
    public void handleLoadPackage(XC_LoadPackage.LoadPackageParam
            loadPackageParam) throws Throwable{
      if(loadPackageParam.packageName.equals("com.example.xposed_hook")){
        XposedBridge.log("find target package");
        Class clazz = loadPackageParam.classLoader
                  .loadClass("com.example.xposed_hook.MainActivity");
        XposedHelpers.findAndHookMethod(clazz, "getMessage",
                    new XC_MethodHook() {
          @Override
          protected void beforeHookedMethod(MethodHookParam param)
                throws Throwable {
            super.beforeHookedMethod(param);
          }

          protected void afterHookedMethod(MethodHookParam param)
                throws Throwable{
             param.setResult("该方法已被劫持");
          }
        });
      }
    }
}
```

Hook 模块启动后需要筛选出目标应用,com.example.xposed_hook 是目标程序的包名。找到目标后进一步定位到目标类 com.example.xposed_hook.MainActivity,再到目标方法 getMessage()。定位到目标方法后,有两个方法可以实现修改 Hook 方法的逻辑:一个是 beforeHookedMethod,该方法在被 Hook 方法调用之前执行;另一个是 afterHookedMethod,该方法在被 Hook 方法调用之后执行。本例需要修改 getMessage 的返回值,所以把修改逻辑放在 afterHookedMethod 中。

4. 设置模块的入口点

逆向人员编写完模块后需要告诉Xposed框架哪个类实现了Hook操作。在main目录下新建assets目录。

如图7.17所示为新建assets目录。

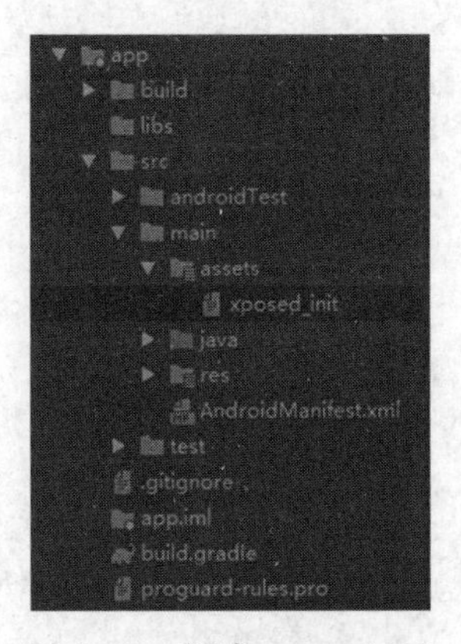

图7.17 新建assets目录

按照图7.17,在assets目录下创建xposed_init,在文件内写上Hook类的完整包名,注意不能有其他多余的字符,比如分号、空格等,否则框架会找不到该类,xposed_init的内容如图7.18所示。

图7.18 xposed_init的内容

以上4步完成后,一个Hook模块就编写完毕了。接下来选择no Activity启动,并且禁用Instant Run,否则Hook类不会被包含在Apk中,也无法通过框架加载。在Xposed框架中选中模块即可。

如图7.19所示为选择no Activity运行。

如图7.20所示为禁用Instant Run。

Xposed框架新添加一个模块时都需要重启手机软重启框架来使模块生效,之后运行被Hook的目标应用,单击CLICK按钮,可以看到getMessage()方法已经被修改了。

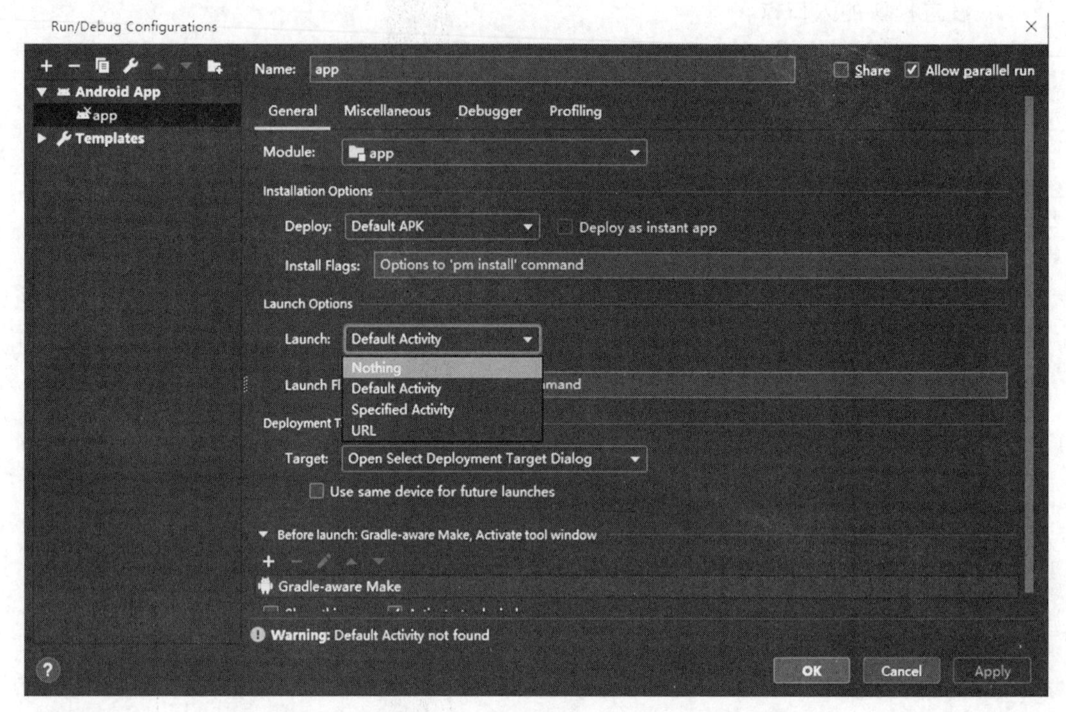

图 7.19　选择 no Activity 运行

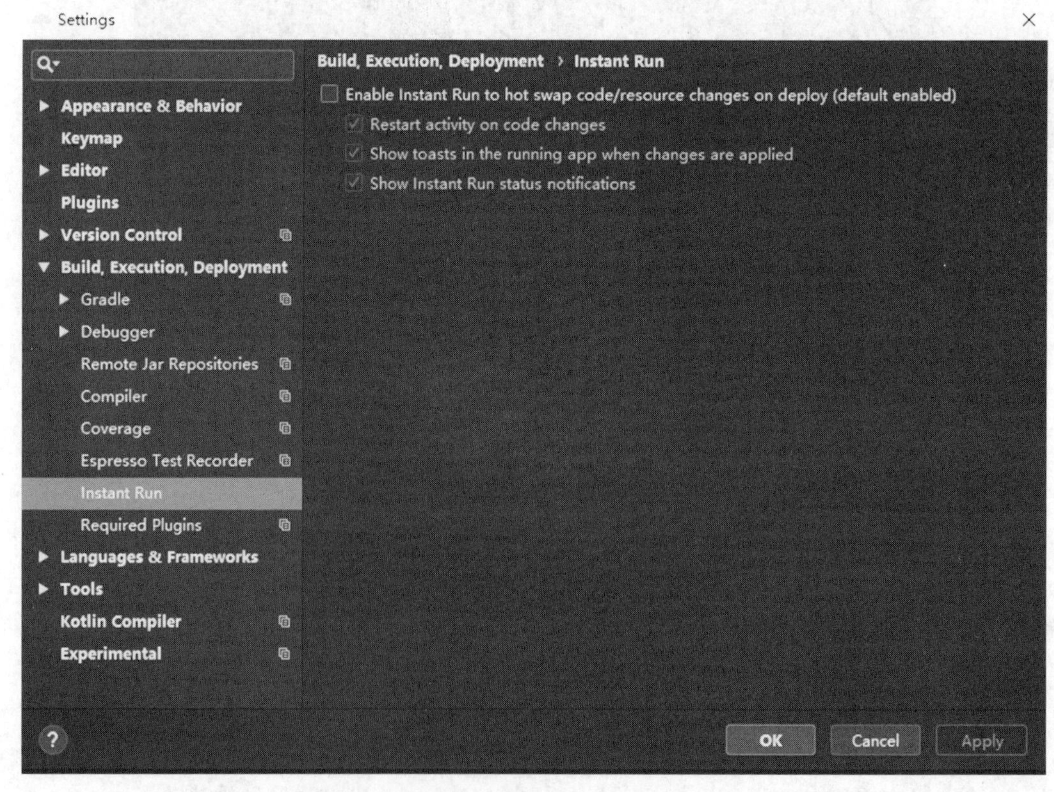

图 7.20　禁用 Instant Run

如图 7.21 所示为 getMessage()方法被 Hook 后的运行结果。

图 7.21 getMessage()方法被 Hook 后的运行结果

7.3 本章小结

本章介绍了两款著名的 Hook 工具。Hook 是一种不需要修改源码就能改变程序运行逻辑的手段。以前互联网上有很多极客对 Android 手机进行各种各样的定制化,包括修改自定义系统桌面、优化系统运行速度和阻拦广告的小插件,其中大部分是使用 Xposed 这类 Hook 工具实现的。

本书前面介绍的 MobSF 框架所使用的动态调试工具就是 Xposed 与 Frida。Xposed 框架可以将 Hook 行为在设备内部完成,不需要额外连接数据线,但是安装框架程序需要获取 Root 权限,随着各手机厂商逐步对 Android 环境的收紧,在新手机上获取 Root 权限变得越来越困难,并且每次对 Xposed 模块进行修改都必须重启系统后才能生效。Frida 比起 Xposed 就轻量不少,基于脚本的设计允许在对 Hook 逻辑进行修改之后无须重启系统立刻生效。不过使用 Frida 必须通过数据线连接主机同时开启 USB 调试模式。

第8章 Unicorn 框架

CHAPTER 8

视频 14

8.1 Unicorn 基础

8.1.1 Unicorn 简介

Unicorn 是一个轻量级、多平台、多架构的 CPU 模拟器框架。使用 Unicorn 的 API 可以轻松控制 CPU 寄存器、内存等资源，调试或调用目标二进制代码。该框架可以通过模拟的方式跨平台执行 Arm、Arm64(Armv8)、M68K、Mips、Sparc、X86(包括 X86_64)等指令集的原生程序。分析者可以通过 Unicorn 选择性地执行一个程序中的某个部分的二进制代码，比如更安全地分析恶意代码、检测病毒特征或者在逆向过程中验证某些代码的含义。

8.1.2 Unicorn 快速入门

Unicorn 有以下几大功能特性。

(1) 多架构：Unicorn 是一款基于 qemu 模拟器的模拟执行框架，支持 Arm、Arm64(Armv8)、M68K、Mips、Sparc、X86(包括 X86_64)等指令集。

(2) 多语言：Unicorn 为多种语言提供编程接口比如 C/C++、Python、Java 等语言。Unicorn 的 DLL 可以被更多的语言调用，比如易语言、Delphi。

(3) 多线程安全：Unicorn 在设计之初就考虑到了线程安全问题，能够同时并发模拟执行代码，极大地提高了实用性。

(4) 虚拟性：Unicorn 采用虚拟内存机制，使得虚拟 CPU 的内存与真实 CPU 的内存隔离。

Unicorn 提供了丰富的 Hook 机制，为编程控制虚拟 CPU 提供了便利。

(1) 指令执行类。

UC_HOOK_INTR

UC_HOOK_INSN

UC_HOOK_CODE

UC_HOOK_BLOCK

(2) 内存访问类。

UC_HOOK_MEM_READ

UC_HOOK_MEM_WRITE

UC_HOOK_MEM_FETCH

UC_HOOK_MEM_READ_AFTER
UC_HOOK_MEM_PROT
UC_HOOK_MEM_FETCH_INVALID
UC_HOOK_MEM_INVALID
UC_HOOK_MEM_VALID

(3) 异常处理类。

UC_HOOK_MEM_READ_UNMAppED
UC_HOOK_MEM_WRITE_UNMAppED
UC_HOOK_MEM_FETCH_UNMAppED

8.2 Unicorn HelloWorld

8.2.1 编译与安装

安装 Unicorn 最简单的方式就是使用 pip 命令，只要在命令行中运行以下命令即可（这是适合于喜爱用 Python 语言的用户的安装方法，对于那些想要使用 C 语言的用户，则需要去官网查看文档编译源码包）。

```
pip install unicorn
```

但如果想用源代码进行本地编译，则需要在 https://www.unicorn-engine.org/download/页面下载源代码包，然后按照以下命令执行。

在 Linux 操作系统下。

```
$ cd bindings/python
$ sudo make install
```

在 Windows 操作系统下。

```
cd bindings/python
python setup.py install
```

对于 Windows，在执行完上述命令后，还需要将下载页面的 Windows core engine 的所有 dll 文件复制到 C:\locationtopython\Lib\site-packages\unicorn 中。

8.2.2 编写 HelloWorld 程序

编写环境：操作系统 Ubuntu 20.04、编程语言 Python 3。

下面这个 Demo 程序模拟了 32 位 x86 架构的机器。

首先新建 Unicorn_demo.py 文件，导入 Unicorn 模块，x86 对应的常量模块是 unicorn.x86_const。

```
from unicorn import *
from unicorn.x86_const import *
```

下面是本例将要模拟的代码,这个代码是 x86 指令 INC ecx 和 DEC dex。

```
X86_CODE32 = b"\x41\x4a"
```

指定代码模拟运行时的地址 0x1000000。

```
ADDRESS = 0x1000000
```

使用 Uc 类来初始化 Unicorn 实例,其中参数 1 是硬件架构,参数 2 是硬件模式,这里创建的环境是 32 位 x86 架构。

```
mu = Uc(UC_ARCH_X86, UC_MODE_32)
```

创建模拟代码运行过程中的内存空间,即在地址 0x1000000 的位置映射 2MB 的内存空间。此过程中的所有 CPU 操作都只能访问此内存。此内存使用默认权限 READ、WRITE 和 EXECUTE 进行映射。注意,Unicorn 映射内存时设置的首地址与内存长度都需要是 0x1000 的整数倍,否则会出现 UC_ERR_ARG 异常。

```
mu.mem_map(ADDRESS,2 * 1024 * 1024)
```

将模拟的代码装入分配的内存中。

```
mu.mem_write(ADDRESS,X86_CODE32)
```

通过 reg_write()方法,分析者可以设置代码中寄存器的值,ecx 和 edx 是代码中用到的寄存器。

```
mu.reg_write(UC_X86_REG_ECX,0x1234)
mu.reg_write(UC_X86_REG_EDX,0x7890)
```

使用 emu_start()方法开始模拟。该 API 采用 4 个参数：需要模拟的代码的地址、模拟停止的地址(正好在 X86_CODE32 的最后一个字节之后)、要模拟的时间和要模拟的指令数量。

```
mu.emu_start(ADDRESS,ADDRESS + len(X86_CODE32))
```

运行完毕后可以通过 reg_read()方法读取，并打印出寄存器 ECX 和 EDX 的值。

```
r_ecx = mu.reg_read(UC_X86_REG_ECX)
r_edx = mu.reg_read(UC_X86_REG_EDX)
print(">>> ECX = 0x%x" %r_ecx)
print(">>> EDX = 0x%x" %r_edx)
```

如图 8.1 所示为 unicorn_demo.py 的执行效果。

```
node1@node1:~/test_example/tools/unicorn$ python3 unicorn_demo.py
>>> ECX = 0x1235
>>> EDX = 0x788f
```

图 8.1 unicorn_demo.py 的执行效果

8.2.3 使用 Unicorn Hook 函数

从前面的 demo 程序中可以看到，Unicorn 会逐条模拟运行写入目标内存中的二进制指令，同时逆向人员也可以调用 Unicorn 提供的 API 查看或修改内存中指令的寄存器。另外，Unicorn 还提供了专门用来 Hook 的 API，可以非常容易地实现汇编指令级别的 Hook，两种手段配合可以达到动态修改代码逻辑的效果。下面是 Unicorn 提供的一个 Hook API：

```
mu.hook_add(UC_HOOK_CODE, hook_code, begin = ADDRESS, end = ADDRESS)
```

其中，hook_code 是实现 Hook 的函数，begin 是被 Hook 代码的起始地址，end 是被 Hook 代码的终止地址。

接下来，本例将在 8.2.2 节中编写得到的 Demo 程序的基础上添加 Hook 逻辑，打印出每个指令执行的地址和长度信息。

```
from unicorn import *
from unicorn.x86_const import *

def hook_code(mu, address, size, user_data):
    print(">>> Tracing instruction at 0x%x, instruction size = 0x%x" % (address, size))

X86_CODE32 = b"\x41\x4a"
ADDRESS = 0x1000000
mu = Uc(UC_ARCH_X86, UC_MODE_32)
mu.mem_map(ADDRESS,2 * 1024 * 1024)
mu.mem_write(ADDRESS,X86_CODE32)
mu.reg_write(UC_X86_REG_ECX,0x1234)
mu.reg_write(UC_X86_REG_EDX,0x7890)
# 添加 Hook 逻辑
mu.hook_add(UC_HOOK_CODE, hook_code, begin = ADDRESS, end = ADDRESS + len(X86_CODE32))
mu.emu_start(ADDRESS,ADDRESS + len(X86_CODE32))
r_ecx = mu.reg_read(UC_X86_REG_ECX)
```

```
r_edx = mu.reg_read(UC_X86_REG_EDX)
print(">>> ECX = 0x%x" %r_ecx)
print(">>> EDX = 0x%x" %r_edx)
```

如图 8.2 所示为 Unicorn Hook 函数的执行结果。

```
node1@node1:~/test_example/tools/unicorn$ python3 unicorn_demo.py
>>> Tracing instruction at 0x1000000, instruction size = 0x1
>>> Tracing instruction at 0x1000001, instruction size = 0x1
>>> ECX = 0x1235
>>> EDX = 0x788f
```

图 8.2　Unicorn Hook 函数的执行结果

8.2.4　利用 Unicorn 优化程序运行

接下来运用 Hook 来优化一个程序的运行流程。

从 http://eternal.red/assets/files/2017/UE/fibonacci 下载二进制文件,并尝试运行。该文件在运行时会逐个字符地打印出一行字符串,并且随着打印的字符数量的增多,打印速度会越变越慢。

先使用 IDA Pro 反编译该文件,如图 8.3 所示为 IDA Pro 反编译 main()函数的效果。

```
IDA View-A | Pseudocode-A | Hex View-1 | Structures | Enums
 1 __int64 __fastcall main(__int64 a1, char **a2, char **a3)
 2 {
 3   char *v3; // rbp
 4   int v4; // ebx
 5   __int64 v5; // rdx
 6   __int64 v6; // rcx
 7   __int64 i; // r9
 8   __int64 v8; // r8
 9   int v9; // er9
10   __int64 v10; // r8
11   unsigned int v11; // edi
12   int v13; // [rsp+Ch] [rbp-1Ch]
13
14   v3 = (char *)&unk_4007E1;
15   v4 = 0;
16   setbuf(stdout, 0LL);
17   printf("The flag is: ", 0LL);
18   for ( i = 73LL; ; i = (unsigned __int8)*(v3 - 1) )
19   {
20     v8 = 0LL;
21     while ( 1 )
22     {
23       v13 = 0;
24       sub_400670(v4 + v8, &v13, v5, v6, v8, i);
25       v6 = (unsigned int)v10;
26       v8 = v10 + 1;
27       v11 = v9 ^ (v13 << v6);
28       if ( v8 == 8 )
29         break;
30       i = v11;
31     }
32     v4 += 8;
33     if ( (unsigned __int8)(v13 << v6) == (_BYTE)v9 )
34       break;
35     ++v3;
36     _IO_putc((char)v11, stdout);
37   }
38   _IO_putc(10, stdout);
39   return 0LL;
40 }
```

图 8.3　IDA Pro 反编译 main()函数的效果

解决这个问题的方法有很多种。例如,可以使用一种编程语言重新构建代码,并对新构建的代码进行优化。重建代码的过程并不容易,并且有可能会产生问题或错误,而解决问题、修正错误的过程是非常麻烦的。但如果使用 Unicorn Engine,就可以跳过重建代码的过程,从而避免上面提到的问题。逆向人员还可以通过其他几种方法跳过重建代码的过程,例如，通过脚本调试或者是使用 Frida。在优化之前，首先需要模拟正常的程序，程序成功运行后，再在 Unicorn Engine 中对其进行优化。

创建 fibonacci. py 的文件，并将二进制文件放在同一个目录下，编辑 fibonacci. py，添加 Unicorn 模块与基本功能：

```
from unicorn import *
from unicorn.x86_const import *
import struct
def read(name):
    with open(name,"rb") as f:
        return f.read()
def u32(data):
    return struct.unpack("I", data)[0]
def p32(num):
    return struct.pack("I", num)
```

read 会返回整个文件的内容。u32 需要一个 4 字节的字符串，并将其转换为一个整数，以低字节序表示这个数据。p32 正相反，它需要一个数字，并将其转换为 4 字节的字符串，以低字节序表示。

初始化 Unicorn Engine 的类，以适应 x86-64 架构。

```
mu = Uc (UC_ARCH_X86, UC_MODE_64)
```

初始化内存空间，地址的基址是 0x400000，同时创建一个栈基址是 0x0。

```
BASE = 0x400000
STACK_ADDR = 0x0
STACK_SIZE = 1024 * 1024

mu.mem_map(BASE, 1024 * 1024)
mu.mem_map(STACK_ADDR, STACK_SIZE)
```

现在需要将二进制文件装入前面分配的内存，然后需要将 RSP 设置为指向栈的末尾。

```
mu.mem_write(BASE, read("./fibonacci"))
mu.reg_write(UC_X86_REG_RSP, STACK_ADDR + STACK_SIZE - 1)
```

从 IDA Pro 中可以找到 main()函数的地址 0x4004E0，以及字符串完全打印出来后调用的 0x400575 处的 putc("n")，这就是模拟执行的起点与终点。

开始模拟：

```
mu.emu_start(0x00000000004004E0, 0x0000000000400575)
```

为了更直观地追踪指令执行的情况,利用 8.2.3 节学到的 Hook 方法,对每一条执行的指令进行追踪。

```
def hook_code(mu, address, size, user_data):
    print('>>> Tracing instruction at 0x%x, instruction size = 0x%x' % (address, size))

mu.hook_add(UC_HOOK_CODE, hook_code)
```

现在运行 Python 文件,结果运行报错,如图 8.4 所示为出现运行错误时打印的日志。

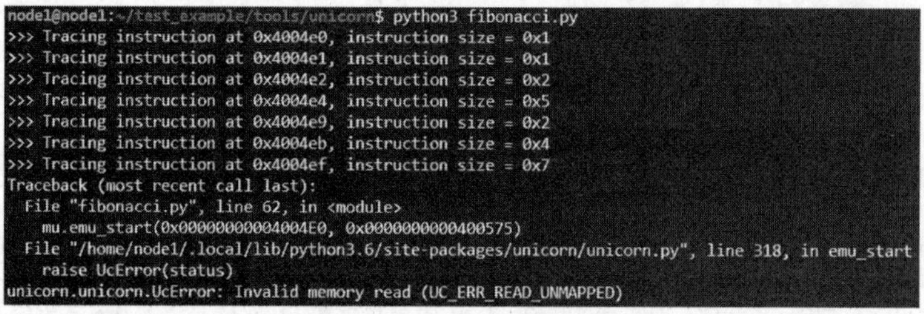

```
node1@node1:~/test_example/tools/unicorn$ python3 fibonacci.py
>>> Tracing instruction at 0x4004e0, instruction size = 0x1
>>> Tracing instruction at 0x4004e1, instruction size = 0x1
>>> Tracing instruction at 0x4004e2, instruction size = 0x2
>>> Tracing instruction at 0x4004e4, instruction size = 0x5
>>> Tracing instruction at 0x4004e9, instruction size = 0x2
>>> Tracing instruction at 0x4004eb, instruction size = 0x4
>>> Tracing instruction at 0x4004ef, instruction size = 0x7
Traceback (most recent call last):
  File "fibonacci.py", line 62, in <module>
    mu.emu_start(0x00000000004004E0, 0x0000000000400575)
  File "/home/node1/.local/lib/python3.6/site-packages/unicorn/unicorn.py", line 318, in emu_start
    raise UcError(status)
unicorn.unicorn.UcError: Invalid memory read (UC_ERR_READ_UNMAPPED)
```

图 8.4 出现运行错误时打印的日志

根据打印的指令地址可以定位到出错的指令是:

```
.text:0x4004EF              mov     rdi, cs:stdout ; stream
```

这里出错的原因在于 Unicorn 的虚拟性。模拟运行的程序所在的内存与外部环境是隔离的,也就是说,没有加载入虚拟内存的部分,模拟运行的程序的调用指令是访问不到的,需要视情况对这部分代码进行处理,此处可以直接跳过该指令,执行下一条。与此相似的还有:

```
.text:0x4004EF mov rdi, cs:stdout ; stream
.text:0x4004F6 call _setbuf
.text:0x400502 call _printf
.text:0x40054F mov rsi, cs:stdout ; fp
```

此处就可以发挥 Hook 函数的优势。当 Hook 函数 Hook 到上面几条指令时,修改 RIP 寄存器,跳过被 Hook 的指令,执行后面的指令:

```
instructions_skip_list = [0x00000000004004EF, 0x00000000004004F6, 0x0000000000400502,
0x000000000040054F]

def hook_code(mu, address, size, user_data):
    #print('>>> Tracing instruction at 0x%x, instruction size = 0x%x' % (address,size))
    if address in instructions_skip_list:
        mu.reg_write(UC_X86_REG_RIP, address + size)
```

由于之前没有将 glibc 库加载入虚拟内存中,所以模拟运行的程序无法调用 glibc 库,也就是说,打印字符串的部分代码需要进行修改,此处同样利用 Hook 函数:

```
def hook_code(mu, address, size, user_data):
    #print('>>> Tracing instruction at 0x%x, instruction size = 0x%x' %(address,size))
    if address in instructions_skip_list:
        mu.reg_write(UC_X86_REG_RIP, address+size)
    elif address == 0x400560:
        # 获取寄存器中的字符
        c = mu.reg_read(UC_X86_REG_RDI)
        # 利用 python 来打印结果
        print(chr(c))
        # 跳过调用 glibc 函数的指令
        mu.reg_write(UC_X86_REG_RIP, address+size)
```

修正运行错误后再来优化程序逻辑。如前所述,Fibonacci 程序在运行过程中每打印一个字符,计算时间就会变长。接下来在模拟执行成功的基础上利用 Unicorn 的 Hook 机制对流程进行优化。

此时再回到 IDA Pro 中去分析程序执行的逻辑,会发现这个程序调用了递归的 Fibonacci 函数,运算的时间呈指数增长。

如图 8.5 所示为 main()函数调用的 Fibonacci()函数。

```
IDA View-A    Pseudocode-A    Hex View-1    Structures    Enums
 1 __int64 __fastcall sub_400670(int a1, _DWORD *a2, __int64 a3, __int64 a4, __int64 a5, __int64 a6)
 2 {
 3   _DWORD *v6; // rbp
 4   int v7; // er12
 5   __int64 v8; // rdx
 6   __int64 v9; // rcx
 7   __int64 v10; // r8
 8   __int64 v11; // r9
 9   __int64 result; // rax
10   unsigned int v13; // esi
11   unsigned int v14; // edx
12 
13   v6 = a2;
14   if ( a1 )
15   {
16     if ( a1 == 1 )
17     {
18       result = sub_400670(0LL, a2, a3, a4, a5, a6);
19     }
20     else
21     {
22       v7 = sub_400670((unsigned int)(a1 - 2), a2, a3, a4, a5, a6);
23       result = v7 + (unsigned int)sub_400670((unsigned int)(a1 - 1), a2, v8, v9, v10, v11);
24     }
25     v13 = (((unsigned int)result - (((unsigned int)result >> 1) & 0x55555555)) >> 2) & 0x33333333;
26     v14 = v13
27         + ((result - (((unsigned int)result >> 1) & 0x55555555)) & 0x33333333)
28         + ((v13 + (((_DWORD)result - (((unsigned int)result >> 1) & 0x55555555)) & 0x33333333)) >> 4);
29     *v6 ^= ((BYTE1(v14) & 0xF) + (v14 & 0xF) + (unsigned __int8)((((v14 >> 8) & 0xF0F0F) + (v14 & 0xF0F0F0F)) >> 16)) & 1;
30   }
31   else
32   {
33     *a2 ^= 1u;
34     result = 1LL;
35   }
36   return result;
37 }
```

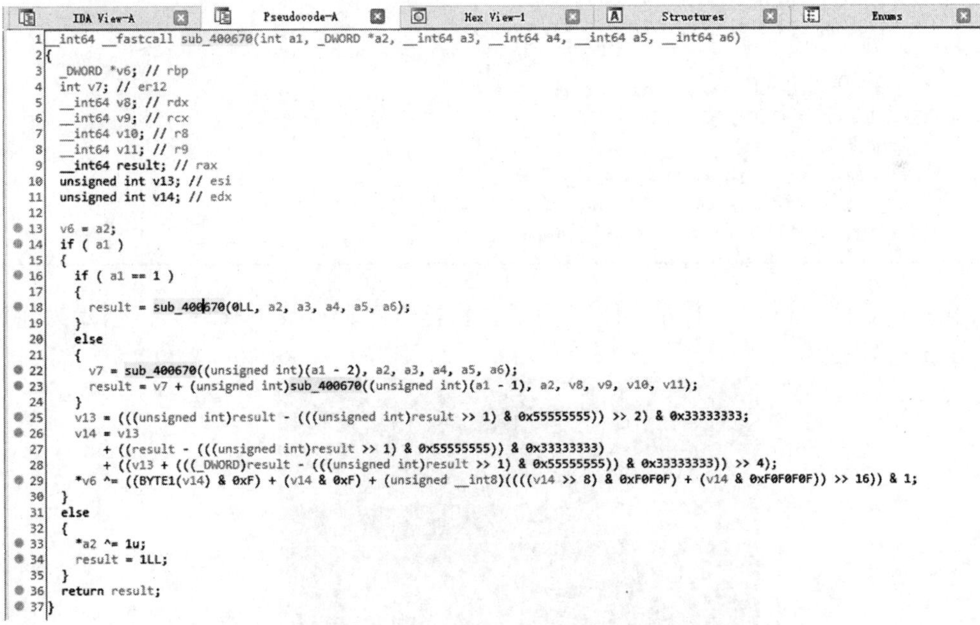

图 8.5 main()函数调用的 Fibonacci()函数

Fibonacci()函数在递归过程中会出现重复计算的情况,比如计算 F(5)时需要先计算 F(4)+F(3),而计算 F(4)又要计算 F(3)+F(2),这里 F(3)就被重复计算了,如果将已经计算得到的结果保存到栈中,在需要调用的时候直接从栈中取出,就可以减少重复的计算量,加快程序的运行速度。通过分析函数逻辑,可知函数有两个返回值:一个通过 RAX 寄存器传递,另一个通过参数传递,并且第二个参数只取 0 或 1,所以在 Fibonacci()函数的入口处将参数入栈,在函数结束的时候将参数弹出。如果在 Fibonacci()函数开始的时候返回值已经被

保存,则直接将结果返回,设置 RIP 为 RET 指令退出函数。经过修改的 Hook 函数如下:

```
FIBONACCI_ENTRY = 0x0000000000400670
FIBONACCI_END = [0x00000000004006F1, 0x0000000000400709]
stack = []
d = {}

def hook_code(mu, address, size, user_data):
    #print('>>> Tracing instruction at 0x%x, instruction size = 0x%x' %(address,size))
    if address in instructions_skip_list:
        mu.reg_write(UC_X86_REG_RIP, address + size)
    elif address == 0x400560:
        c = mu.reg_read(UC_X86_REG_RDI)
        print(chr(c))
        mu.reg_write(UC_X86_REG_RIP, address + size)
    elif address == FIBONACCI_ENTRY:
        arg0 = mu.reg_read(UC_X86_REG_RDI)
        r_rsi = mu.reg_read(UC_X86_REG_RSI)
        arg1 = u32(mu.mem_read(r_rsi,4))

        if(arg0,arg1) in d:
            (ret_rax, ret_ref) = d[(arg0,arg1)]
            mu.reg_write(UC_X86_REG_RAX, ret_rax)
            mu.mem_write(r_rsi,p32(ret_ref))
            mu.reg_write(UC_X86_REG_RIP, 0x400582)
        else:
            stack.append((arg0,arg1,r_rsi))
    elif address in FIBONACCI_END:
        (arg0,arg1,r_rsi) = stack.pop()
        ret_rax = mu.reg_read(UC_X86_REG_RAX)
        ret_ref = u32(mu.mem_read(r_rsi,4))
        d[(arg0,arg1)] = (ret_rax,ret_ref)
```

优化完毕后执行 Python 程序,可以看到软件运行速度明显提升,如图 8.6 所示为优化后程序的运行效果。

图 8.6 优化后程序的运行效果

8.3 Unicorn 与 Android

8.3.1 Unicorn 建立 ARM 寄存器表

Unicorn 支持多种不同的 CPU 指令集，每一种指令集都有自己独立的寄存器，Unicorn 使用统一的 API 管理多种不同的 CPU 指令集，并将寄存器名字映射成数字常量。通常寄存器常量命名规则为：

UC_＋指令集＋REG＋大写寄存器名

下面是 Unicorn 定义的 ARM 寄存器常量：

```
REG_ARM = {arm_const.UC_ARM_REG_R0: "R0",
          arm_const.UC_ARM_REG_R1: "R1",
          arm_const.UC_ARM_REG_R2: "R2",
          arm_const.UC_ARM_REG_R3: "R3",
          arm_const.UC_ARM_REG_R4: "R4",
          arm_const.UC_ARM_REG_R5: "R5",
          arm_const.UC_ARM_REG_R6: "R6",
          arm_const.UC_ARM_REG_R7: "R7",
          arm_const.UC_ARM_REG_R8: "R8",
          arm_const.UC_ARM_REG_R9: "R9",
          arm_const.UC_ARM_REG_R10: "R10",
          arm_const.UC_ARM_REG_R11: "R11",
          arm_const.UC_ARM_REG_R12: "R12",
          arm_const.UC_ARM_REG_R13: "R13",
          arm_const.UC_ARM_REG_R14: "R14",
          arm_const.UC_ARM_REG_R15: "R15",
          arm_const.UC_ARM_REG_PC: "PC",
          arm_const.UC_ARM_REG_SP: "SP",
          arm_const.UC_ARM_REG_LR: "LR"
          }
```

其中，UC_ARM_REG_PC 是指令寄存器，UC_ARM_REG_SP 是栈指针寄存器。

8.3.2 Unicorn 加载调用 so 文件

本节中的例子将使用 Unicorn 模拟 ARM 架构的 CPU，加载运行 ARM 架构下的 so 文件。首先使用 C 语言编写一个简单的 helloworld 程序：

```
#include <stdio.h>

int main(void)
{
  printf("Hello world");
  return 0;
}
```

通过 arm-cortexa9-linux-gnueabihf 交叉编译生成 ARM 平台下的 so 文件。首先安装 arm-cortexa9-linux-gnueabihf-4.9.3，这里使用的 Linux 操作系统环境为 Ubuntu 20.04。

下载 arm-cortexa9-linux-gnueabihf-4.9.3-20160512.tar.xz，将解压目录下的 4.9.3 目录放到/usr/local/arm 目录下，在～/.bashrc 中配置环境变量，重启系统后确定是否安装成功。

如图 8.7 所示为交叉编译配置成功的效果。

```
node1@node1:~$ arm-cortexa9-linux-gnueabihf-gcc -v
Using built-in specs.
COLLECT_GCC=arm-cortexa9-linux-gnueabihf-gcc
COLLECT_LTO_WRAPPER=/usr/local/arm/4.9.3/bin/../libexec/gcc/arm-cortexa9-linux-gnueabihf/4.9.3/lto-wrapper
Target: arm-cortexa9-linux-gnueabihf
Configured with: /work/toolchain/build/src/gcc-4.9.3/configure --build=x86_64-build_pc-linux-gnu --host=x86_64-build_pc-linux-gnu --targe
t=arm-cortexa9-linux-gnueabihf --prefix=/opt/FriendlyARM/toolchain/4.9.3 --with-sysroot=/opt/FriendlyARM/toolchain/4.9.3/arm-cortexa9-lin
ux-gnueabihf/sys-root --enable-languages=c,c++ --with-arch=armv7-a --with-tune=cortex-a9 --with-fpu=vfpv3 --with-float=hard --with-pkgver
sion=ctng-1.21.0-229g-FA --with-bugurl=http://www.friendlyarm.com/ --enable-__cxa_atexit --disable-libmudflap --disable-libgomp --disable
-libssp --disable-libquadmath --disable-libquadmath-support --disable-libsanitizer --with-gmp=/work/toolchain/build/arm-cortexa9-linux-gn
ueabihf/buildtools --with-mpfr=/work/toolchain/build/arm-cortexa9-linux-gnueabihf/buildtools --with-mpc=/work/toolchain/build/arm-cortexa
9-linux-gnueabihf/buildtools --with-isl=/work/toolchain/build/arm-cortexa9-linux-gnueabihf/buildtools --with-cloog=/work/toolchain/build/
arm-cortexa9-linux-gnueabihf/buildtools --with-libelf=/work/toolchain/build/arm-cortexa9-linux-gnueabihf/buildtools --enable-lto --with-h
ost-libstdcxx='-static-libgcc -Wl,-Bstatic,-lstdc++,-Bdynamic -lm' --enable-threads=posix --enable-linker-build-id --with-linker-hash-sty
le=gnu --enable-plugin --enable-gold --disable-multilib --with-local-prefix=/opt/FriendlyARM/toolchain/4.9.3/arm-cortexa9-linux-gnueabihf
/sys-root --enable-long-long
Thread model: posix
gcc version 4.9.3 (ctng-1.21.0-229g-FA)
```

图 8.7 交叉编译配置成功的效果

将 C 文件链接编译成 so 文件：

```
arm-cortexa9-linux-gnueabihf-gcc helloworld.c -fPIC -shared -o libhello.so
```

使用 readelf 命令查看 so 文件的头部：

```
readelf -h libhello.so
```

如图 8.8 所示为 libhello.so 文件的 elf 头。

```
ELF Header:
  Magic:   7f 45 4c 46 01 01 01 00 00 00 00 00 00 00 00 00
  Class:                             ELF32
  Data:                              2's complement, little endian
  Version:                           1 (current)
  OS/ABI:                            UNIX - System V
  ABI Version:                       0
  Type:                              DYN (Shared object file)
  Machine:                           ARM
  Version:                           0x1
  Entry point address:               0x428
  Start of program headers:          52 (bytes into file)
  Start of section headers:          4948 (bytes into file)
  Flags:                             0x5000402, Version5 EABI, hard-float ABI, <unknown>
  Size of this header:               52 (bytes)
  Size of program headers:           32 (bytes)
  Number of program headers:         5
  Size of section headers:           40 (bytes)
  Number of section headers:         32
  Section header string table index: 29
```

图 8.8 libhello.so 文件的 elf 头

生成的是 32 位的 so 文件，接下来用 Python 编写 Unicorn 程序。首先导入 Unicorn 模块和 Arm 架构模块：

```
from unicorn import *
from unicorn.arm_const import *
```

创建 ARM32 的虚拟环境：

```
uc = Uc(UC_ARCH_ARM, UC_MODE_ARM)
```

注意，此处 ARM32 对应的 Unicorn 架构是 UC_ARCH_ARM，而 ARM64 对应的是 UC_ARCH_ARM64。ARM32 有两种模式，分别是 UC_MODE_ARM 和 UC_MODE_Thumb。

接下来分配运行内存空间和栈空间：

```
# 分配内存空间
base = 0x00000000
code_size = 8 * 0x1000 * 0x1000
uc.mem_map(base, code_size)

# 分配栈空间
stack_addr = base + code_size
stack_size = 0x1000
stack_top = stack_addr + stack_size - 0x8
uc.mem_map(stack_addr, stack_size)
```

为了便于在 Unicorn 调试的时候快速定位代码位置，这里的起始地址 base 可以取 IDA Pro 加载 so 文件的基址。这样在分析过程中就可以与 IDA Pro 进行搭配。如果是从内存中 Dump 下来的 so 文件，则必须在 IDA Pro 中确定文件的基址。

下面读取 so 文件并装入内存。

```
fd = open("./libhello.so","rb")
SO_DATA = fd.read()
uc.mem_write(base, SO_DATA)
```

8.3.3 Unicorn 调试 so 文件

8.3.2 节介绍了将 so 文件装载进 Unicorn 虚拟内存中的方法，本节将对其进行调试。有时一个 so 文件中包含许多方法，调试代码不需要将 so 文件整体模拟运行，可以指定运行其中的部分函数甚至代码片段。首先使用 IDA Pro 打开 so 文件，找到 main()函数所在的位置。

如图 8.9 所示为 IDA 反编译 main()函数的效果。

由于之前设置的虚拟内存起始地址与 IDA Pro 相同，可以很直观地看到将要运行的代码的起始地址与结束地址。

```
start_base = base + 0x059c
end_addr = base + 0x05bc
```

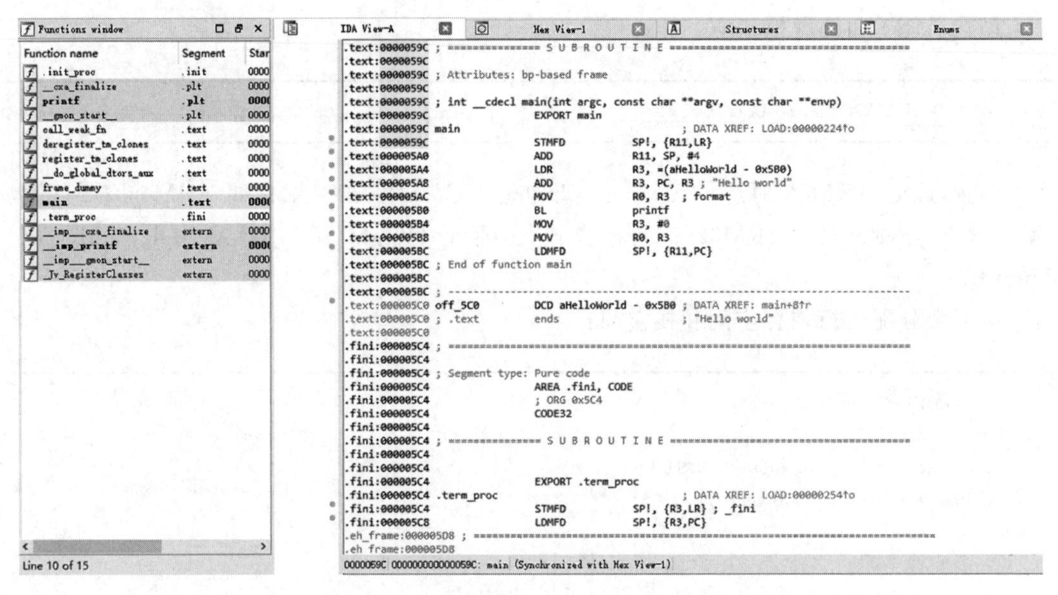

图 8.9　IDA 反编译 main()函数的效果

有需要时可以设置栈空间指针,因为调试需要用到系统栈的函数。

```
uc.reg_write(UC_ARM_REG_SP,stack_top)
```

在 8.2.3 节中使用 Hook 来记录当前运行指令的地址,本节将利用一个反编译框架 Capstone 与 Hook 结合来显示模拟运行的指令汇编码。

使用 pip 安装 capstone:

```
pip install capstone
```

在 Python 文件中导入模块:

```
from capstone import *
from capstone.arm import *
```

创建 Capstone 实例,修改 Hook 函数:

```
cs = Cs(CS_ARCH_ARM, CS_MODE_ARM)

def hook_code(mu, address, size, user_data):
    # 读取指令码
    inst_code = mu.mem_read(address, size)
    for inst in cs.disasm(inst_code,size):
        # 打印反编译的汇编码
        print("0x%x:\t%s\t%s" % (address, inst.mnemonic, inst.op_str))
```

设置 Hook 并运行 Unicorn：

```
uc.hook_add(UC_HOOK_CODE, hook_code, begin = start_base, end = end_addr)
uc.emu_start(start_base,end_addr)
```

如图 8.10 所示为 Unicorn Hook 程序的运行结果。

```
node1@node1:~/test_example/tools$ python3 unicorn_so_demo2.py
0x59c:  push    {fp, lr}
0x5a0:  add     fp, sp, #4
0x5a4:  ldr     r3, [pc, #0x14]
0x5a8:  add     r3, pc, r3
0x5ac:  mov     r0, r3
0x5b0:  bl      #0xfffffe64
Traceback (most recent call last):
  File "unicorn_so_demo2.py", line 36, in <module>
    uc.emu_start(start_base,end_addr)
  File "/home/node1/.local/lib/python3.6/site-packages/unicorn/unicorn.py", line 318, in emu_start
    raise UcError(status)
unicorn.unicorn.UcError: Invalid memory write (UC_ERR_WRITE_UNMAPPED)
```

图 8.10　Unicorn Hook 程序的运行结果

可以看到，与前面一样在调用了库函数 printf()时在内存中找不到对应的地址，借助 Capstone 可以更加直观地看到问题出现的位置与原因。接下来就是修改 Hook 函数，取代调用 printf 的逻辑：

```
def hook_code(mu, address, size, user_data):
    inst_code = mu.mem_read(address, size)
    for inst in cs.disasm(inst_code,size):
        printf("0x%x:\t%s\t%s" % (address, inst.mnemonic, inst.op_str))
    if address == 0x000005ac:
        # 从寄存器 R3 中读取参数字符串
        result = mu.mem_read(mu.reg_read(UC_ARM_REG_R3),16)
        print("result: ",result.decode(encoding = "utf-8"))
        mu.reg_write(UC_ARM_REG_PC,0x000005bc)
```

如图 8.11 所示为修改 Hook 函数的运行结果。

```
node1@node1:~/test_example/tools$ python3 unicorn_so_demo2.py
0x59c:  push    {fp, lr}
0x5a0:  add     fp, sp, #4
0x5a4:  ldr     r3, [pc, #0x14]
0x5a8:  add     r3, pc, r3
0x5ac:  mov     r0, r3
result:  Hello world
```

图 8.11　修改 Hook 函数的运行结果

使用 Unicorn 与 Capstone 可以有很多有趣的操作，比如实现一个有断点功能的调试器，并且由于 Unicorn 可以通过汇编指令级别的 Hook 操作修改寄存器，调试目标二进制代码，所以现有的 Native 层反调试手段对 Unicorn 几乎无效。

8.4　本章小结

本章重点介绍了一个在 Native 层强大的调试工具 Unicorn 的用法。Unicorn 本质上类似于一个模拟器，只不过它模拟的对象是 CPU。Unicorn 在汇编指令级别的模拟执行允许调试人员控制指令的具体执行流程，修改程序用到的寄存器的值，可有效应对现有的反调试手段。

实 战 篇

本篇是结合以上各篇章知识点进行案例实战的讲解，共包括5章。第9章介绍了如何破解各种加固方案的应用；第10章和第11章以CTF比赛题目为案例，讲解逆向和Hook的实战技术；第12章介绍了静态动态和Native的调试实战；第13章介绍了IoT物联网中Android应用的安全分析攻防实战。

第9章 脱壳实战

CHAPTER 9

9.1 Frida 脱壳

9.1.1 Frida 脱壳原理

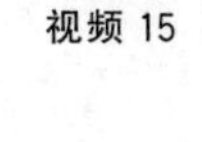

视频 15

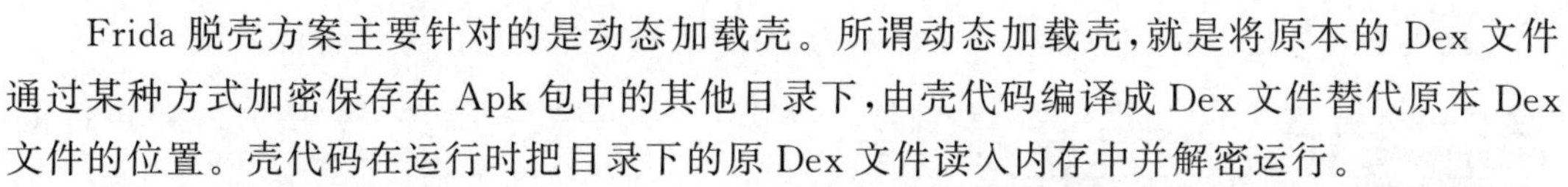

Frida 脱壳方案主要针对的是动态加载壳。所谓动态加载壳，就是将原本的 Dex 文件通过某种方式加密保存在 Apk 包中的其他目录下，由壳代码编译成 Dex 文件替代原本 Dex 文件的位置。壳代码在运行时把目录下的原 Dex 文件读入内存中并解密运行。

动态加载壳的最大缺点是在内存中必定存在已经解密的完整 Dex 文件。如果能在应用运行的过程中得到内存中的 Dex 地址，并计算出 Dex 文件的大小，就可以将 Dex 从内存中 Dump 出来。Android 系统中的 libart.so 库文件中正好提供了一个导出的 OpenMemory 函数，这个函数通常被用来加载 Dex 文件。

```
std::unique_ptr<const DexFile> DexFile::OpenMemory(const uint8_t* base,
                                    size_t size, const std::string& location,
                                    uint32_t location_checksum,
                                    MemMap* mem_map,
                                    const OatDexFile* oat_dex_file,
                                    std::string* error_msg) {
// various dex file structures must be word aligned
  CHECK_ALIGNED(base, 4);
  std::unique_ptr<DexFile> dex_file(
   new DexFile(base, size, location, location_checksum, mem_map,
oat_dex_file));
  if (!dex_file->Init(error_msg)){
    dex_file.reset();
  }
  return std::unique_ptr<const DexFile>(dex_file.release());
}
```

这个函数在 Android 8.0 及以上版本的系统中已经被移除了，所以本章用来脱壳的环境是 Android 7.1。从函数参数表中能找到 Dex 文件加载进内存时的起始地址，再结合 5.4.2 节介绍的 010-editor 解析 Dex 文件格式，就可以找到文件头中保存的 Dex 文件长度 fileSize。

由于这个脱壳方法基于 Hook,因此也可以使用 Xposed 框架来实现。但是 Frida 的脚本编写比 Xposed 的模块更加方便,所以这类 Hook 脱壳常用 Frida 来实现。

9.1.2 编写脱壳脚本

7.1 节介绍了 Frida 的基本使用方法,本节将介绍如何编写用于脱壳的 Frida 脚本。在编写脚本之前,需要在 libart.so 文件中找到 OpenMemory 的函数签名,这里的函数签名根据 Android 版本或者架构的不同会有些许差异。使用 adb 命令从用于运行待脱壳应用的设备中提取 libart.so 文件。

```
//获取 32 位 libart.so 文件
$ adb pull /system/lib/libart.so /local_dir
//获取 64 位 libart.so 文件
$ adb pull /system/lib64/libart.so /local_dir
```

获取 libart.so 文件后有两个方法可以获得 OpenMemory 的函数签名。第一个方法是利用 IDA Pro 分析 so 文件,如图 9.1 所示为 IDA Pro 分析 libart.so 文件的效果。

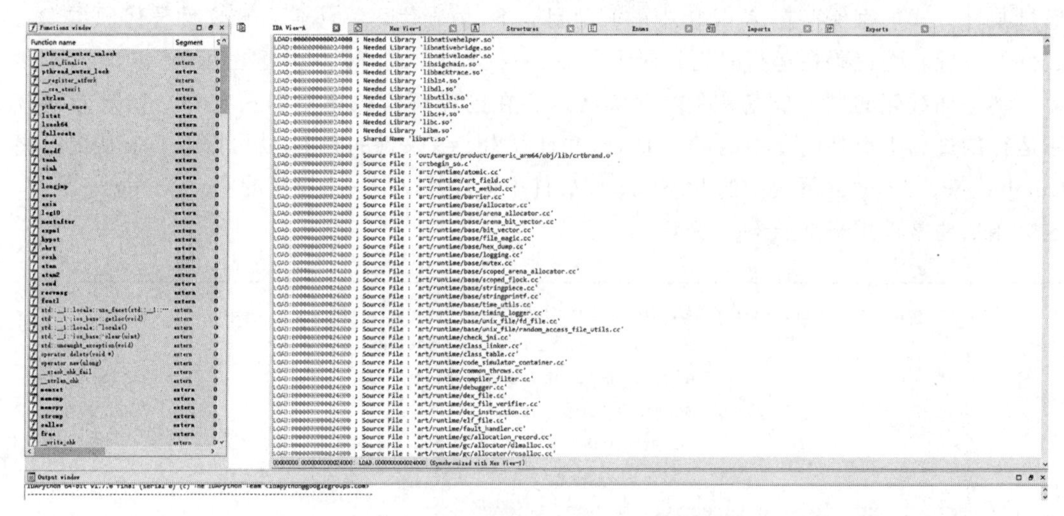

图 9.1 IDA Pro 分析 libart.so 文件的效果

在搜索框中搜索 OpenMemory,可以看到 OpenMemory 的函数签名。

如图 9.2 所示为 IDA Pro 中 OpenMemory 的函数签名。

如果是在 Linux 操作系统下,可以使用 nm 命令直接查看 libart.so 文件内函数签名(第二个方法):

```
$ nm libart.so | grep OpenMemory
```

如图 9.3 所示为 nm 命令的运行结果。

首先来看一个采用动态加载壳加固的应用。

如图 9.4 所示为加固前的应用反编译的效果。

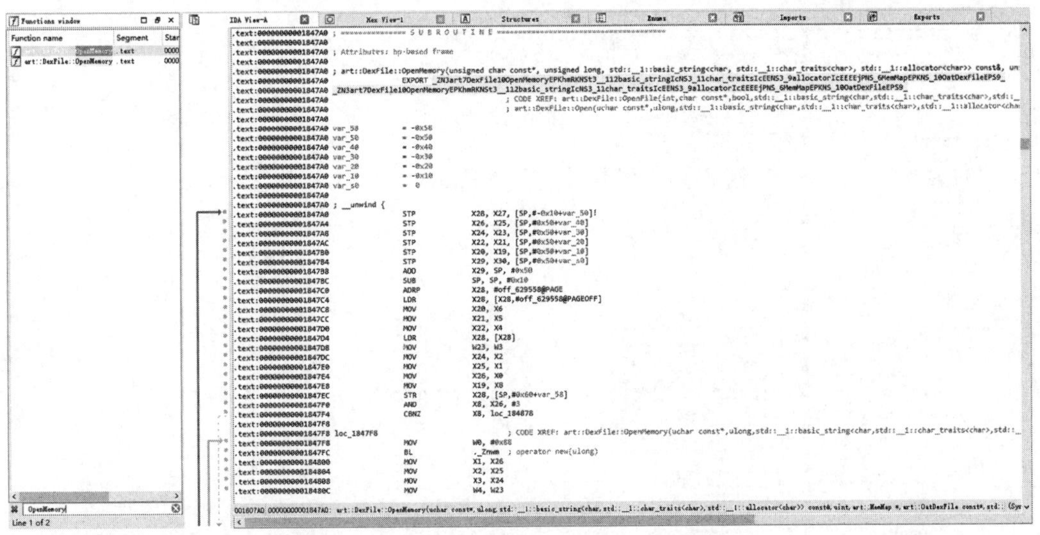

图 9.2 IDA Pro 中 OpenMemory 的函数签名

```
node1@node1:~/test_example/tools$ nm libart.so | grep OpenMemory
0012cab5 T _ZN3art7DexFile10OpenMemoryEPKhjRKNSt3__112basic_stringIcNS3_11char_traitsIcEENS3_9allocatorIcEEEEjPNS_6MemMapEPKNS_10OatDexFileEPS9_
0012cb99 T _ZN3art7DexFile10OpenMemoryERKNSt3__112basic_stringIcNS1_11char_traitsIcEENS1_9allocatorIcEEEEjPNS_6MemMapEPS7_
```

图 9.3 nm 命令的运行结果

```
WebBrowser.apk
  源代码
    android
    androidx
    com.example.webbrowser
      BuildConfig
      MainActivity
        activity Activity
        autoCompleteTextView AutoCompleteTextView
        webView WebView
        onCreate(Bundle) void
        onKeyDown(int, KeyEvent) boolean
      MyApplication
        onCreate() void
      R
  资源文件
  APK signature
```

```
com.example.webbrowser.MyApplication    com.example.webbrowser.MainActivity

    import android.os.Bundle;
    import android.os.Handler;
    import android.os.Message;
    import android.support.v7.app.AppCompatActivity;
    import android.view.KeyEvent;
    import android.view.View;
    import android.webkit.WebView;
    import android.webkit.WebViewClient;
    import android.widget.AutoCompleteTextView;
    import android.widget.Button;
    import android.widget.Toast;
    import java.util.Timer;
    import java.util.TimerTask;
    import java.util.regex.Pattern;

31  public class MainActivity extends AppCompatActivity {
        Activity activity;
        AutoCompleteTextView autoCompleteTextView;
        WebView webView;

        /* access modifiers changed from: protected */
        @Override // android.support.v7.app.AppCompatActivity, android.support.v4.app.SupportActivity, android.support.v4.app.FragmentActivity
32      public void onCreate(Bundle savedInstanceState) {
33          super.onCreate(savedInstanceState);
34          setContentView(R.layout.activity_main);
35          this.autoCompleteTextView = (AutoCompleteTextView) findViewById(R.id.url);
36          this.activity = this;
37          this.webView = (WebView) findViewById(R.id.show);
38          this.webView.getSettings().setJavaScriptEnabled(true);
39          this.webView.getSettings().setBuiltInZoomControls(true);
70          this.webView.setWebViewClient(new WebViewClient() {
                /* class com.example.webbrowser.MainActivity.AnonymousClass1 */

                @Override // android.webkit.WebViewClient
41              public boolean shouldOverrideUrlLoading(WebView webView, String url) {
42                  if (url == null) {
43                      return false;
                    }
                    try {
46                      if (url.startsWith("http://") || url.startsWith("https://")) {
55                          webView.loadUrl(url);
56                          MainActivity.this.autoCompleteTextView.setText(url);
46                          return true;
                        }
48                      MainActivity.this.startActivity(new Intent("android.intent.action.VIEW", Uri.parse(url)));
46                      return true;
                    } catch (Exception e) {
46                      return true;
                    }
                }

60              public void onPageStarted(WebView webView, String url, Bitmap favicon) {
61                  super.onPageStarted(webView, url, favicon);
62                  MainActivity.this.autoCompleteTextView.setText(url);
                }
```

图 9.4 加固前的应用反编译的效果

如图 9.5 所示为加固后的应用反编译的效果。

从上面两图中可以看到加固后的应用原来的 Dex 文件被壳代码替代，直接通过 Jadx、JEB 等静态工具没办法直接分析原程序的代码逻辑。如果直接把加固过后的 Apk 以 Zip 包的形式解压缩，可以在 assets 目录下找到一些加固相关的文件。

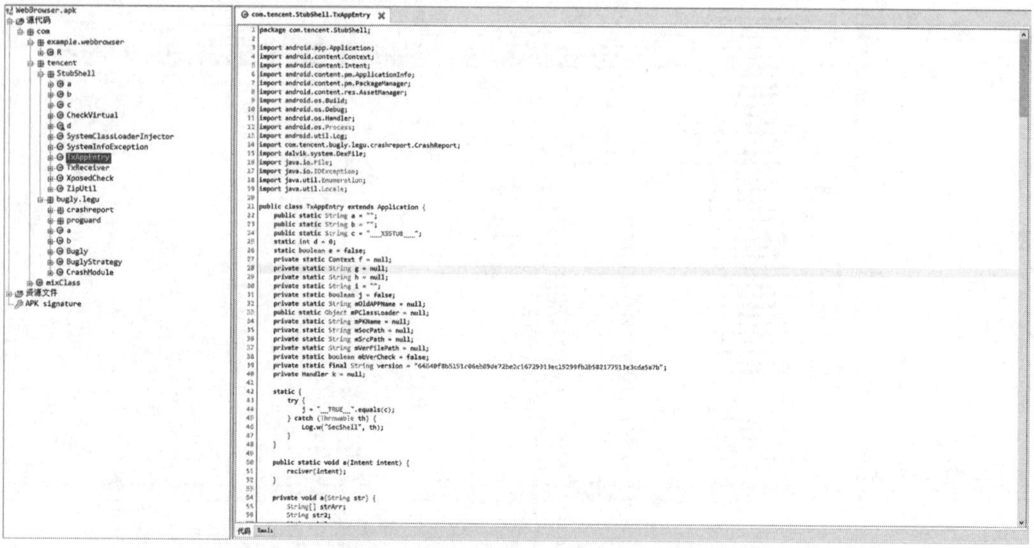

图 9.5　加固后的应用反编译的效果

如图 9.6 所示为加固 Apk 解压后与加固相关的文件。

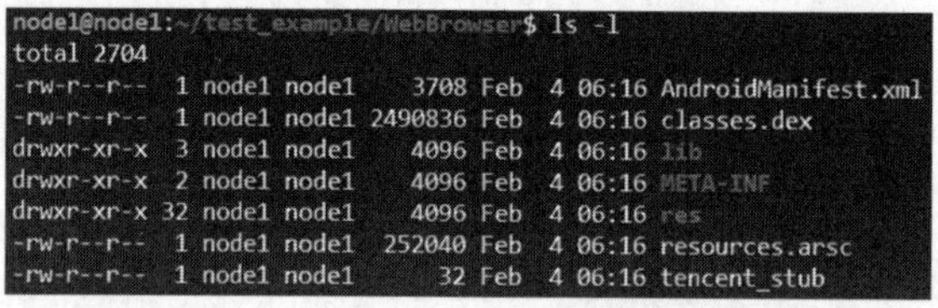

```
node1@node1:~/test_example/WebBrowser$ ls -l
total 2704
-rw-r--r--  1 node1 node1    3708 Feb  4 06:16 AndroidManifest.xml
-rw-r--r--  1 node1 node1 2490836 Feb  4 06:16 classes.dex
drwxr-xr-x  3 node1 node1    4096 Feb  4 06:16 lib
drwxr-xr-x  2 node1 node1    4096 Feb  4 06:16 META-INF
drwxr-xr-x 32 node1 node1    4096 Feb  4 06:16 res
-rw-r--r--  1 node1 node1  252040 Feb  4 06:16 resources.arsc
-rw-r--r--  1 node1 node1      32 Feb  4 06:16 tencent_stub
```

图 9.6　加固 Apk 解压后与加固相关的文件

接下来正式开始编写脱壳脚本，这里分别介绍 JavaScript 脚本和 Python 脚本两种写法。首先是 JavaScript 脚本：

```
'use strict';
Interceptor.attach(Module.findExportByName("libart.so", "_ZN3art7DexFile10OpenMemoryEPKhjRKNSt3__112basic_stringIcNS3_11char_traitsIcEENS3_9allocatorIcEEEEjPNS_6MemMapEPKNS_10OatDexFileEPS9_"), {
    onEnter: function (args) {
        //Dex 起始位置
        //32 位
        var begin = args[1]
        //64 位
        //var begin = this.context.x0
        //打印 Dex 文件头的魔数
        console.log("magic : " + Memory.readUtf8String(begin))
        //Dex fileSize 属性的地址
        var file_size_address = parseInt(begin,16) + 0x20
        //Dex 大小
        var dex_size = Memory.readInt(ptr(file_size_address))
        console.log("dex_size :" + dex_size)
        //将 Dex 文件保存在 sdcard 下的 unpack 文件夹下
```

```
        var file = new File("/sdcard/unpack/" + dex_size + ".dex", "wb")
        file.write(Memory.readByteArray(begin, dex_size))
        file.flush()
        file.close()
    },
    onLeave: function (retval) {
        if (retval.toInt32() > 0) {
            /* do something */
        }
    }
});
```

代码中需要注意的是，如果 Apk 包的 lib 目录下只有 armeabi 目录，则应用会以 32 位兼容模式运行，调用的是 32 位 libart.so 文件，此时 Dex 起始位置 begin 变量的取值应该通过 args[1]来获取。如果以 64 位运行，则 begin 赋值语句应为 var begin=this.context.x0。

脚本中提到 Dex 文件头的魔数，回顾 5.4 节的内容可知，在使用 010-editor 解析 Dex 文件的时候，对应的十六进制最前面有一个字符串"dex 035"，这就是魔数，每个正常的 Dex 文件都会以这个字符串作为开头，可将之看成 Dex 文件的特征，在内存中发现魔数的位置就是整个 Dex 文件在内存中的起始位置。

如图 9.7 所示为 Dex 文件的十六进制，最前面的字符串为魔数。

```
classes.dex ×
        0  1  2  3  4  5  6  7  8  9  A  B  C  D  E  F
0000h: 64 65 78 0A 30 33 35 00 6F 75 03 48 F0 6A 25 2E
0010h: 9E 0D F9 9A EF A8 60 C7 CD 8A 87 62 19 0C 8F AE
0020h: 9C 93 1D 00 70 00 00 00 78 56 34 12 00 00 00 00
0030h: 00 00 00 00 C0 92 1D 00 87 43 00 00 70 00 00 00
0040h: 65 08 00 00 8C 0E 01 00 45 0D 00 00 20 30 01 00
0050h: 8F 2C 00 00 5C CF 01 00 A9 3E 00 00 D4 33 03 00
0060h: 6F 05 00 00 1C 29 05 00 A0 BC 17 00 FC D6 05 00
0070h: 4E 72 13 00 50 72 13 00 83 72 13 00 C2 72 13 00
0080h: C5 72 13 00 D3 72 13 00 E1 72 13 00 E8 72 13 00
0090h: 05 73 13 00 1C 73 13 00 3A 73 13 00 42 73 13 00
00A0h: 5F 73 13 00 7B 73 13 00 8B 73 13 00 96 73 13 00
00B0h: A9 73 13 00 B9 73 13 00 CC 73 13 00 DB 73 13 00
00C0h: F7 73 13 00 03 74 13 00 14 74 13 00 25 74 13 00
00D0h: 36 74 13 00 4D 74 13 00 64 74 13 00 71 74 13 00
00E0h: 7C 74 13 00 94 74 13 00 AB 74 13 00 BF 74 13 00
00F0h: D5 74 13 00 E8 74 13 00 FC 74 13 00 0A 75 13 00
0100h: 0D 75 13 00 11 75 13 00 16 75 13 00 1C 75 13 00
0110h: 21 75 13 00 38 75 13 00 48 75 13 00 62 75 13 00
0120h: 7F 75 13 00 A0 75 13 00 A8 75 13 00 C5 75 13 00
0130h: D4 75 13 00 E2 75 13 00 F0 75 13 00 FF 75 13 00
0140h: 0D 76 13 00 17 76 13 00 2F 76 13 00 4A 76 13 00
0150h: 56 76 13 00 6C 76 13 00 70 76 13 00 74 76 13 00
0160h: 7A 76 13 00 93 76 13 00 97 76 13 00 9D 76 13 00
0170h: A3 76 13 00 ED 76 13 00 F7 76 13 00 FC 76 13 00
0180h: 01 77 13 00 1D 77 13 00 23 77 13 00 28 77 13 00
```

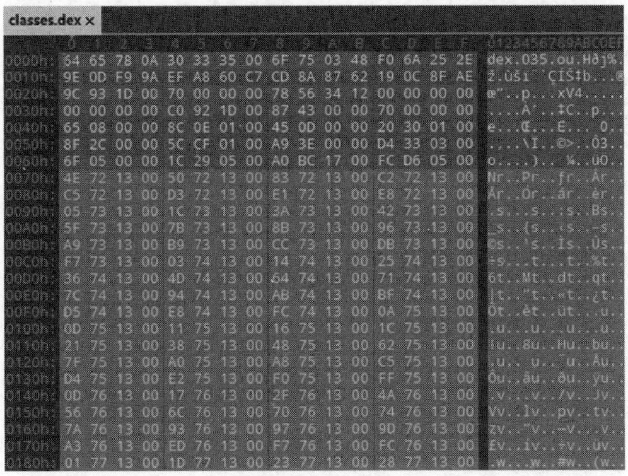

图 9.7　Dex 文件的十六进制，最前面的字符串为魔数

脱壳脚本也可以使用 Python 语言编写：

```
import frida
import sys

def on_message(message, data):
    print(message)
    base = message['payload']['base']
    size = int(message['payload']['size'])
    print(hex(base) + "," + size)
```

```
package = sys.argv[1]
print("dex 导出目录为: /sdcard/unpack/")
device = frida.get_usb_device()
pid = device.spawn(package)
session = device.attach(pid)
src = """
Interceptor.attach(Module.findExportByName("libart.so", "_ZN3art7DexFile10OpenMemoryEPKhmRKNSt3__
112basic_stringIcNS3_11char_traitsIcEENS3_9allocatorIcEEEEjPNS_6MemMapEPKNS_10OatDexFileEPS9_"), {
    onEnter: function (args) {
        //Dex 起始位置
//32 位
        var begin = args[1]
//64 位
        //var begin = this.context.x0
        //打印 Dex 文件头的魔数
        console.log("magic : " + Memory.readUtf8String(begin))
        //Dex fileSize 属性的地址
        var file_size_address = parseInt(begin,16) + 0x20
        //Dex 大小
        var dex_size = Memory.readInt(ptr(file_size_address))
        console.log("dex_size :" + dex_size)
        //将 Dex 文件保存在 sdcard 下的 unpack 文件夹下
        var file = new File("/sdcard/unpack/%s" + dex_size + ".dex", "wb")

        file.write(Memory.readByteArray(begin, dex_size))
        file.flush()
        file.close()
    },
    onLeave: function (retval) {
        if (retval.toInt32() > 0) {
            /* do something */
        }
    }
});
""" % (package)
script = session.create_script(src)
script.on("message" , on_message)
script.load()
device.resume(pid)
sys.stdin.read()
```

9.1.3 执行脱壳脚本

由于脱壳脚本需要向 SD 卡中写数据，因此需要先在 SD 卡中创建 unpack 目录，并赋予被脱壳程序读写 SD 卡的权限。按照 7.1.2 节介绍的方法安装运行 frida-server，执行命令：

```
$ frida -U -f 被脱壳应用的包名 -l unpack.js --no-pause
```

参数-U 表示使用了 usb server 进行链接,参数-f 表示在设备中启动一个指定的 Android 程序,需要配合参数--no-pause 来使进程恢复。参数-l 表示需要注入的 JavaScript 脚本。

如图 9.8 所示为 JavaScript 脚本运行的效果。

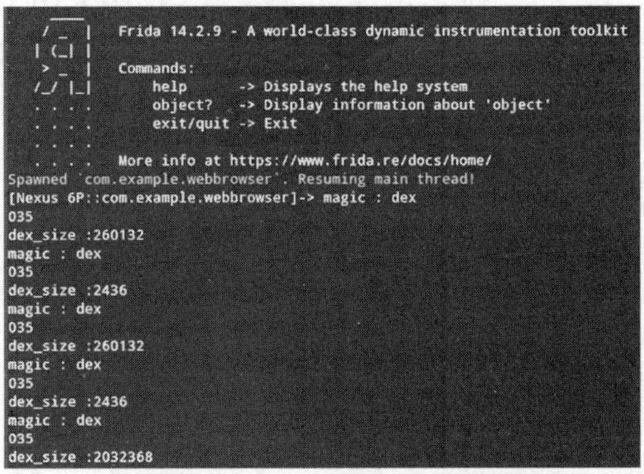

```
     ____
    / _  |   Frida 14.2.9 - A world-class dynamic instrumentation toolkit
   | (_| |
    > _  |   Commands:
   /_/ |_|       help      -> Displays the help system
   . . . .       object?   -> Display information about 'object'
   . . . .       exit/quit -> Exit
   . . . .
   . . . .   More info at https://www.frida.re/docs/home/
Spawned `com.example.webbrowser`. Resuming main thread!
[Nexus 6P::com.example.webbrowser]-> magic : dex
035
dex_size :260132
magic : dex
035
dex_size :2436
magic : dex
035
dex_size :260132
magic : dex
035
dex_size :2436
magic : dex
035
dex_size :2032368
```

图 9.8 JavaScript 脚本运行的效果

Python 脚本的运行相对简单不少,执行下面命令:

```
$ python unpack.py 应用包名
```

如图 9.9 所示为 Python 脚本运行后导出的 Dex 文件。

脱壳完成后 Dex 文件保存在 unpack 目录下,用 adb pull 命令从手机中把文件夹保存到本地:

```
$ adb pull /sdcard/unpack
```

如图 9.10 所示为 Dump 下来的 unpack 目录。

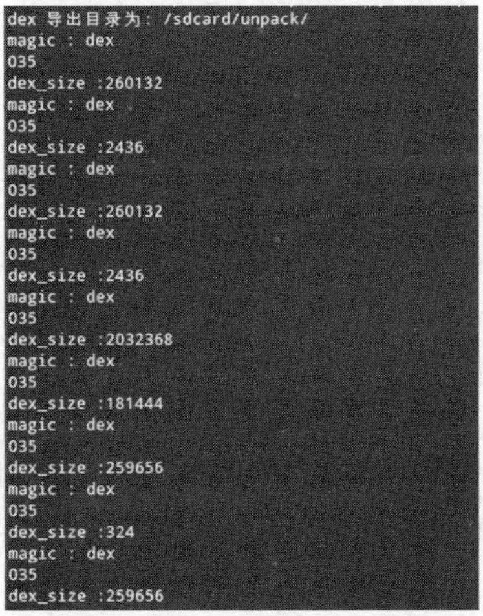

```
dex 导出目录为: /sdcard/unpack/
magic : dex
035
dex_size :260132
magic : dex
035
dex_size :2436
magic : dex
035
dex_size :260132
magic : dex
035
dex_size :2436
magic : dex
035
dex_size :2032368
magic : dex
035
dex_size :181444
magic : dex
035
dex_size :259656
magic : dex
035
dex_size :324
magic : dex
035
dex_size :259656
```

图 9.9 Python 脚本运行后导出的 Dex 文件

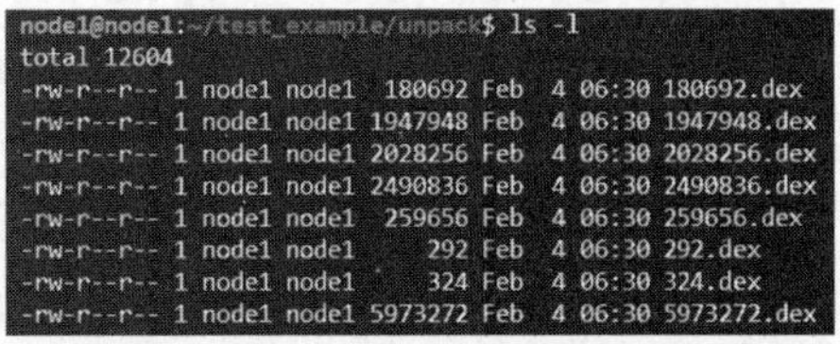

```
node1@node1:~/test_example/unpack$ ls -l
total 12604
-rw-r--r-- 1 node1 node1  180692 Feb  4 06:30 180692.dex
-rw-r--r-- 1 node1 node1 1947948 Feb  4 06:30 1947948.dex
-rw-r--r-- 1 node1 node1 2028256 Feb  4 06:30 2028256.dex
-rw-r--r-- 1 node1 node1 2490836 Feb  4 06:30 2490836.dex
-rw-r--r-- 1 node1 node1  259656 Feb  4 06:30 259656.dex
-rw-r--r-- 1 node1 node1     292 Feb  4 06:30 292.dex
-rw-r--r-- 1 node1 node1     324 Feb  4 06:30 324.dex
-rw-r--r-- 1 node1 node1 5973272 Feb  4 06:30 5973272.dex
```

图 9.10 Dump 下来的 unpack 目录

可以看到,unpack 目录中有很多个 Dex 文件,但是被测试程序只有一个 MainActivity,为什么会产生 Dex 文件呢?原因是 Frida 通过 Hook OpenMemory 函数,从参数中获取 Dex 文件,但是并不能鉴别哪一个 Dex 文件是测试程序的。如果测试程序调用了系统应用或者第三方应用,那么这些应用的代码都会通过 OpenMemory 函数加载到内存中,只要测试程序运行过程中 OpenMemory 被调用,就会触发 Frida 脚本的 Hook 逻辑,将 Dex 文件从内存中 Dump 出来。

通过 Jadx-gui 或者 JEB 工具可以逐一对 Dex 文件进行筛选,从而找到被"脱"下来的测试程序的源代码。

如图 9.11 所示为源码脱壳之后反编译的效果。

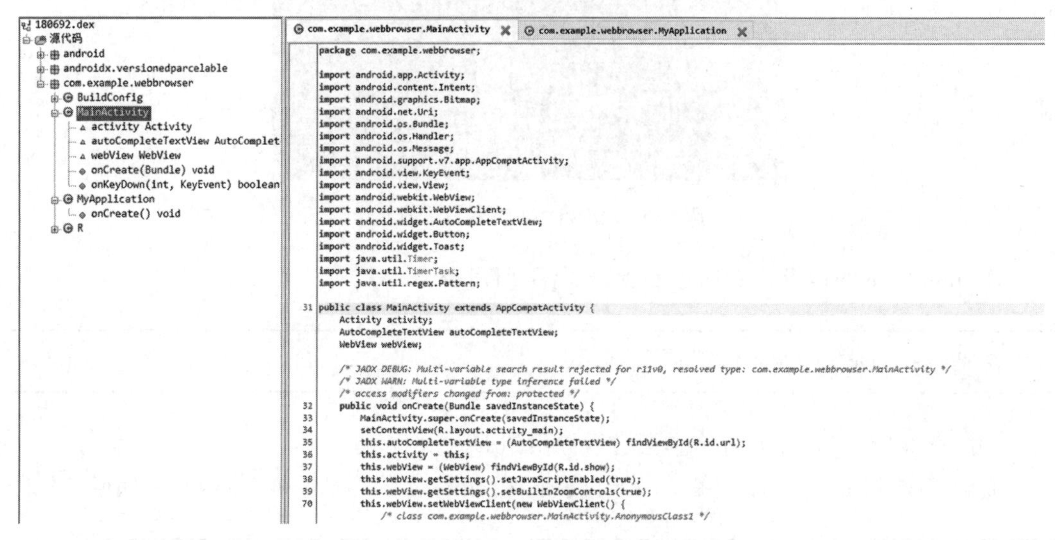

图 9.11 源码脱壳之后反编译的效果

9.2 FART 脱壳

9.2.1 ART 的脱壳点

9.1 节介绍了如何利用 OpenMemory 函数获取内存中 Dex 文件的起始位置及大小,从而实现从内存 Dump 的脱壳操作。然而随着 Android 版本的迭代,在 Android 8.0 版本中已经无法再通过 Hook OpenMemory 的方法实现脱壳,而且一些加固厂商的产品会通过提前 Hook OpenMemory 的方式来对抗这种脱壳方法。因此针对某些壳该方法可能已经失效。此外,如果可以破坏内存中 Dex 文件的完整性,使得从内存中直接 Dump 得到的 Dex 文件是不完整的,同样可以达到对代码的保护作用。比较常见的破坏 Dex 文件完整性的手段是指令抽取,由于加固手段的主要目标之一是保护程序的代码逻辑,将 Dex 文件中的指令编码部分与 Dex 文件主体分离并独立执行加密操作,这样加载入内存中的 Dex 文件反编译后代码部分就是空白的,就算黑客通过 OpenMemory 得到了 Dex 文件也无法获取代码逻辑。那么针对此类加固方案需要更加有效的脱壳方法。

比如下面的这个加固就是在动态加载的基础上实现了指令抽取功能。

如图 9.12 所示为指令抽取加固后反编译的效果。

```
Webbrowser_jiagu.apk
  源代码
    a
    b.a.a.a
    com
      example
        helloworld
          BuildConfig
          R
        webbrowser
          MyWrapperProxyApplication
      tencent.StubShell
        TxAppEntry
      wrapper.proxyapplication
        AndroidNClassLoader
        CustomerClassLoader
        MultiDex
        MultiDexForMemoryDex
        MultiDexForTinker
        MultiDexForTinkerForMemoryDex
        ShareReflectUtil
        Util
        WrapperProxyApplication
  资源文件
  APK signature
```

```java
package com.example.webbrowser;

import android.content.Context;
import android.os.Process;
import com.wrapper.proxyapplication.Util;
import com.wrapper.proxyapplication.WrapperProxyApplication;
import java.io.IOException;
import java.util.zip.ZipFile;

public class MyWrapperProxyApplication extends WrapperProxyApplication {
    @Override // com.wrapper.proxyapplication.WrapperProxyApplication
    public void onCreate() {
        super.onCreate();
    }

    /* access modifiers changed from: protected */
    @Override // com.wrapper.proxyapplication.WrapperProxyApplication
    public void initProxyApplication(Context context) {
        ZipFile zipFile;
        try {
            zipFile = new ZipFile(context.getApplicationInfo().sourceDir);
        } catch (IOException e) {
            e.printStackTrace();
            zipFile = null;
        }
        if (zipFile == null) {
            Process.killProcess(Process.myPid());
            System.exit(0);
        }
        Util.PrepareSecurefiles(context, zipFile);
        try {
            zipFile.close();
        } catch (IOException e2) {
            e2.printStackTrace();
        }
        if (Util.CPUABI == "x86") {
            System.load(context.getFilesDir().getAbsolutePath() + "/prodexdir/" + Util.libname);
            return;
        }
        System.loadLibrary(Util.libname);
    }
}
```

图 9.12　指令抽取加固后反编译的效果

如果按照 9.1 节介绍的脱动态加载壳的方式处理这个被加固程序后得到的 Dex 文件，经过 JEB 打开后看不到函数内部的指令。

如图 9.13 所示为被置空的 Smali 指令的效果。

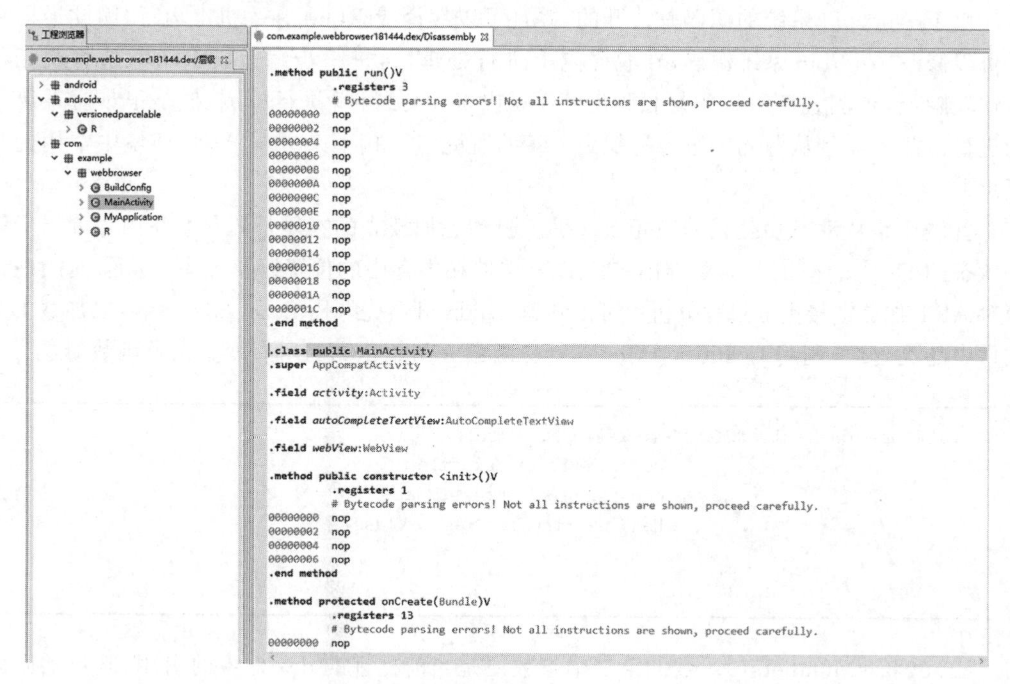

图 9.13　被置空的 Smali 指令的效果

方法内的 Smali 指令全部被设置成 nop，反编译成 Java 伪码的效果就是类文件中只有方法头，方法体内部是空的，如图 9.14 所示为反编译被抽取方法的效果。

```
package com.example.webbrowser;

import android.app.Activity;
import android.os.Bundle;
import android.support.v7.app.AppCompatActivity;
import android.view.KeyEvent;
import android.webkit.WebView;
import android.widget.AutoCompleteTextView;

public class MainActivity extends AppCompatActivity {
    Activity activity;
    AutoCompleteTextView autoCompleteTextView;
    WebView webView;

    public MainActivity() {
        // Method was not decompiled
    }

    protected void onCreate(Bundle arg12) {
        // Method was not decompiled
    }

    public boolean onKeyDown(int arg2, KeyEvent arg3) {
        // Method was not decompiled
    }
}
```

图 9.14 反编译被抽取方法的效果

无论是动态加载壳，还是指令抽取壳，在方法指令实际运行之前都必须通过某种方式将指令恢复到内存中。相比动态加载壳把 Dex 文件作为一个整体进行处理，指令抽取壳对代码的保护进一步细化到指令的层面，只有需要执行的指令才会被恢复。因此对抗指令抽取需要向 Android 系统内部更进一步。

由于 Android 系统的源码是公开的，并且可以编译成 ROM 在手机上运行，因此逆向人员可以修改 Android 系统源码，在脱壳点上进行处理，再进一步编译成 ROM，这种脱壳手段比较隐蔽，加固程序可以很轻松地对 Frida 或 Xposed 环境进行检测，但是很难对系统行为进行检测。而且从源码中很容易找到大量的脱壳点。接下来分析 ART 环境中常用的脱壳点。

首先还是从动态加载壳的脱壳点入手。脱动态加载壳的本质是要获取在内存中出于解密状态的 Dex 文件，因此需要准确定位 Dex 文件在内存中的位置以及大小。从前面的理论篇对 ART 加载链接类的过程分析中可以知道，Android 会先调用 LoadClass()函数去加载 Dex 文件中的类，接着调用 LoadClassMembers()函数去初始化类的所有变量以及函数对象。

```
void ClassLinker::LoadClassMembers(Thread * self,
                                   const DexFile& dex_file,
                                   const uint8_t * class_data,
                                   Handle < mirror::Class > klass) {
    ...
}
```

LoadClassMembers()函数的第二个参数便是当前处理的 dex 对象的引用，既包括后面执行方法初始化的 LoadMethod()函数，也包括对 DexFile 对象的引用。这里就是一个脱壳点，从这个引用可以得到 Dex 对象，从而获取对应 Dex 文件在内存中的地址以及长度。如果在这些地方插入代码，就可以将内存中的 Dex 文件写出到 SD 卡上，实现脱壳。

9.2.2 FART 脱壳原理

视频 16

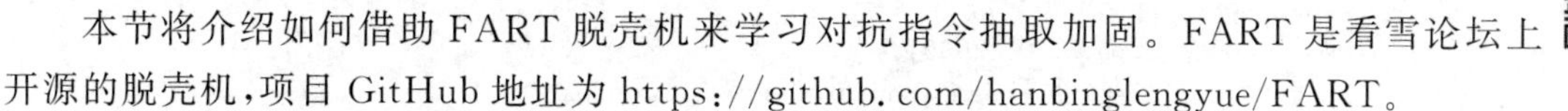

本节将介绍如何借助 FART 脱壳机来学习对抗指令抽取加固。FART 是看雪论坛上开源的脱壳机，项目 GitHub 地址为 https://github.com/hanbinglengyue/FART。

对抗指令抽取的首要目标是得到正确的被抽取的方法指令，而指令在被执行前一定要被解密。借助 Android 系统调用类方法的机制，通过系统加载指令的函数访问到内存中解密的指令，就可以将其导出。其次，脱壳获取的应用逻辑代码越完整越好，而前面提到指令抽取壳能做到指令级别的加解密，且一个应用在运行过程中并不一定需要执行所有的逻辑，因此需要一种手段可以主动去调用应用的所有指令，从而达到尽可能获取完整代码的目的。

FART 不仅可以将 Dex 文件 Dump 出来，还能通过主动调用方法，转储方法体组件，将被抽取的函数方法保存下来，再通过脚本把函数体填回到 Dex 文件中，实现对函数抽取型壳的破解。

FART 脱壳工具主要有 3 个步骤：Dump Dex、Dump 方法体和 Dex 文件的修复。FART 的作者已经在 GitHub 上公布了源码，本书接下来会结合源码来分析 FART 脱壳的原理。

1. 内存中 DexFile 结构体完整 Dex 的 Dump

为了 Dump 内存中的完整 Dex 文件，FART 在 art_method.cc 文件中加入了一个函数 dumpDexFileByExecute()：

```
extern "C" void dumpDexFileByExecute(ArtMethod * artmethod)
 SHARED_LOCKS_REQUIRED(Locks::mutator_lock_) {
//为 Dex 路径名称分配内存空间
    char * dexfilepath = (char * ) malloc(sizeof(char) * 2000);
    if (dexfilepath == nullptr) {
       LOG(INFO) << "ArtMethod::dumpDexFileByExecute,methodname:"
<< PrettyMethod(artmethod).c_str() << "malloc 2000 byte failed";
       return;
    }
    int fcmdline = -1;
    char szCmdline[64] = { 0 };
    char szProcName[256] = { 0 };
    int procid = getpid();
sprintf(szCmdline, "/proc/%d/cmdline", procid);
//根据进程号拿到进程的命令行参数
    fcmdline = open(szCmdline, O_RDONLY, 0644);
    if (fcmdline > 0) {
       read(fcmdline, szProcName, 256);
       close(fcmdline);
    }
if (szProcName[0]) {
//获取当前 dexfile 对象
       const DexFile * dex_file = artmethod->GetDexFile();
//获取当前 DexFile 的起始地址
       const uint8_t * begin_ = dex_file->Begin(); // Start of data.
//当前 DexFile 的长度
       size_t size_ = dex_file->Size();              // Length of data.
       memset(dexfilepath, 0, 2000);
       int size_int_ = (int) size_;
```

```
        memset(dexfilepath, 0, 2000);
        sprintf(dexfilepath, "%s", "/sdcard/fart");
        mkdir(dexfilepath, 0777);
        memset(dexfilepath, 0, 2000);
        sprintf(dexfilepath, "/sdcard/fart/%s",szProcName);
        mkdir(dexfilepath, 0777);
//构建 Dex 文件名,由进程名、文件大小组成
        memset(dexfilepath, 0, 2000);
        sprintf(dexfilepath, "/sdcard/fart/%s/%d_dexfile_execute.dex",
szProcName, size_int_);
        int dexfilefp = open(dexfilepath, O_RDONLY, 0666);
        if (dexfilefp > 0) {
          close(dexfilefp);
          dexfilefp = 0;
        } else {
          dexfilefp = open(dexfilepath, O_CREAT | O_RDWR, 0666);
          if (dexfilefp > 0) {
//直接写 Dex 文件
            write(dexfilefp, (void *) begin_, size_);
            fsync(dexfilefp);
            close(dexfilefp);
          }
        }
      }
      if (dexfilepath != nullptr) {
        free(dexfilepath);
        dexfilepath = nullptr;
      }
}
```

该函数就是通过 ArtMethod 对象的 getDexFile 获取该方法所属的 DexFile 对象。通过 DexFile 对象完成 Dex 文件的 Dump 操作。dumpDexFileByExecute()函数的调用位置是在 interpreter.cc 文件的 Execute()函数中,这是 FART 的作者发现的一个新的脱壳点,由于 ART 引入了 dex2oat 对 Dex 文件进行编译,来提升运行效率,但是类的初始化函数并没有被编译,也就是说,类的初始化函数始终是以解释模式在运行,也就必然会经过 interpreter.cc 文件中的 Execute()函数,再进入 ART 下的解释器解释执行。因此可以在 Execute()函数中执行 Dump 操作。

2. 类函数的主动调用设计实现

构建主动调用的目的是通过主动调用应用中的方法诱导壳程序去对方法体进行解密,然后将解密的方法体 Dump 下来。而构建主动调用链的工作应该在应用启动之前开始进行,对于应用来说,ActivityThread.main()函数是进入应用的入口,在这里创建了 ActivityThread 实例,然后进一步调用 handlebindapplication 启动 application,并将 Apk 组件等相关信息绑定到 application 中,接着进一步调用 application 的 attachBaseContext()方法,再进一步调用 onCreate()方法。因此 FART 的作者添加的构建主动调用的入口就在 handlebindapplication 之前,也就是在 ActivityThread.java 文件中的 performLaunchActivity()方法中。

```
private Activity performLaunchActivity(ActivityClientRecord r, Intent customIntent) {
...
//add
   fartthread();
   //add
   return activity;
}
```

fartthread()方法会进入 fart()方法,fart()方法获取当前类的 Classloader,并通过获取到的 Classloader 得到 Dex 文件的实例,初始化 3 个任务:getClassNameList、defineClassNative、dumpMethodCode。然后获取 mCookie,调用 DexFile 类的 getClassNameList 获取 Dex 中的所有类名。

```
public static void fart() {
   ClassLoader appClassloader = getClassloader();
   List<Object> dexFilesArray = new ArrayList<Object>();
   Field pathList_Field = (Field) getClassField(appClassloader,
         "dalvik.system.BaseDexClassLoader", "pathList");
   Object pathList_object = getFieldOjbect("dalvik.system.BaseDexClassLoader",
appClassloader, "pathList");
   Object[] ElementsArray = (Object[]) getFieldOjbect(
            "dalvik.system.DexPathList", pathList_object, "dexElements");
   Field dexFile_fileField = null;
   try {
      dexFile_fileField = (Field) getClassField(appClassloader,
            "dalvik.system.DexPathList$Element", "dexFile");
   } catch (Exception e) {
      e.printStackTrace();
   }
   Class DexFileClazz = null;
   try {
      DexFileClazz = appClassloader.loadClass("dalvik.system.DexFile");

   } catch (Exception e) {
      e.printStackTrace();
   }
   Method getClassNameList_method = null;
   Method defineClass_method = null;
   Method dumpDexFile_method = null;
   Method dumpMethodCode_method = null;

   for (Method field : DexFileClazz.getDeclaredMethods()) {
      if (field.getName().equals("getClassNameList")) {
         getClassNameList_method = field;
         getClassNameList_method.setAccessible(true);
      }
      if (field.getName().equals("defineClassNative")) {
         defineClass_method = field;
```

```
                defineClass_method.setAccessible(true);
            }
            if (field.getName().equals("dumpMethodCode")) {
                dumpMethodCode_method = field;
                dumpMethodCode_method.setAccessible(true);
            }
        }
        Field mCookiefield = getClassField(appClassloader,
                            "dalvik.system.DexFile", "mCookie");
        for (int j = 0; j < ElementsArray.length; j++) {
            Object element = ElementsArray[j];
            Object dexfile = null;
            try {
                dexfile = (Object) dexFile_fileField.get(element);
            } catch (Exception e) {
                e.printStackTrace();
            }
            if (dexfile == null) {
                continue;
            }
            if (dexfile != null) {
                dexFilesArray.add(dexfile);
                Object mcookie = getClassFieldObject(appClassloader,
                            "dalvik.system.DexFile", dexfile, "mCookie");
                if (mcookie == null) {
                    continue;
                }
                String[] classnames = null;
                try {
                    classnames = (String[]) getClassNameList_method
                            .invoke(dexfile, mcookie);
                } catch (Exception e) {
                    e.printStackTrace();
                    continue;
                } catch (Error e) {
                    e.printStackTrace();
                    continue;
                }
                if (classnames != null) {
                    for (String eachclassname : classnames) {
                        loadClassAndInvoke(appClassloader, eachclassname,
                                dumpMethodCode_method);
                    }
                }
            }
        }
        return;
    }
```

FART 实现主动调用的方式是构造自己的 Invoke()函数。在该函数中调用 ArtMethod 的 Invoke()函数完成主动调用，并在 ArtMethod 的 Invoke()函数中进行判断，如果发现是主动调用，则 Dump()方法体并返回，从而实现对壳的欺骗。具体的实现在 loadClassAndInvoke()方法中。

```
public static void loadClassAndInvoke(ClassLoader appClassloader, String eachclassname,
Method dumpMethodCode_method) {
    Log.i("ActivityThread", "go into loadClassAndInvoke->" + "classname:" + eachclassname);
    Class resultclass = null;
    try {
        //主动加载 Dex 中的所有类,此时方法体已解密
        resultclass = appClassloader.loadClass(eachclassname);
    } catch (Exception e) {
        e.printStackTrace();
        return;
    } catch (Error e) {
        e.printStackTrace();
        return;
    }
    if (resultclass != null) {
        try {
            Constructor<?> cons[] = resultclass.getDeclaredConstructors();

            for (Constructor<?> constructor : cons) {
                if (dumpMethodCode_method != null) {
                    try {
                            //这里调用了 DexFile 对象中插入的 dumpMethodCode()方法
                        dumpMethodCode_method.invoke(null, constructor);
                    } catch (Exception e) {
                        e.printStackTrace();
                        continue;
                    } catch (Error e) {
                        e.printStackTrace();
                        continue;
                    }
                } else {
                    Log.e("ActivityThread", "dumpMethodCode_method is null ");
                }

            }
        } catch (Exception e) {
            e.printStackTrace();
        } catch (Error e) {
            e.printStackTrace();
        }
        try {
            Method[] methods = resultclass.getDeclaredMethods();
            if (methods != null) {
                    //调用 DexFile 中的 dumpMethodCode()方法
                for (Method m : methods) {
                    if (dumpMethodCode_method != null) {
                        try {
```

```
                        dumpMethodCode_method.invoke(null, m);
                    } catch (Exception e) {
                        e.printStackTrace();
                        continue;
                    } catch (Error e) {
                        e.printStackTrace();
                        continue;
                    }
                } else {
                    Log.e("ActivityThread", "dumpMethodCode_method is null ");
                }
            }
        }
    } catch (Exception e) {
        e.printStackTrace();
    } catch (Error e) {
        e.printStackTrace();
    }
  }
}
```

接下来是方法体的Dump部分。在DexFile.java中加入一个Native层方法dumpMethodCode()的调用，再在art/runtime/native/dalvik_system_DexFile.cc文件中添加DexFile_dumpMethodCode()：

```
static void DexFile_dumpMethodCode(JNIEnv * env, jclass,jobject method) {
ScopedFastNativeObjectAccess soa(env);
  if(method!= nullptr)
  {
        ArtMethod * artmethod =
                ArtMethod::FromReflectedMethod(soa, method);
        myfartInvoke(artmethod);
  }
  return;
}
```

DexFile_dumpMethodCode()将Java层传来的Method结构体的类型转换成了ArtMethod对象，并调用myfartInvoke，这个调用最终会调用ArtMethod类中的Invoke()函数，并给Invoke()函数的Thread参数传递了一个nullptr，由此作为主动调用的标识。

```
void ArtMethod::Invoke(Thread * self, uint32_t * args,
            uint32_t args_size, JValue * result,
            const char * shorty) {
   if (self == nullptr) {
     dumpArtMethod(this);
     return;
   }
   ...
}
```

FART 稍微修改了一下原有的 Invoke()函数，在开头添加了对 Thread 参数的判断，当该参数为 nullptr 时，表明这次调用是一次主动调用，然后调用 dumpArtMethod()对该方法的 CodeItem 部分进行 Dump 操作。

```
extern "C" void dumpArtMethod(ArtMethod * artmethod)
 SHARED_LOCKS_REQUIRED(Locks::mutator_lock_) {
   char * dexfilepath = (char * ) malloc(sizeof(char) * 2000);
   if (dexfilepath == nullptr) {
      LOG(INFO) <<
         "ArtMethod::dumpArtMethodinvoked,methodname:"
         << PrettyMethod(artmethod).
         c_str() << "malloc 2000 byte failed";
      return;
   }
   int fcmdline = -1;
   char szCmdline[64] = { 0 };
   char szProcName[256] = { 0 };
   int procid = getpid();
   sprintf(szCmdline, "/proc/%d/cmdline", procid);
   fcmdline = open(szCmdline, O_RDONLY, 0644);
   if (fcmdline > 0) {
      read(fcmdline, szProcName, 256);
      close(fcmdline);
   }
   if (szProcName[0]) {
      const DexFile * dex_file = artmethod->GetDexFile();
      const char * methodname = PrettyMethod(artmethod).c_str();
      const uint8_t * begin_ = dex_file->Begin();
      size_t size_ = dex_file->Size();
      memset(dexfilepath, 0, 2000);
      int size_int_ = (int) size_;
      memset(dexfilepath, 0, 2000);
      sprintf(dexfilepath, "%s", "/sdcard/fart");
      mkdir(dexfilepath, 0777);
      memset(dexfilepath, 0, 2000);
      sprintf(dexfilepath, "/sdcard/fart/%s", szProcName);
      mkdir(dexfilepath, 0777);
      memset(dexfilepath, 0, 2000);
      sprintf(dexfilepath, "/sdcard/fart/%s/%d_dexfile.dex",
         szProcName, size_int_);
      int dexfilefp = open(dexfilepath, O_RDONLY, 0666);
      if (dexfilefp > 0) {
         close(dexfilefp);
         dexfilefp = 0;
      } else {
         dexfilefp =
            open(dexfilepath, O_CREAT | O_RDWR, 0666);
         if (dexfilefp > 0) {
            write(dexfilefp, (void * ) begin_, size_);
```

```
                fsync(dexfilefp);
                close(dexfilefp);
            }
        }
        const DexFile::CodeItem * code_item = artmethod->GetCodeItem();
        if (LIKELY(code_item != nullptr)) {
            int code_item_len = 0;
            uint8_t * item = (uint8_t * ) code_item;
            if (code_item->tries_size_ > 0) {
                const uint8_t * handler_data = (const uint8_t * )
(DexFile::GetTryItems( * code_item, code_item->tries_size_));
                uint8_t * tail = codeitem_end(&handler_data);
                code_item_len = (int) (tail - item);
            } else {
                code_item_len =
16 + code_item->insns_size_in_code_units_ * 2;
            }
            memset(dexfilepath, 0, 2000);
            int size_int = (int) dex_file->Size(); // Length of data
            uint32_t method_idx = artmethod->get_method_idx();
            sprintf(dexfilepath, "/sdcard/fart/%s/%d_%ld.bin",
szProcName, size_int, gettidv1());
            int fp2 =
open(dexfilepath, O_CREAT | O_AppEND | O_RDWR, 0666);
            if (fp2 > 0) {
                lseek(fp2, 0, SEEK_END);
                memset(dexfilepath, 0, 2000);
                int offset = (int) (item - begin_);
                sprintf(dexfilepath,
                    "{name:%s,method_idx:%d,offset:%d,code_item_len:%d,ins:",
                    methodname, method_idx, offset, code_item_len);
                int contentlength = 0;
                while (dexfilepath[contentlength] != 0)
                    contentlength++;
                write(fp2, (void * ) dexfilepath, contentlength);
                long outlen = 0;
                char * base64result =
base64_encode((char * ) item, (long)code_item_len, &outlen);
                write(fp2, base64result, outlen);
                write(fp2, "};", 2);
                fsync(fp2);
                close(fp2);
                if (base64result != nullptr) {
                    free(base64result);
                    base64result = nullptr;
                }
            }
        }
    }
    if (dexfilepath != nullptr) {
```

```
        free(dexfilepath);
        dexfilepath = nullptr;
    }
}
```

至此就完成了对主动调用的函数体的 Dump 操作。

3. 抽取类函数的修复

将 Dex 文件和 CodeItem 分别 Dump 下来后，需要解析 CodeItem 文件以及 Dex 文件，将 CodeItem 信息回填到 Dex 文件中。FART 的作者在 GitHub 上提供了用于修复的 Python 脚本，这个脚本主要的工作就是对写下来的方法体文件进行解析，得到一条一条的记录，每条记录的格式如下：

```
{
    name:返回值类型 所属类名.方法名(参数表),
    method_idx:dex 中方法的编号,
    offset:codeItem 在 dex 文件中的偏移,
    code_item_len:指令长度,
    ins:指令二进制的 base64 字符串
};
```

再去解析 Dex 格式，按照记录中的方法编号找到对应的位置，将 ins 的二进制数据写回去，就完成了类指令的修复。

9.2.3 脱壳实践

本节将使用 FART 实际进行一次脱壳实践。FART 作者提供了基于 Nexus5 Android 6.0 的镜像，以及适用于模拟器的镜像，由于真机的运行性能好、速度快，所以本书建议使用真机刷 FART 镜像来进行脱壳。此外，由于 FART 作者提供镜像的 Nexus5 机型比较老，可以使用 GitHub 上其他开发者基于更高系统版本开发的镜像，例如 https://github.com/r0ysue/AndroidSecurityStudy。

本书使用的是基于 Nexus 6p 的 Android 8.0 镜像，Nexus 6p 对应的代号是 angler。首先下载镜像压缩包后进行解压，然后按照第 1 章介绍的刷机教程先确保手机 bootloader 处于解锁状态，并最好先刷入 Android 8.0 的工厂镜像。一切准备好后执行命令进入 fastboot 模式：

```
$ adb reboot bootloader
```

执行解压目录下的刷机脚本 flash-all.sh，然后等待刷机完成。

由于系统源码被修改过，所以在启动的时候可能会弹窗提示系统内部有错误，无须理会这些提示。FART 对系统底层进行了修改，并且作者没有提供指定应用的配置文件，这个版本的 FART 会对每一个运行的应用进行脱壳操作，导致运行速度会比较慢。接下来将一个经过指令抽取加固的应用安装到设备中，将它运行起来。

如图 9.15 所示为运行待脱壳的应用。

图 9.15　运行待脱壳的应用

FART 会对启动的应用进行主动调用脱壳，所以应用启动后会有一段时间白屏。应用进入主界面后执行 adb 命令进入系统的 shell 命令行：

```
$ adb shell
```

进入 sdcard/fart 目录下，就可以看到有对应包名的目录，里面保存的就是脱壳的结果，如图 9.16 所示为脱壳后的 sdcard/fart 目录。

```
angler:/sdcard/fart $ cd com.example.webbrowser/
angler:/sdcard/fart/com.example.webbrowser $ ls -l
total 31068
-rw-rw---- 1 root sdcard_rw   259876 1971-01-28 00:38 10286360_classlist_execute.txt
-rw-rw---- 1 root sdcard_rw 10286360 1971-01-28 00:38 10286360_dexfile_execute.dex
-rw-rw---- 1 root sdcard_rw    88777 1971-01-28 00:38 1390424_classlist_execute.txt
-rw-rw---- 1 root sdcard_rw  1390424 1971-01-28 00:38 1390424_dexfile_execute.dex
-rw-rw---- 1 root sdcard_rw     7509 1971-01-28 00:38 181444_classlist_execute.txt
-rw-rw---- 1 root sdcard_rw   181444 1971-01-28 00:38 181444_dexfile_execute.dex
-rw-rw---- 1 root sdcard_rw    65546 1971-01-28 00:38 2032368_classlist_execute.txt
-rw-rw---- 1 root sdcard_rw  2032368 1971-01-28 00:38 2032368_dexfile_execute.dex
-rw-rw---- 1 root sdcard_rw     1978 1971-01-28 00:38 260132_classlist_execute.txt
-rw-rw---- 1 root sdcard_rw   260132 1971-01-28 00:38 260132_dexfile_execute.dex
-rw-rw---- 1 root sdcard_rw    69008 1971-01-28 00:38 3046356_classlist_execute.txt
-rw-rw---- 1 root sdcard_rw  3046356 1971-01-28 00:38 3046356_dexfile_execute.dex
-rw-rw---- 1 root sdcard_rw    12621 1971-01-28 00:38 359592_classlist_execute.txt
-rw-rw---- 1 root sdcard_rw   359592 1971-01-28 00:38 359592_dexfile_execute.dex
-rw-rw---- 1 root sdcard_rw   140238 1971-01-28 00:38 5068284_classlist_execute.txt
-rw-rw---- 1 root sdcard_rw  5068284 1971-01-28 00:38 5068284_dexfile_execute.dex
-rw-rw---- 1 root sdcard_rw   206233 1971-01-28 00:38 8294920_classlist_execute.txt
-rw-rw---- 1 root sdcard_rw  8294920 1971-01-28 00:38 8294920_dexfile_execute.dex
```

图 9.16　脱壳后的 sdcard/fart 目录

使用 adb 的 pull 命令将 fart 目录拉取到本地，目录中有许多文件，下面逐一分析。首先是 txt 文件，这是 Dex 文件执行的类列表清单，bin 结尾的文件是 Dump 下来的方法体，如图 9.17 所示为 classlist_execute. txt 文件内容。

如图 9.18 所示为使用 JEB 解析已修复的 Dex 文件。

```
Landroid/renderscript/Script$FieldBase;
Landroid/renderscript/Script$FieldID;
Landroid/renderscript/Script$InvokeID;
Landroid/renderscript/Script$KernelID;
Landroid/renderscript/Script$LaunchOptions;
Landroid/renderscript/Script;
Landroid/renderscript/ScriptC;
Landroid/renderscript/ScriptGroup$Binding;
Landroid/renderscript/ScriptGroup$Builder2;
Landroid/renderscript/ScriptGroup$Builder;
Landroid/renderscript/ScriptGroup$Closure$ValueAndSize;
Landroid/renderscript/ScriptGroup$Closure;
Landroid/renderscript/ScriptGroup$ConnectLine;
Landroid/renderscript/ScriptGroup$Future;
Landroid/renderscript/ScriptGroup$IO;
Landroid/renderscript/ScriptGroup$Input;
Landroid/renderscript/ScriptGroup$Node;
Landroid/renderscript/ScriptGroup;
Landroid/renderscript/ScriptIntrinsic;
Landroid/renderscript/ScriptIntrinsic3DLUT;
Landroid/renderscript/ScriptIntrinsicBLAS;
Landroid/renderscript/ScriptIntrinsicBlend;
Landroid/renderscript/ScriptIntrinsicBlur;
Landroid/renderscript/ScriptIntrinsicColorMatrix;
Landroid/renderscript/ScriptIntrinsicConvolve3x3;
Landroid/renderscript/ScriptIntrinsicConvolve5x5;
Landroid/renderscript/ScriptIntrinsicHistogram;
Landroid/renderscript/ScriptIntrinsicLUT;
Landroid/renderscript/ScriptIntrinsicResize;
```

图 9.17　classlist_execute.txt 文件内容

```
public class MainActivity extends AppCompatActivity {
    Activity activity;
    AutoCompleteTextView autoCompleteTextView;
    WebView webView;

    public MainActivity() {
        super();
    }

    protected void onCreate(Bundle arg12) {
        super.onCreate(arg12);
        this.setContentView(0x7F09001C);
        this.autoCompleteTextView = this.findViewById(0x7F070094);
        this.activity = ((Activity)this);
        this.webView = this.findViewById(0x7F070075);
        this.webView.getSettings().setJavaScriptEnabled(true);
        this.webView.getSettings().setBuiltInZoomControls(true);
        this.webView.setWebViewClient(new WebViewClient() {
            public void onPageStarted(WebView arg2, String arg3, Bitmap arg4) {
                super.onPageStarted(arg2, arg3, arg4);
                MainActivity.this.autoCompleteTextView.setText(((CharSequence)arg3));
            }

            public void onReceivedError(WebView arg3, int arg4, String arg5, String arg6) {
                Toast.makeText(MainActivity.this.activity, ((CharSequence)arg5), 0).show();
            }

            public boolean shouldOverrideUrlLoading(WebView arg5, String arg6) {
                if(arg6 == null) {
                    return 0;
                }

                try {
                    if(!arg6.startsWith("http://") && !arg6.startsWith("https://")) {
                        MainActivity.this.startActivity(new Intent("android.intent.action.VIEW", Uri.parse(arg6)));
                        return 1;
                    }
                }
                catch(Exception v1) {
                    return 1;
                }
```

图 9.18　使用 JEB 解析已修复的 Dex 文件

9.3　OLLVM 脱壳

9.3.1　指令替换混淆还原

在实际的加固方案中，用得最多的指令替换技术是代数恒等式替换与花指令。所谓花指令，是指在原指令序列中插入一系列没有用的垃圾指令，这些垃圾指令在程序运行过程中不会被执行。指令替换的主要目的在于干扰逆向人员对代码逻辑的静态分析。

本节介绍的一个应对指令替换混淆的思路是指令模式匹配。指令模式匹配是通过判断指令序列是否满足花指令特征的方式确定垃圾指令的位置,从而将垃圾指令替换成 nop,实现还原混淆。指令匹配模式的主要缺点在于不同平台的汇编指令不同,因此需要根据平台编写不同的匹配策略,这造成了工作量的增加。

有一个开源项目 Nao 可以实现垃圾指令的检测与消除,这个工具是一个 IDA Python 工具,可以作为 IDA Pro 的一个插件调用。该工具的作用是通过 Unicorn 动态执行指令,通过递归的方式判断执行的指令对寄存器的影响,如果指令的执行对上一次执行后寄存器值没有影响,则该指令可以被视为垃圾指令,用 nop 替换掉。

从 https://github.com/tkmru/nao 下载 Nao 项目并解压。本书使用的 IDA Pro 环境是 IDA Pro 7.0 Portable,自带的 Python 环境是 2.7 版本。Nao 的运行需要用到 Unicorn,需要首先下载用于 Python 2.7 的 Unicorn 包,解压后放到 IDA Pro 目录 python27/Lib/site-packages 下。

依赖环境安装完毕后通过 IDA Pro 的 File-> Script File 命令选中 nao.py 文件运行,运行完毕后可以通过 Edit-> Plugins 命令找到 Nao 插件。

如图 9.19 所示为在 IDA Pro 中安装 Nao 插件。

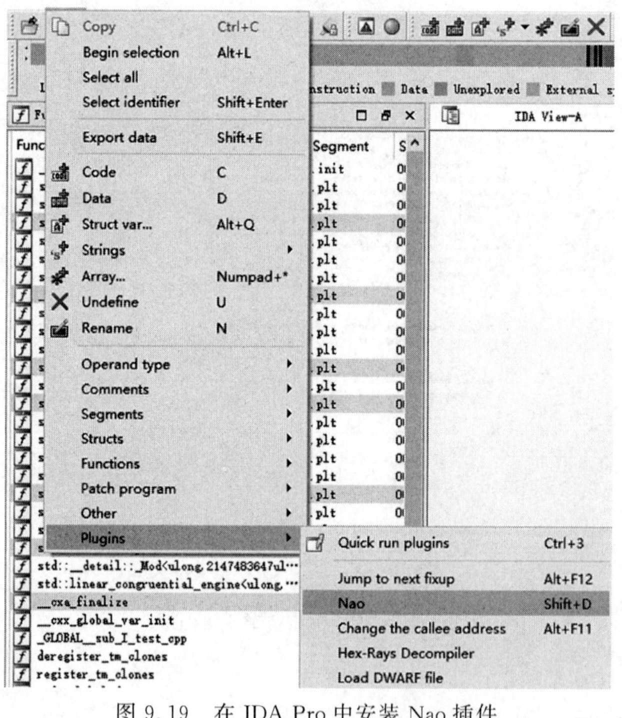

图 9.19 在 IDA Pro 中安装 Nao 插件

现在编写测试用的 so 文件:

```
#include <iostream>

using namespace std;

int main(){
```

```
    int input,sum,tmp;
    cout << "input a number" << endl;
    cin >> input;
    int result = 0;
    switch (input) {
      case 1:
        cout << "input 1" << endl;
        sum = input + 10086;
        tmp = sum - 988;
        return sum * tmp;
        break;
      case 2:
        cout << "input 2" << endl;
        sum = input + 10010;
        tmp = sum - 911;
        return sum * tmp;
        break;
      case 3:
        cout << "input 3" << endl;
        sum = input + 10000;
        tmp = sum - 888;
        return sum * tmp;
        break;
      default:
        cout << "default input" << endl;
        sum = input + 1;
        tmp = sum - 1;
        return sum * tmp;
    }
    return 0;
}
```

直接使用 ollvm 编译出来的 bin 目录下的 clang++进行编译：

```
./clang++../../ndk-library/jni/test_plus.cpp -mllvm -sub -mllvm -sub_loop=3 -fPIC -
shared -o ../../ndk-library/test_sub_3.so
```

用 IDA Pro 打开混淆后的 so 文件：

如图 9.20 所示为经过 3 轮指令替换混淆后的 CFG 图。

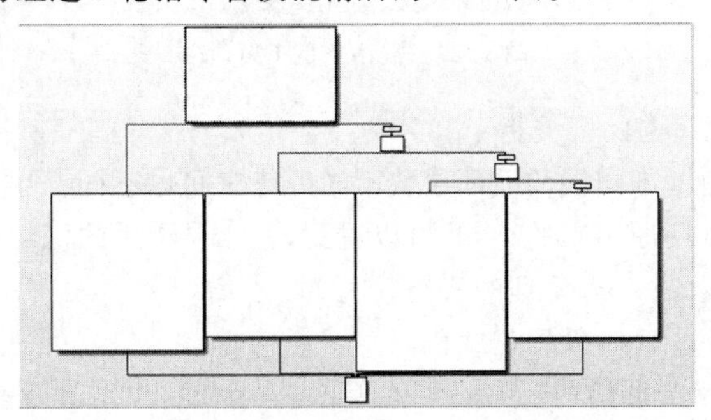

图 9.20　经过 3 轮指令替换混淆后的 CFG 图

如图 9.21 所示为 3 轮指令替换混淆后的汇编指令。

```
loc_1231:
mov     rdi, cs:_ZSt4cout_ptr
lea     rsi, aInput1    ; "input 1"
call    __ZStlsISt11char_traitsIcEERSt13basic_ostreamIcT_ES5_PKc ; std::operator<<<std::char_traits<char>>(std::basic_ostream<char,std::char_traits<char>> &,char const*)
mov     rsi, cs:_ZSt4endlIcSt11char_traitsIcEERSt13basic_ostreamIT_T0_ES6__ptr
mov     rdi, rax
call    __ZNSolsEPFRSoS_E ; std::ostream::operator<<(std::ostream & (*)(std::ostream &))
xor     ecx, ecx
mov     edx, [rbp+var_8]
add     edx, 08FE88612h
add     edx, 0D8841301h
sub     edx, 08FE88612h
add     edx, 28438197h
sub     edx, 0C73723E9h
sub     edx, 28438197h
sub     edx, 0F208EB2h
sub     edx, 0D8841301h
add     edx, 0F208EB2h
sub     edx, 57ED52D9h
add     edx, 3F0A50DFh
add     edx, 57ED52D9h
add     edx, 2E945637h
add     edx, 2766h
sub     edx, 2E945637h
mov     r8d, ecx
sub     r8d, 3F0A50DFh
add     edx, r8d
sub     edx, 6035C2E0h
add     edx, 48B46588h
add     edx, 6035C2E0h
sub     edx, 4429251Eh
add     edx, 0C73723E9h
add     edx, 4429251Eh
add     edx, 08F404FCEh
sub     edx, 48B46588h
sub     edx, 08F404FCEh
mov     [rbp+var_C], edx
mov     edx, [rbp+var_C]
mov     r8d, ecx
sub     r8d, edx
add     r8d, 0
mov     edx, 522D8160h
add     edx, 0
sub     edx, 0B12046DEh
sub     edx, 522D8160h
mov     r9d, ecx
sub     r9d, r8d
mov     r8d, ecx
sub     r8d, edx
add     r9d, r8d
mov     edx, ecx
sub     edx, r9d
mov     r8d, ecx
sub     r8d, 9A092D81h
sub     r8d, edx
add     r8d, 9A092D81h
sub     ecx, 106C3D27h
add     r8d, ecx
sub     r8d, 0C5231296h
sub     r8d, 3DCh
add     r8d, 0C5231296h
```

图 9.21　3 轮指令替换混淆后的汇编指令

对比混淆前的 so 文件,如图 9.22 所示为混淆前的 CFG 图。

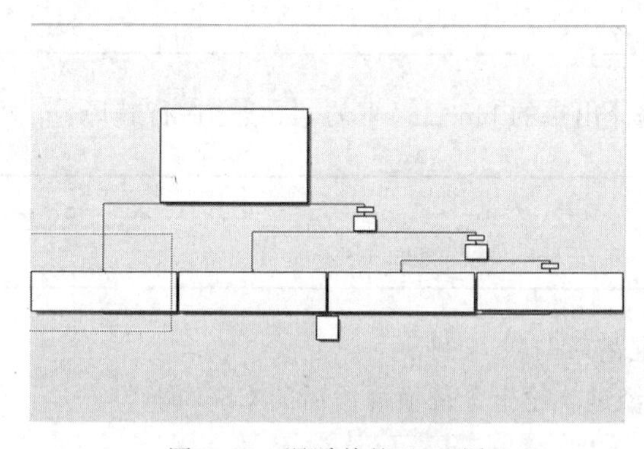

图 9.22　混淆前的 CFG 图

图 9.23 所示为混淆前的汇编指令。

现在执行 Nao 插件,根据混淆循环层数不同等待时间也不同。还原完毕后生成一个新选项卡,里面就是 Nao 还原出来的结果,可以看到,它和混淆后的汇编码对比清除了一些指令,如图 9.24 所示为未经 Nao 处理的代码。

图 9.25 所示为经过 Nao 处理过的代码。

Nao 的修复的结果与混淆前还有一些差距,这是因为这个工具目前并不完善,效果相当有限,但是可以作为一个参考思路。

```
loc_1231:
mov     rdi, cs:_ZSt4cout_ptr
lea     rsi, aInput1    ; "input 1"
call    __ZStlsISt11char_traitsIcEERSt13basic_ostreamIcT_ES5_PKc ; std::operator<<<std::char_traits<char>>(std::basic_ostream<char,std::char_traits<char>> &,char const*)
mov     rsi, cs:_ZSt4endlIcSt11char_traitsIcEERSt13basic_ostreamIT_T0_ES6__ptr
mov     rdi, rax
call    __ZNSolsEPFRSoS_E ; std::ostream::operator<<(std::ostream & (*)(std::ostream &))
mov     ecx, [rbp+var_8]
add     ecx, 2766h
mov     [rbp+var_C], ecx
mov     ecx, [rbp+var_C]
sub     ecx, 3DCh
mov     [rbp+var_10], ecx
mov     ecx, [rbp+var_C]
imul    ecx, [rbp+var_10]
mov     [rbp+var_4], ecx
mov     [rbp+var_40], rax
jmp     loc_135A
```

图 9.23 混淆前的汇编指令

```
.text:000000000000121D loc_121D:                               ; CODE XREF: main+78↑j
.text:000000000000121D                 mov     eax, [rbp+var_2C]
.text:0000000000001220                 sub     eax, 3
.text:0000000000001223                 mov     [rbp+var_38], eax
.text:0000000000001226                 jz      loc_14E5
.text:000000000000122C                 jmp     loc_167E
.text:0000000000001231 ; ---------------------------------------------------------------------------
.text:0000000000001231
.text:0000000000001231 loc_1231:                               ; CODE XREF: main+5E↑j
.text:0000000000001231                 mov     rdi, cs:_ZSt4cout_ptr
.text:0000000000001238                 lea     rsi, aInput1    ; "input 1"
.text:000000000000123F                 call    __ZStlsISt11char_traitsIcEERSt13basic_ostreamIcT_ES5_PKc ; std::operator<<<std::char_traits<char>>(std::basic_ostream<char,std::char_traits<char>> &,char const*)
.text:0000000000001244                 mov     rsi, cs:_ZSt4endlIcSt11char_traitsIcEERSt13basic_ostreamIT_T0_ES6__ptr
.text:000000000000124B                 mov     rdi, rax
.text:000000000000124E                 call    __ZNSolsEPFRSoS_E ; std::ostream::operator<<(std::ostream & (*)(std::ostream &))
.text:0000000000001253                 xor     ecx, ecx
.text:0000000000001255                 mov     edx, [rbp+var_8]
.text:0000000000001258                 add     edx, 0BFEB8612h
.text:000000000000125E                 add     edx, 0D8B41301h
.text:0000000000001264                 sub     edx, 0BFEB8612h
.text:000000000000126A                 add     edx, 28438197h
.text:0000000000001270                 sub     edx, 0C73723E9h
.text:0000000000001276                 sub     edx, 28438197h
.text:000000000000127C                 sub     edx, 0F206E82h
.text:0000000000001282                 sub     edx, 0D8B41301h
.text:0000000000001288                 add     edx, 0F206E82h
.text:000000000000128E                 sub     edx, 57ED52D9h
.text:0000000000001294                 add     edx, 3F0A50DFh
.text:000000000000129A                 add     edx, 57ED52D9h
.text:00000000000012A0                 add     edx, 2E945637h
.text:00000000000012A6                 add     edx, 2766h
.text:00000000000012AC                 sub     edx, 2E945637h
.text:00000000000012B2                 mov     r8d, ecx
.text:00000000000012B5                 sub     r8d, 3F0A50DFh
.text:00000000000012BC                 add     edx, r8d
.text:00000000000012BF                 sub     edx, 6035C2E0h
.text:00000000000012C5                 add     edx, 48B4658Bh
.text:00000000000012CB                 add     edx, 6035C2E0h
.text:00000000000012D1                 sub     edx, 4429251Eh
.text:00000000000012D7                 add     edx, 0C73723E9h
.text:00000000000012DD                 add     edx, 4429251Eh
.text:00000000000012E3                 add     edx, 0BF404FCEh
.text:00000000000012E9                 sub     edx, 48B4658Bh
.text:00000000000012EF                 sub     edx, 0BF404FCEh
.text:00000000000012F5                 mov     [rbp+var_C], edx
.text:00000000000012F8                 mov     edx, [rbp+var_C]
.text:00000000000012FB                 mov     r8d, ecx
.text:00000000000012FE                 sub     r8d, edx
.text:0000000000001301                 add     r8d, 0
.text:0000000000001305                 mov     edx, 522D8160h
```

图 9.24 未经过 Nao 处理的代码

```
loc_121D
121D:   mov     eax, [rbp+var_2C]
1220:   sub     eax, 3
1226:   jz      loc_14E5
123F:   call    __ZStlsISt11char_traitsIcEERSt13basic_ostreamIcT_ES5_PKc; std::operator<<<std::char_traits<char>>(std::basic_ostream<char,std::char_traits<char>> &,char const*)
124E:   call    __ZNSolsEPFRSoS_E; std::ostream::operator<<(std::ostream & (*)(std::ostream &))
13BE:   call    __ZStlsISt11char_traitsIcEERSt13basic_ostreamIcT_ES5_PKc; std::operator<<<std::char_traits<char>>(std::basic_ostream<char,std::char_traits<char>> &,char const*)
13CD:   call    __ZNSolsEPFRSoS_E; std::ostream::operator<<(std::ostream & (*)(std::ostream &))
14F3:   call    __ZStlsISt11char_traitsIcEERSt13basic_ostreamIcT_ES5_PKc; std::operator<<<std::char_traits<char>>(std::basic_ostream<char,std::char_traits<char>> &,char const*)
1502:   call    __ZNSolsEPFRSoS_E; std::ostream::operator<<(std::ostream & (*)(std::ostream &))
168C:   call    __ZStlsISt11char_traitsIcEERSt13basic_ostreamIcT_ES5_PKc; std::operator<<<std::char_traits<char>>(std::basic_ostream<char,std::char_traits<char>> &,char const*)
1691:   mov     rsi, cs:_ZSt4endlIcSt11char_traitsIcEERSt13basic_ostreamIT_T0_ES6__ptr
1698:   mov     rdi, rax
169B:   call    __ZNSolsEPFRSoS_E; std::ostream::operator<<(std::ostream & (*)(std::ostream &))
16A2:   mov     edx, [rbp+var_8]
16A5:   add     edx, 31101650h
16AB:   add     edx, 5AC2F889h
16B1:   sub     edx, 31101650h
16B7:   mov     r8d, ecx
16BA:   sub     r8d, 296D9E49h
16C1:   sub     edx, r8d
16C4:   add     edx, 3485EF85h
16CA:   sub     edx, 5AC2F889h
16D0:   sub     edx, 3485EF85h
16D6:   mov     r8d, ecx
16D9:   sub     r8d, 0DEFF67A1h
16E0:   add     edx, r8d
16E3:   add     edx, 0D3E00109h
16E9:   add     edx, 1
16EC:   sub     edx, 0D3E00109h
16F2:   mov     r8d, ecx
16F5:   sub     r8d, edx
16F8:   mov     edx, ecx
16FA:   sub     edx, 0DEFF67A1h
1700:   add     r8d, edx
1703:   mov     edx, ecx
1705:   sub     edx, r8d
1708:   mov     r8d, ecx
170B:   sub     r8d, 0BC6B9CD1h
1712:   add     edx, r8d
1715:   add     edx, 22B85D8Dh
171B:   sub     edx, 296D9E49h
1721:   sub     edx, 22B85D8Dh
1727:   mov     r8d, ecx
172A:   sub     r8d, 0BC6B9CD1h
1731:   sub     edx, r8d
173A:   mov     r8d, 714543ECh
1744:   sub     r8d, 0A748E1D2h
174B:   sub     r8d, 714543ECh
1752:   mov     r9d, ecx
1755:   sub     r9d, r8d
```

图 9.25 经过 Nao 处理过的代码

9.3.2 控制流平展的还原

控制流平坦化并不会改变 LLVM IR 中的指令，只会在原有指令的基础上添加循环分支指令作为干扰，因此，如果能正确识别并去除干扰指令，就可以很好地还原混淆。

执行控制流平坦化后，所有原始指令都被安插在循环体中，还原控制流平坦化混淆的关键在于如何正确识别平坦化后循环体和循环体之间的联系。这里介绍一个基于 Angr 框架的 Python 工具 Deflat，它的思路是利用符号执行去除控制流平坦化。

Deflat 还原代码混淆的大致思路是：

(1) 生成目标函数的 CFG。

(2) 找出 CFG 的重要基本块：

① 函数一开始的块是序言。

② 序言的后缀为主分发器。

③ 后继为主分发器的块为预处理器。

④ 后继为预处理器的块为真实块。

⑤ 无后继的块为 retn 块。

⑥ 剩下的就是无用块。

(3) 通过执行动态符号来确定相关块之间的联系。

(4) 使用跳转指令修正相关块之间的联系，用 nop 替换掉主分发器和预处理器的代码以及所有的无用块。

(5) 将修改过的数据写入新文件，完成混淆还原。

下面通过一个测试用例来熟悉 Deflat 的使用，编写测试用例：

```
#include <iostream>
#include <random>

using namespace std;

int main(){
  int input;
  cout << "input a number" << endl;
  cin >> input;
  default_random_engine e;
  uniform_int_distribution<int> u(0, 9);
  int result = 0;
  switch (input) {
    case 1:
      cout << "input 1" << endl;
      e.seed(input);
      result = u(e);
      if(result < 5){
        cout << "less than 5: " << result << endl;
      }
      else{
        cout << "bigger than 5: " << result << endl;
      }
      break;
```

```
    case 2:
        cout << "input 2" << endl;
        e.seed(input);
        result = u(e);
        if(result < 5){
          cout << "less than 5: " << result << endl;
        }
        else{
          cout << "bigger than 5: " << result << endl;
        }
        break;
    case 3:
        cout << "input 3" << endl;
        e.seed(input);
        result = u(e);
        if(result < 5){
          cout << "less than 5: " << result << endl;
        }
        else{
          cout << "bigger than 5: " << result << endl;
        }
        break;
    default:
        cout << "default input" << endl;
        e.seed(input);
        result = u(e);
        if(result < 5){
          cout << "less than 5: " << result << endl;
        }
        else{
          cout << "bigger than 5: " << result << endl;
        }
  }
  return 0;
}
```

与9.3.1节一样，直接调用ollvm的clang++工具编译源码：

```
./clang++../../ndk-library/jni/test.cpp -mllvm -fla -o ../../ndk-library/test_fla
```

编译完成的文件拖到IDA Pro中，如图9.26所示为fla混淆后的控制流图。

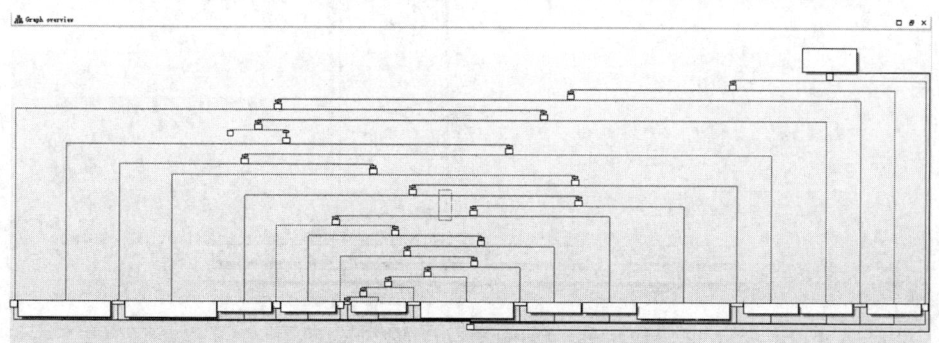

图9.26 fla混淆后的控制流图

与混淆前的文件进行对比，图 9.27 所示为混淆前的控制流图。

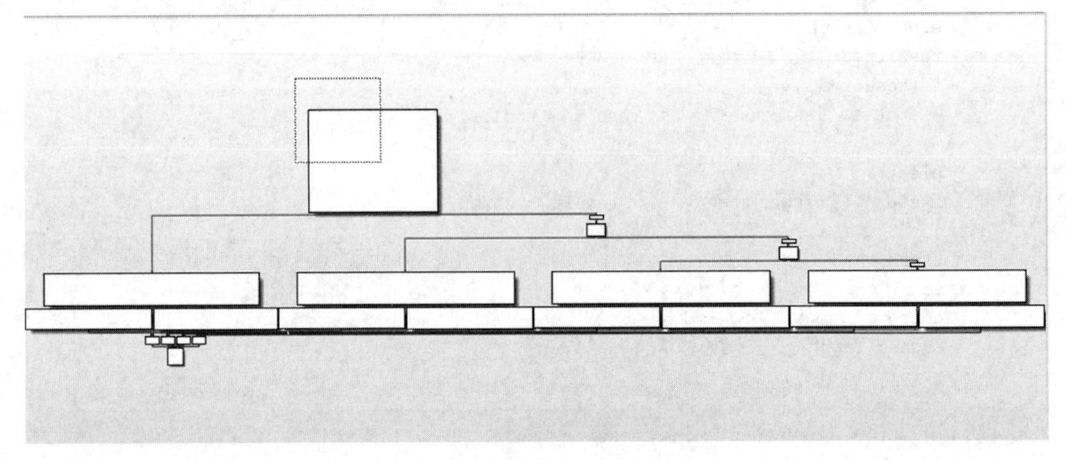

图 9.27　混淆前的控制流图

Deflat 需要用到 angr 框架，通过 pip 安装：

```
pip install angr
```

下载 Deflat 工具，网址为 https://github.com/cq674350529/deflat，并解压，执行目录 flat_control_flow 下面的脚本。

```
python3 deflat.py -f ../../ndk-library/test_fla --addr 0x401200
```

--addr 输入的参数是文件中需要还原的函数地址，这个地址在 IDA Pro 中提供。运行一段时间后生成 test_fla_recovered，将之拖入 IDA Pro 进行反编译，如图 9.28 所示为 Deflat 修复后的控制流图。

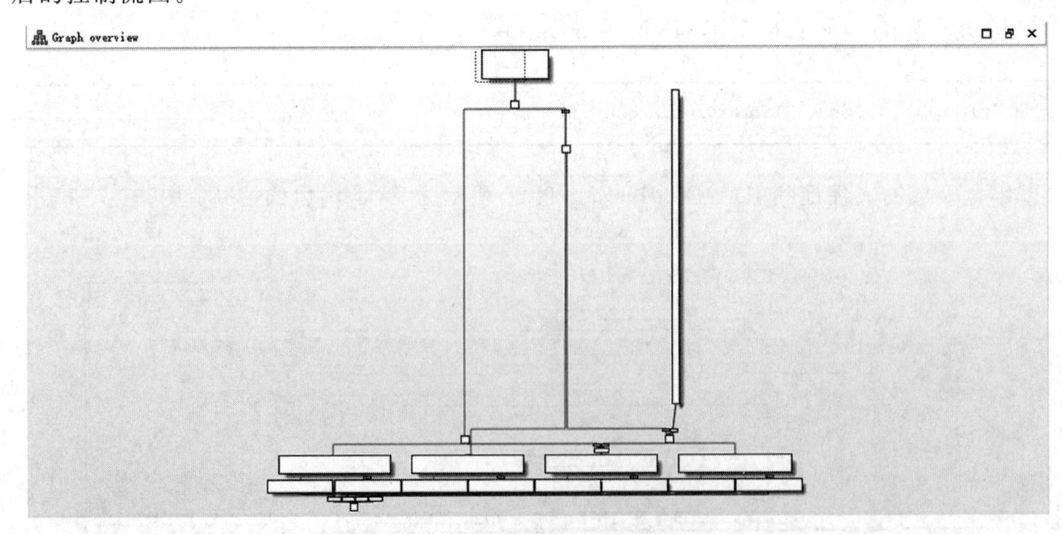

图 9.28　Deflat 修复后的控制流图

可以看到，控制流图基本恢复到混淆前的状态，右侧相比混淆前多出来的长条是被 nop 置空的代码。如图 9.29 所示为被 nop 替换的语句在 CFG 中的效果。

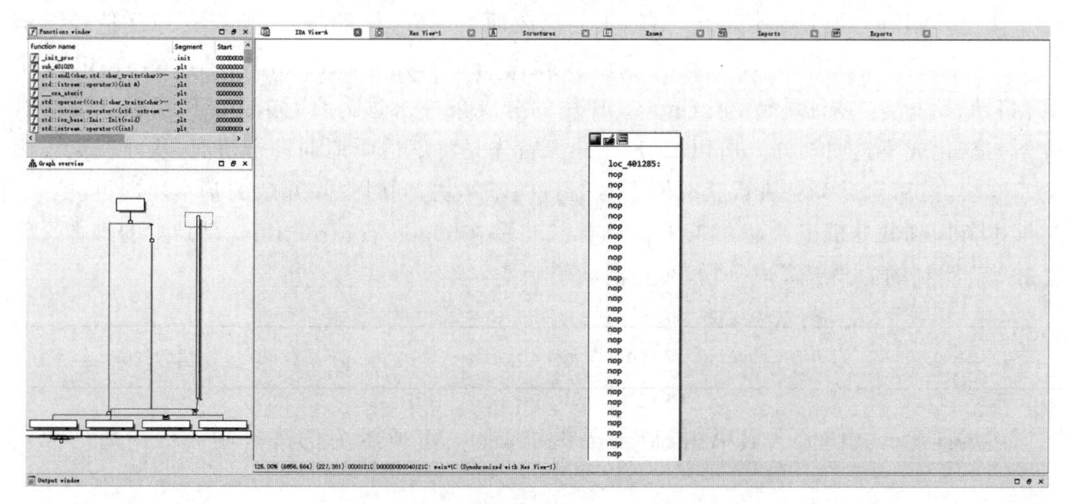

图 9.29　被 nop 替换的语句在 CFG 中的效果

如图 9.30 所示为控制流修复后的伪码，可以看到恢复结果相当不错。

```
  v28 = 0;
  v3 = std::operator<<<std::char_traits<char>>(&std::cout, "input a number", envp);
  std::ostream::operator<<(v3, &std::endl<char,std::char_traits<char>>);
  std::istream::operator>>(&std::cin, &v27);
  std::linear_congruential_engine<unsigned long,16807ul,0ul,2147483647ul>::linear_congruential_engine(&v26);
  std::uniform_int_distribution<int>::uniform_int_distribution(&v25, 0LL, 9LL);
  v29 = v27;
  if ( v27 < 2 )
  {
    if ( v29 != 1 )
    {
- LABEL_18:
      v16 = std::operator<<<std::char_traits<char>>(&std::cout, "default input", (unsigned int)v27);
      std::ostream::operator<<(v16, &std::endl<char,std::char_traits<char>>);
      std::linear_congruential_engine<unsigned long,16807ul,0ul,2147483647ul>::seed(&v26, v27);
      v24 = std::uniform_int_distribution<int>::operator()<std::linear_congruential_engine<unsigned long,16807ul,0ul,2147483647ul>>(
              &v25,
              &v26);
      if ( v24 >= 5 )
        v18 = std::operator<<<std::char_traits<char>>(&std::cout, "bigger than 5: ", v17);
      else
        v18 = std::operator<<<std::char_traits<char>>(&std::cout, "less than 5: ", v17);
      v19 = std::ostream::operator<<(v18, (unsigned int)v24);
      std::ostream::operator<<(v19, &std::endl<char,std::char_traits<char>>);
      return 0;
    }
    v4 = std::operator<<<std::char_traits<char>>(&std::cout, "input 1", (unsigned int)v27);
    std::ostream::operator<<(v4, &std::endl<char,std::char_traits<char>>);
    std::linear_congruential_engine<unsigned long,16807ul,0ul,2147483647ul>::seed(&v26, v27);
    v21 = std::uniform_int_distribution<int>::operator()<std::linear_congruential_engine<unsigned long,16807ul,0ul,2147483647ul>>(
            &v25,
            &v26);
    if ( v21 >= 5 )
      v6 = std::operator<<<std::char_traits<char>>(&std::cout, "bigger than 5: ", v5);
    else
      v6 = std::operator<<<std::char_traits<char>>(&std::cout, "less than 5: ", v5);
    v7 = std::ostream::operator<<(v6, (unsigned int)v21);
    std::ostream::operator<<(v7, &std::endl<char,std::char_traits<char>>);
  }
  else if ( v29 < 3 )
  {
    v8 = std::operator<<<std::char_traits<char>>(&std::cout, "input 2", (unsigned int)v27);
    std::ostream::operator<<(v8, &std::endl<char,std::char_traits<char>>);
    std::linear_congruential_engine<unsigned long,16807ul,0ul,2147483647ul>::seed(&v26, v27);
    v22 = std::uniform_int_distribution<int>::operator()<std::linear_congruential_engine<unsigned long,16807ul,0ul,2147483647ul>>(
            &v25,
            &v26);
    if ( v22 >= 5 )
      v10 = std::operator<<<std::char_traits<char>>(&std::cout, "bigger than 5: ", v9);
    else
```

图 9.30　控制流修复后的伪码

9.3.3 伪造控制流的还原

伪造控制流与控制流平坦化一样，不会修改原始CFG中的指令，所以还原伪造控制流的重点仍然是还原CFG。BCF流程会生成originalBB块与alteredBB块，originalBB块中保存着原始指令，并且跳转到originalBB块的分支条件永远为真，同时doF函数将恒为真的语句转化成不透明谓词。所以BCF的还原首先是将不透明谓词进行精简，从而获取正确的基本块，然后通过符号执行获取所有执行过的基本块，同时去除冗余的基本块即可。

本节用到的分析工具是9.3.2节Deflat工具中bogus_control_flow目录下的脚本。将9.3.2节用到的源码编译成一份BCF混淆的版本：

```
./clang++../../ndk-library/jni/test.cpp -mllvm -bcf -o ../../ndk-library/test_bcf
```

将编译出的文件拖入IDA中查看效果，如图9.31所示为伪造控制流混淆后的控制流图。

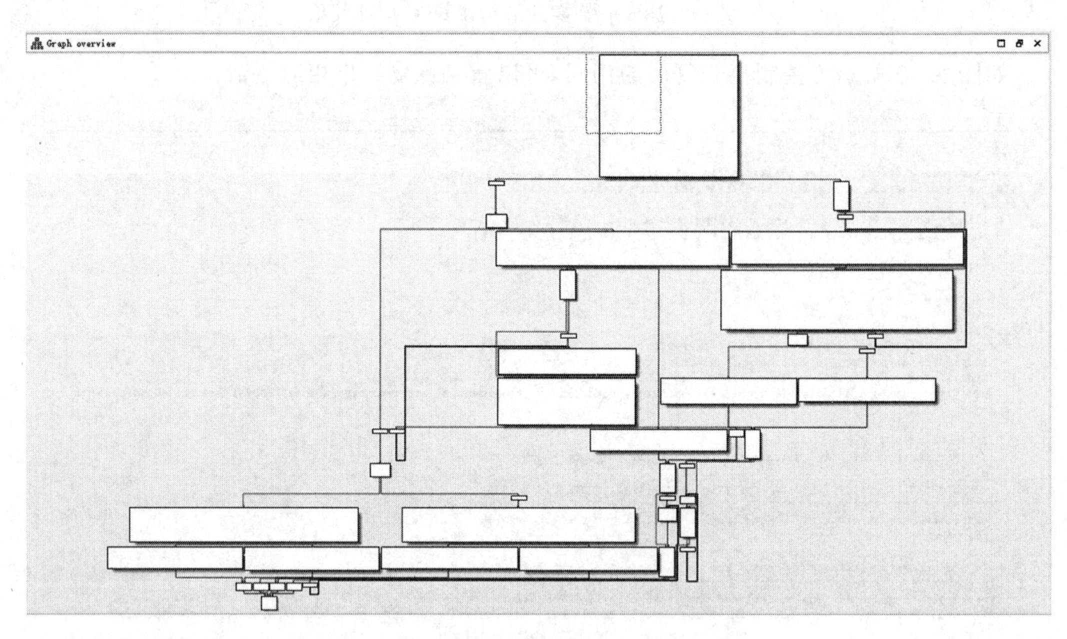

图9.31 伪造控制流混淆后的控制流图

执行debogus.py：

```
python3 debogus.py -f../../ndk-library/test_bcf --addr 0x401200
```

执行成功后生成test_bcf_recovered文件，用IDA Pro打开，如图9.32所示为恢复控制流伪造后的控制流图。

从恢复控制流伪造后的CFG图上看，控制流程的结构比恢复之前要清晰不少，代码逻辑大体上都被还原回来了。

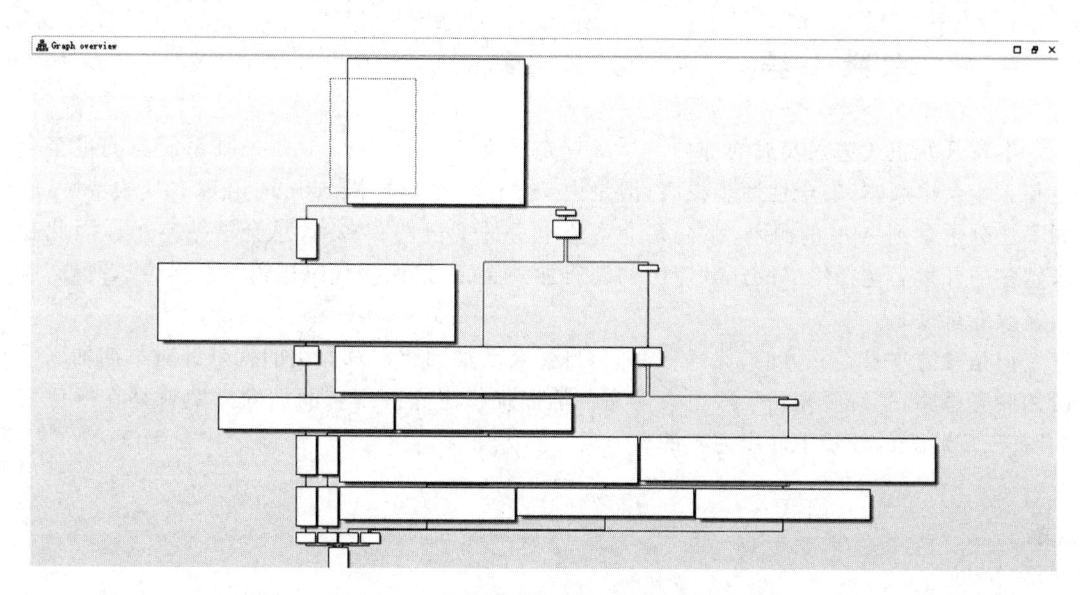

图 9.32 恢复控制流伪造后的控制流图

图 9.33 所示为控制流伪造还原后的反编译结果。

```
v29 = 0;
v3 = std::operator<<<std::char_traits<char>>(&std::cout, (unsigned int)"input a number", envp);
std::ostream::operator<<(v3, (unsigned int)&std::endl<char,std::char_traits<char>>);
std::istream::operator>>((unsigned int)&std::cin, &v28);
std::linear_congruential_engine<unsigned long,16807ul,0ul,2147483647ul>::linear_congruential_engine(&v27);
std::uniform_int_distribution<int>::uniform_int_distribution(&v26, 0LL, 9LL);
v4 = (unsigned int)(v28 - 1);
switch ( v28 )
{
  case 1:
    v5 = std::operator<<<std::char_traits<char>>(&std::cout, "input 1", (unsigned int)(x_7 - 1));
    std::ostream::operator<<(v5, &std::endl<char,std::char_traits<char>>);
    std::linear_congruential_engine<unsigned long,16807ul,0ul,2147483647ul>::seed(&v27, v28);
    v6 = std::uniform_int_distribution<int>::operator()<std::linear_congruential_engine<unsigned long,16807ul,0ul,2147483647ul>>(
           &v26,
           &v27);
    v7 = std::operator<<<std::char_traits<char>>(&std::cout, "less than 5: ", (unsigned int)y_8);
    v8 = std::ostream::operator<<(v7, v6);
    std::ostream::operator<<(v8, &std::endl<char,std::char_traits<char>>);
    break;
  case 2:
    v9 = std::operator<<<std::char_traits<char>>(&std::cout, "input 2", v4);
    std::ostream::operator<<(v9, &std::endl<char,std::char_traits<char>>);
    std::linear_congruential_engine<unsigned long,16807ul,0ul,2147483647ul>::seed(&v27, v28);
    v10 = std::uniform_int_distribution<int>::operator()<std::linear_congruential_engine<unsigned long,16807ul,0ul,2147483647ul>>(
            &v26,
            &v27);
    v12 = std::operator<<<std::char_traits<char>>(&std::cout, "less than 5: ", v11);
    v13 = std::ostream::operator<<(v12, v10);
    std::ostream::operator<<(v13, &std::endl<char,std::char_traits<char>>);
    break;
  case 3:
    v14 = std::operator<<<std::char_traits<char>>(&std::cout, "input 3", v4);
    std::ostream::operator<<(v14, &std::endl<char,std::char_traits<char>>);
    std::linear_congruential_engine<unsigned long,16807ul,0ul,2147483647ul>::seed(&v27, v28);
    v15 = std::uniform_int_distribution<int>::operator()<std::linear_congruential_engine<unsigned long,16807ul,0ul,2147483647ul>>(
            &v26,
            &v27);
    v17 = std::operator<<<std::char_traits<char>>(&std::cout, "less than 5: ", v16);
    v18 = std::ostream::operator<<(v17, v15);
    std::ostream::operator<<(v18, &std::endl<char,std::char_traits<char>>);
    break;
  default:
    v19 = std::operator<<<std::char_traits<char>>(&std::cout, "default input", v4);
    std::ostream::operator<<(v19, &std::endl<char,std::char_traits<char>>);
    std::linear_congruential_engine<unsigned long,16807ul,0ul,2147483647ul>::seed(&v27, v28);
    v20 = std::uniform_int_distribution<int>::operator()<std::linear_congruential_engine<unsigned long,16807ul,0ul,2147483647ul>>(
            &v26,
            &v27);
    v25 = v20;
    if ( v20 >= 5 )
```

图 9.33 控制流伪造还原后的反编译结果

9.4 本章小结

本章开始正式进入实战的部分。本章首先介绍了脱壳实战。Android 系统自问世至今更新了十余个版本,安全性逐步提高,但是由于 Android 虚拟机与 Java 语言本身的特性,假如不法分子拿到 App 的源码,那么无论系统本身的安全性有多高,总会被钻空子。因此越来越多的开发者选择给 Android 应用的源码加一层壳,以保护代码逻辑不泄露,或者提高应用篡改的难度。

但是攻防本身是一体的,代码有加固,自然会反加固。本章介绍的就是针对早期加固手段的脱壳思路,了解脱壳的手段也会为完善加固提供思路。现有的加固方案就是在一代代的脱壳、反脱壳的较量中逐步完善的。

第 10 章 逆向实战

CHAPTER 10

10.1 逆向分析 Smali

视频 17

10.1.1 逆向分析 Apk

本章将结合前面学习的内容来进行逆向实战，通过逆向一些简单的 Android 应用熟悉 Android 逆向过程中的常见操作与思路。

本节重点从 Smali 代码的层次入手分析，案例是 2015 年阿里与看雪论坛主办的移动安全挑战赛中的第一题，如图 10.1 所示为该题的主页面。

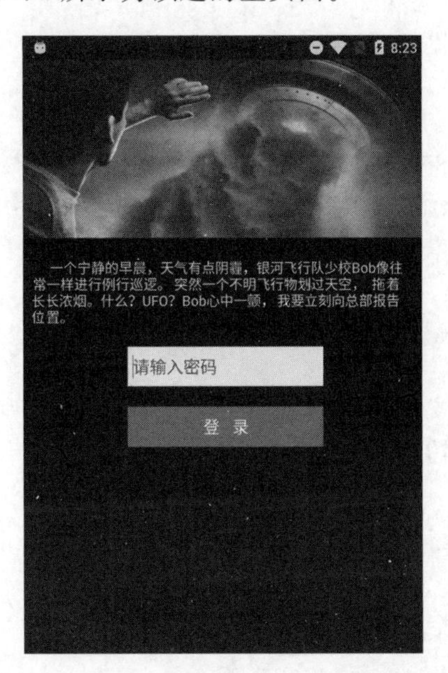

图 10.1　2015 年阿里 CTF 第一题主页面

题目要求逆向人员能想办法拿到登录的密码，很明显对于这个应用，检测密码的语句中一定隐藏着和正确密码有关的信息。因此第一件事就是使用 Jadx-gui 或者 JEB 反编译 Apk，去检查它的代码逻辑。

如图 10.2 所示为使用 JEB 反编译 Apk 的结果。

先从 MainActivity 入手进行分析，一般的流程是单击登录按钮后进行密码的校验，所以要首先找到 onClick()方法的实现。

```
Bytecode/Disassembly    MainActivity/Source

package com.example.simpleencryption;

import android.app.Activity;
import android.app.AlertDialog$Builder;
import android.content.Context;
import android.content.DialogInterface$OnClickListener;
import android.content.DialogInterface;
import android.os.Bundle;
import android.view.View$OnClickListener;
import android.view.View;
import java.io.IOException;
import java.io.InputStream;
import java.io.UnsupportedEncodingException;

public class MainActivity extends Activity {
    public MainActivity() {
        super();
    }

    static String access$0(String arg1, byte[] arg2) {
        return MainActivity.bytesToAliSmsCode(arg1, arg2);
    }

    static void access$1(MainActivity arg0) {
        arg0.showDialog();
    }

    private static byte[] aliCodeToBytes(String arg5, String arg6) {
        byte[] v1 = new byte[arg6.length()];
        int v2;
        for(v2 = 0; v2 < arg6.length(); ++v2) {
            v1[v2] = ((byte)arg5.indexOf(arg6.charAt(v2)));
        }

        return v1;
    }

    private static String bytesToAliSmsCode(String arg3, byte[] arg4) {
        StringBuilder v1 = new StringBuilder();
        int v0;
        for(v0 = 0; v0 < arg4.length; ++v0) {
            v1.append(arg3.charAt(arg4[v0] & 0xFF));
        }

        return v1.toString();
    }
```

图 10.2 使用 JEB 反编译 Apk 的结果

如图 10.3 所示为 CTF 应用中的 onClick()方法实现。

```
protected void onCreate(Bundle arg4) {
    super.onCreate(arg4);
    this.requestWindowFeature(1);
    this.setContentView(0x7F030018);
    this.findViewById(0x7F05003E).setOnClickListener(new View$OnClickListener(this.findViewById(0x7F05003D)) {
        public void onClick(View arg10) {
            String v3 = this.val$edit.getText().toString();
            String v5 = MainActivity.this.getTableFromPic();
            String v4 = MainActivity.this.getPwdFromPic();
            try {
                String v2 = MainActivity.bytesToAliSmsCode(v5, v3.getBytes("utf-8"));
            }
            catch(UnsupportedEncodingException v1) {
                v1.printStackTrace();
            }

            if(v4 == null || (v4.equals("")) || !v4.equals(v2)) {
                AlertDialog$Builder v0 = new AlertDialog$Builder(MainActivity.this);
                v0.setMessage(0x7F0A0011);
                v0.setTitle(0x7F0A0010);
                v0.setPositiveButton(0x7F0A0013, new DialogInterface$OnClickListener() {
                    public void onClick(DialogInterface arg1, int arg2) {
                        arg1.dismiss();
                    }
                });
                v0.show();
            }
            else {
                MainActivity.this.showDialog();
            }
        }
    });
}
```

图 10.3 CTF 应用中的 onClick()方法实现

onClick()方法中有3个String类型的变量v3、v5、v4。其中,v3是从输入框中获取的密码。v5保存了调用getTableFromPic返回的字符串,v4保存了调用getPwdFromPic()方法返回的字符串,从方法名中可以猜测v4中的字符串是与密码有关的。

接下来看一下后面的语句。v4并不是直接与输入的密码v3相比较,而是与v2进行对比,而v2是调用了byteToAliSmsCode()方法,以v5和v3作为参数进行处理后返回的字符串。

如图10.4所示为CTF应用中的byteToAliSmsCode()方法的实现。

```
private static String bytesToAliSmsCode(String arg3, byte[] arg4) {
    StringBuilder v1 = new StringBuilder();
    int v0;
    for(v0 = 0; v0 < arg4.length; ++v0) {
        v1.append(arg3.charAt(arg4[v0] & 0xFF));
    }

    return v1.toString();
}
```

图10.4 CTF应用中的byteToAliSmsCode()方法的实现

byteToAliSmsCode()将输入密码的每一个字节通过字符串v5进行了转化,至于具体转化的值以及字符串v5的内容后面会想办法把它打印出来。

在密码校验完成后会弹出弹框,其中的setTitle()、setMessage()等方法参数是字符串常量在R.java中的索引。

如图10.5所示为R.java中3个参数对应的变量名。

```
Bytecode/Disassembly    MainActivity/Source    R/Source

        public static final int main = 0x7F0C0000;

        public menu() {
            super();
        }
    }

    public final class string {
        public static final int abc_action_bar_home_description = 0x7F0A0001;
        public static final int abc_action_bar_up_description = 0x7F0A0002;
        public static final int abc_action_menu_overflow_description = 0x7F0A0003;
        public static final int abc_action_mode_done = 0x7F0A0000;
        public static final int abc_activity_chooser_view_see_all = 0x7F0A000A;
        public static final int abc_activitychooserview_choose_application = 0x7F0A0009;
        public static final int abc_searchview_description_clear = 0x7F0A0006;
        public static final int abc_searchview_description_query = 0x7F0A0005;
        public static final int abc_searchview_description_search = 0x7F0A0004;
        public static final int abc_searchview_description_submit = 0x7F0A0007;
        public static final int abc_searchview_description_voice = 0x7F0A0008;
        public static final int abc_shareactionprovider_share_with = 0x7F0A000C;
        public static final int abc_shareactionprovider_share_with_application = 0x7F0A000B;
        public static final int action_settings = 0x7F0A000F;
        public static final int app_name = 0x7F0A000D;
        public static final int dialog_error_tips = 0x7F0A0011;
        public static final int dialog_good_tips = 0x7F0A0012;
        public static final int dialog_ok = 0x7F0A0013;
        public static final int dialog_title = 0x7F0A0010;
        public static final int hello_world = 0x7F0A000E;
```

图10.5 R.java中3个参数对应的变量名

得到变量名后就可以在strings.xml文件中查看变量名对应的string值。如图10.6所示为strings.xml文件中3个参数对应的string值。

图10.6中的string值进一步验证了前面的猜想。接下来介绍如何通过修改Smali代码,把变量v2、v4和v5的值打印出来。

```
<?xml version="1.0" encoding="UTF-8"?>
<resources>
  <string name="abc_action_mode_done">
    Done</string>
  <string name="abc_action_bar_home_description">
    Navigate home</string>
  <string name="abc_action_bar_up_description">
    Navigate up</string>
  <string name="abc_action_menu_overflow_description">
    More options</string>
  <string name="abc_searchview_description_search">
    Search</string>
  <string name="abc_searchview_description_query">
    Search query</string>
  <string name="abc_searchview_description_clear">
    Clear query</string>
  <string name="abc_searchview_description_submit">
    Submit query</string>
  <string name="abc_searchview_description_voice">
    Voice search</string>
  <string name="abc_activitychooserview_choose_application">
    Choose an app</string>
  <string name="abc_activity_chooser_view_see_all">
    See all</string>
  <string name="abc_shareactionprovider_share_with_application">
    Share with %s</string>
  <string name="abc_shareactionprovider_share_with">
    Share with</string>
  <string name="app_name">
    UFO</string>
  <string name="hello_world">
    Hello world!</string>
  <string name="action_settings">
    Settings</string>
  <string name="dialog_title">
    提示</string>
  <string name="dialog_error_tips">
    密码不对，请继续破解</string>
  <string name="dialog_good_tips">
    恭喜！！！破解成功！！！</string>
  <string name="dialog_ok">
    确定</string>
</resources>
```

图 10.6　strings. xml 文件中 3 个参数对应的 string 值

10.1.2　修改 smali 代码

使用 Apktool 反编译 Apk 文件：

```
$ Java -jar apktool.jar d Crack.Apk -o output_crack
```

如图 10.7 所示为 Apktool 反编译 Apk 文件的结果。

```
I: Using Apktool 2.4.1-dirty on AliCrackme_1.apk
I: Loading resource table...
I: Decoding AndroidManifest.xml with resources...
I: Loading resource table from file: /home/node1/.local/share/apktool/framework/1.apk
I: Regular manifest package...
I: Decoding file-resources...
I: Decoding values */* XMLs...
I: running generatePublicXml
I: Baksmaling classes.dex...
I: Copying assets and libs...
I: Copying unknown files...
I: Copying original files...
```

图 10.7　Apktool 反编译 Apk 文件的结果

编辑 MainActivity $1. smali，找到 onClick()方法的位置，如图 10.8 所示为 MainActivity $1. smali 的 onClick()方法。

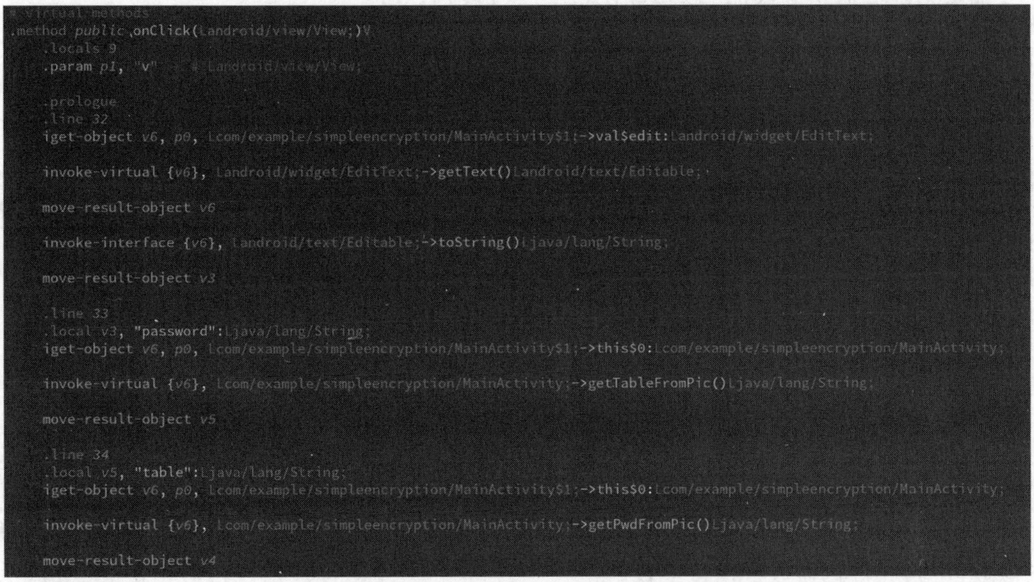

```
# virtual methods
.method public onClick(Landroid/view/View;)V
    .locals 9
    .param p1, "v"    # Landroid/view/View;

    .prologue
    .line 32
    iget-object v6, p0, Lcom/example/simpleencryption/MainActivity$1;->val$edit:Landroid/widget/EditText;

    invoke-virtual {v6}, Landroid/widget/EditText;->getText()Landroid/text/Editable;

    move-result-object v6

    invoke-interface {v6}, Landroid/text/Editable;->toString()Ljava/lang/String;

    move-result-object v3

    .line 33
    .local v3, "password":Ljava/lang/String;
    iget-object v6, p0, Lcom/example/simpleencryption/MainActivity$1;->this$0:Lcom/example/simpleencryption/MainActivity;

    invoke-virtual {v6}, Lcom/example/simpleencryption/MainActivity;->getTableFromPic()Ljava/lang/String;

    move-result-object v5

    .line 34
    .local v5, "table":Ljava/lang/String;
    iget-object v6, p0, Lcom/example/simpleencryption/MainActivity$1;->this$0:Lcom/example/simpleencryption/MainActivity;

    invoke-virtual {v6}, Lcom/example/simpleencryption/MainActivity;->getPwdFromPic()Ljava/lang/String;

    move-result-object v4
```

图 10.8 MainActivity $ 1. smali 的 onClick()方法

根据在 JEB 中反编译得到的函数逻辑，在 3 个地方分别插入 log 语句：

```
const - string v0, "test v5"
invoke - static {v0, v5}, Landroid/util/Log; - > d(Ljava/lang/String;Ljava/lang/String;)I

const - string v0, "test v4"
invoke - static {v0, v4}, Landroid/util/Log; - > d(Ljava/lang/String;Ljava/lang/String;)I

const - string v0, "test v2"
invoke - static {v0, v2}, Landroid/util/Log; - > d(Ljava/lang/String;Ljava/lang/String;)I
```

如图 10.9 所示为添加 log 语句 test v5、test v4 后的代码文件。

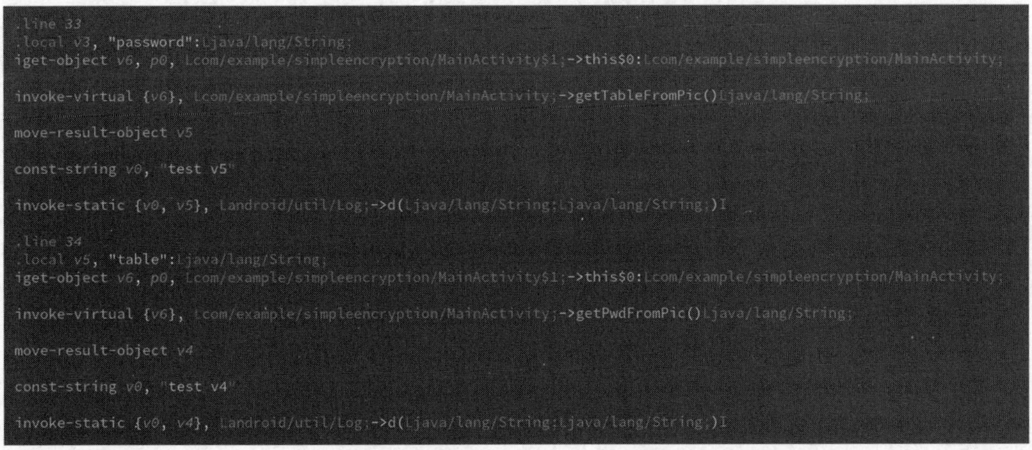

```
.line 33
.local v3, "password":Ljava/lang/String;
iget-object v6, p0, Lcom/example/simpleencryption/MainActivity$1;->this$0:Lcom/example/simpleencryption/MainActivity;

invoke-virtual {v6}, Lcom/example/simpleencryption/MainActivity;->getTableFromPic()Ljava/lang/String;

move-result-object v5

const-string v0, "test v5"

invoke-static {v0, v5}, Landroid/util/Log;->d(Ljava/lang/String;Ljava/lang/String;)I

.line 34
.local v5, "table":Ljava/lang/String;
iget-object v6, p0, Lcom/example/simpleencryption/MainActivity$1;->this$0:Lcom/example/simpleencryption/MainActivity;

invoke-virtual {v6}, Lcom/example/simpleencryption/MainActivity;->getPwdFromPic()Ljava/lang/String;

move-result-object v4

const-string v0, "test v4"

invoke-static {v0, v4}, Landroid/util/Log;->d(Ljava/lang/String;Ljava/lang/String;)I
```

图 10.9 添加 log 语句 test v5、test v4 后的代码文件

如图 10.10 所示为添加 log 语句 test v2 后的代码文件。

```
.line 48
.local v2, "enPassword":Ljava/lang/String;
:try_start_0
const-string v6, "utf-8"

invoke-virtual {v3, v6}, Ljava/lang/String;->getBytes(Ljava/lang/String;)[B

move-result-object v6

invoke-static {v5, v6}, Lcom/example/simpleencryption/MainActivity;->access$0(Ljava/lang/String;[B)Ljava/lang/String;

move-result-object v2

const-string v0, "test v2"

invoke-static {v0, v2}, Landroid/util/Log;->d(Ljava/lang/String;Ljava/lang/String;)I
:try_end_0
.catch Ljava/io/UnsupportedEncodingException; {:try_start_0 .. :try_end_0} :catch_0
```

图 10.10 添加 log 语句 test v2 后的代码文件

修改 Smali 文件时的.line 语句是标记行号的,其值与实际源码是否一致不影响重打包运行。但是如果修改时增加或减少使用的本地寄存器,则必须修改函数头处的.local 后面的参数,使其与寄存器数目保持一致。

10.1.3 重编译运行

将 10.1.2 节中修改完的文件重新进行打包。

```
$ java -jar apktool.jar b output_crack -o rePacked.apk

$ java -jar apksigner.jar sign --verbose --ks key.jks --v1-signing-enabled true --v2-signing-enabled true --ks-pass pass: password --ks-key-alias key --out rePacked_signed.apk rePacked.apk
```

再使用 JEB 反编译,验证添加的语句,如图 10.11 所示为 JEB 反编译修改 Apk 后得到的代码效果。

```
public void onClick(View arg10) {
    String v3 = this.val$edit.getText().toString();
    String v5 = MainActivity.this.getTableFromPic();
    Log.d("test v5", v5);
    String v4 = MainActivity.this.getPwdFromPic();
    Log.d("test v4", v4);
    try {
        String v2 = MainActivity.bytesToAliSmsCode(v5, v3.getBytes("utf-8"));
        Log.d("test v2", v2);
    }
    catch(UnsupportedEncodingException v1) {
        v1.printStackTrace();
    }
```

图 10.11 JEB 反编译修改 Apk 后得到的代码效果

将重签名的应用安装到设备中并运行,通过 adb logcat 获取设备运行日志,再随机输入一串密码 1234567890。如图 10.12 所示为输入随机密码的效果。

不出意外,弹出的是密码错误的提示框,这时去看一下保存的运行日志,此时应该已经将 3 个变量的值打印在日志中了。

如图 10.13 所示为 log 日志中打印出来的 3 个变量值。

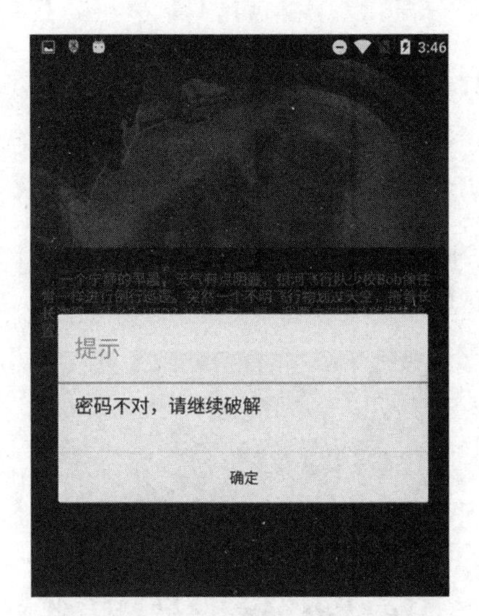

图 10.12　输入随机密码的效果

```
01-17 15:46:48.716 10336 10336 D test v5 : 一乙二十丁厂七卜人入八九几儿了力乃刀又三于干亏士工土才寸下大丈与万上小口巾山千乞川亿个勺久凡及夕丸么广亡门义之
尸弓己已子卫也女飞刃习叉马乡丰王井开夫天无元专云扎艺木五支厅不太犬区历尤友匹车巨牙屯比互切瓦止少日中冈贝内水见午牛手毛气升长仁什片仆化仇币仍仅斤爪反介父从今凶分乏
公仓月氏勿欠风丹匀乌凤勾文六方火为斗忆订计户认心尺引丑巴孔队办以允予劝双书幻玉刊示末未击打巧正扑扒功扔去甘世古节本术可丙左厉右石布龙平灭轧东卡北占业旧帅归且旦目叶
甲申叮电号田由史只央兄叼叫另叨叹四生失禾丘付仗代仙们仪白仔他斥瓜乎丛令用甩印乐
01-17 15:46:48.716 10336 10336 D test v4 : 义弓么丸广之
01-17 15:46:48.717 10336 10336 D test v2 : 么广亡门义之尸弓己丸
```

图 10.13　log 日志中打印出来的 3 个变量值

可以看到，v5 中保存的是一大串汉字，而正确密码 v4 和输入的密码处理后的字符串中的字符来源于 v5 变量中保存的汉字。因此 v5 保存的是一张汉字表，而根据输入的密码 1234567890 在汉字表中分别对应“么广亡门义之尸弓己丸”，v4 中的汉字都可以在 v2 中找到，由此可以得到 v4 对应的密码明文是 581026。

如图 10.14 所示为输入了正确密码的效果。

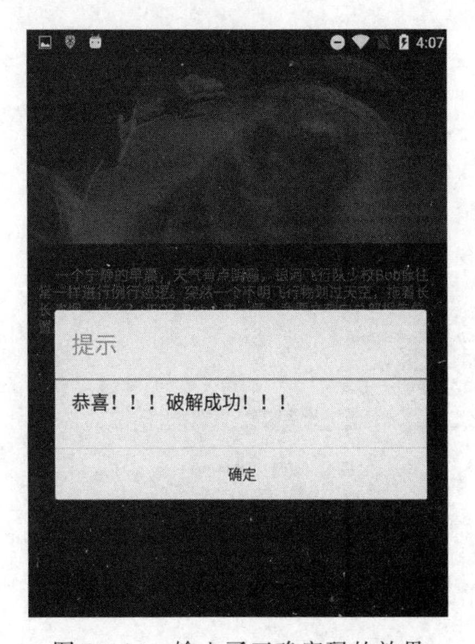

图 10.14　输入了正确密码的效果

视频 18

10.2 逆向分析 so 文件

10.2.1 逆向分析 Apk

本节主要是分析 Apk 的 Native 层代码逻辑，案例采用的是 2015 年阿里 CTF 中的第二题。如图 10.15 所示为 CTF 应用的首页。

图 10.15 CTF 应用的首页

这一题与前面的题目类似，要求逆向人员想办法拿到正确的密码。具体操作与 10.1 节类似，使用 JEB 分析应用，如图 10.16 所示为 JEB 分析应用的效果。

```
package com.yaotong.crackme;

import android.app.Activity;
import android.content.Intent;
import android.os.Bundle;
import android.view.View$OnClickListener;
import android.view.View;
import android.widget.Button;
import android.widget.EditText;
import android.widget.Toast;

public class MainActivity extends Activity {
    public Button btn_submit;
    public EditText inputCode;

    static {
        System.loadLibrary("crackme");
    }

    public MainActivity() {
        super();
    }

    protected void onCreate(Bundle arg3) {
        super.onCreate(arg3);
        this.setContentView(0x7F030000);
        this.getWindow().setBackgroundDrawableResource(0x7F020000);
        this.inputCode = this.findViewById(0x7F060000);
        this.btn_submit = this.findViewById(0x7F060001);
        this.btn_submit.setOnClickListener(new View$OnClickListener() {
            public void onClick(View arg6) {
                if(MainActivity.this.securityCheck(MainActivity.this.inputCode.getText().toString())) {
                    MainActivity.this.startActivity(new Intent(MainActivity.this, ResultActivity.class));
                }
                else {
                    Toast.makeText(MainActivity.this.getApplicationContext(), "验证码校验失败", 0).show();
                }
            }
        });
    }

    public native boolean securityCheck(String arg1) {
    }
}
```

图 10.16 JEB 分析应用的效果

同样，分析 onClick()方法，会发现该方法调用了 securityCheck()方法，用于传入在首页输入的密码。然而在分析过程中发现这个 securityCheck()方法被定义成了 Native，并且在代码中加载了 crackme 这个库文件。由此可知，第二题的密码校验被放到 Native 层中。因此接下来使用 IDA Pro 分析 Apk 中的 libcrackme.so 文件。

10.2.2 使用 IDA Pro 分析 so 文件

使用 IDA Pro 打开 so 文件，在左边栏中搜索 securityCheck()方法，如图 10.17 所示为 securityCheck()方法在 IDA Pro 的截图。

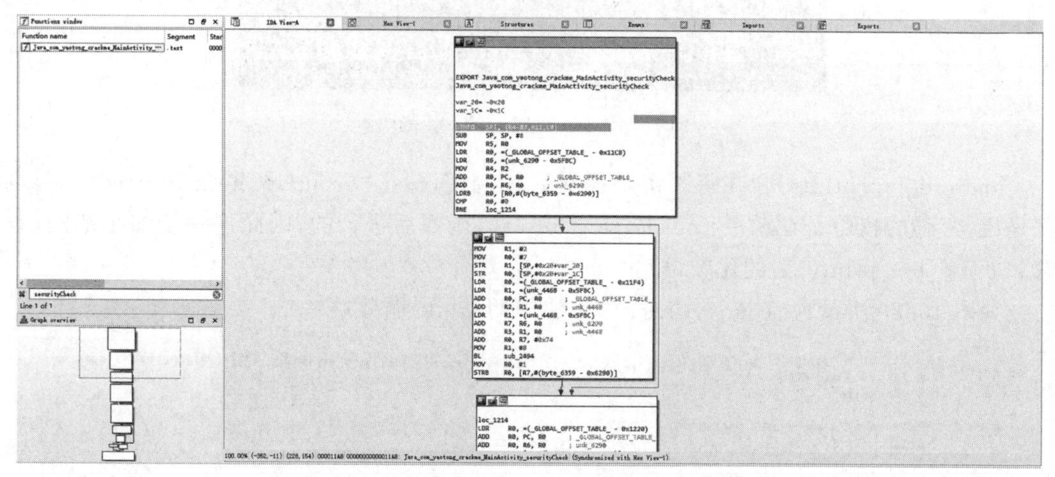

图 10.17 securityCheck()方法在 IDA Pro 中的截图

为方便分析，可以将汇编代码转成伪 C 代码，图 10.18 所示为 securityCheck()方法的伪 C 代码。

```
1  signed int __fastcall Java_com_yaotong_crackme_MainActivity_securityCheck(int a1, int a2, int a3)
2  {
3    int v3; // r5
4    int v4; // r4
5    unsigned __int8 *v5; // r0
6    char *v6; // r2
7    int v7; // r3
8    signed int v8; // r1
9
10   v3 = a1;
11   v4 = a3;
12   if ( !byte_6359 )
13   {
14     sub_2494(&unk_6304, 8, &unk_446B, &unk_4468, 2, 7);
15     byte_6359 = 1;
16   }
17   if ( !byte_635A )
18   {
19     sub_24F4(&unk_636C, 25, &unk_4530, &unk_4474, 3, 117);
20     byte_635A = 1;
21   }
22   _android_log_print(4, &unk_6304, &unk_636C);
23   v5 = (unsigned __int8 *)(*(int (__fastcall **)(int, int, _DWORD))(*(_DWORD *)v3 + 676))(v3, v4, 0);
24   v6 = off_628C;
25   while ( 1 )
26   {
27     v7 = (unsigned __int8)*v6;
28     if ( v7 != *v5 )
29       break;
30     ++v6;
31     ++v5;
32     v8 = 1;
33     if ( !v7 )
34       return v8;
35   }
36   return 0;
37 }
```

图 10.18 securityCheck()方法的伪 C 代码

分析上面的 securityCheck()方法，能看到它调用了 android_log_print()函数，这时再回到应用本身，看看 android_log_print()打印的是什么内容：

```
$ adb logcat | grep yaotong
```

如图 10.19 所示为运行应用的 log 截图。

```
02-05 10:54:48.312 10596 10596 I yaotong : SecurityCheck Started...
02-05 10:54:50.159 10596 10596 I yaotong : SecurityCheck Started...
02-05 10:54:50.361 10596 10596 I yaotong : SecurityCheck Started...
02-05 10:54:50.495 10596 10596 I yaotong : SecurityCheck Started...
02-05 10:54:50.639 10596 10596 I yaotong : SecurityCheck Started...
02-05 10:54:50.762 10596 10596 I yaotong : SecurityCheck Started...
02-05 10:54:50.885 10596 10596 I yaotong : SecurityCheck Started...
02-05 10:54:50.967 10596 10596 I yaotong : SecurityCheck Started...
```

图 10.19　运行应用的 log 截图

android_log_print()会在每次密码提交后被调用，输出“SecurityCheck Started...”，也就是说，密码的校验是在调用 android_log_print()函数后进行的，因此进一步缩小范围，查看 android_log_print()后的比较语句。

如图 10.20 所示为 securityCheck()方法中的 while 循环块。

```
23  v5 = (unsigned __int8 *)(*(int (__fastcall **)(int, int, _DWORD))(*(_DWORD *)v3 + 676))(v3, v4, 0);
24  v6 = off_628C;
25  while ( 1 )
26  {
27    v7 = (unsigned __int8)*v6;
28    if ( v7 != *v5 )
29      break;
30    ++v6;
31    ++v5;
32    v8 = 1;
33    if ( !v7 )
34      return v8;
35  }
```

图 10.20　securityCheck()方法中的 while 循环块

单击伪 C 代码的第 27 行，按 Tab 键返回汇编码界面，对应的是地址 000012A8 处，如图 10.21 所示为 IDA Pro 中 000012A8 处的汇编码。

```
.text:000012A8
.text:000012A8 loc_12A8                              ; CODE XREF: Java_com_yaotong_crackme_MainActivity_securityCheck+120↓j
.text:000012A8          LDRB    R3, [R2]             ; "wojiushidaan"
.text:000012AC          LDRB    R1, [R0]
.text:000012B0          CMP     R3, R1
.text:000012B4          BNE     loc_12D0
.text:000012B8          ADD     R2, R2, #1
.text:000012BC          ADD     R0, R0, #1
.text:000012C0          MOV     R1, #1
.text:000012C4          CMP     R3, #0
.text:000012C8          BNE     loc_12A8
.text:000012CC          B       loc_12D4
```

图 10.21　IDA Pro 中 000012A8 处的汇编码

从 000012A8 语句后面能看到一个字符串"wojiushidaan"。这段语句先从 R2 寄存器中的地址中取出值再保存到 R3，再取出 R0 中保存地址指向的值并存到 R1，然后比较 R3 和 R1 的值。说明 R2 寄存器中保存的就是正确密码字符串的地址。

再回到应用中，尝试输入"wojiushidaan"，如图 10.22 所示为输入字符串的结果。

提示密码错误，说明"wojiushidaan"字符串并不是原始的正确密码，而是经过了处理，回到伪 C 代码中，发现在 android_log_print()函数后面又有一条调用，结果保存到了 v5，而

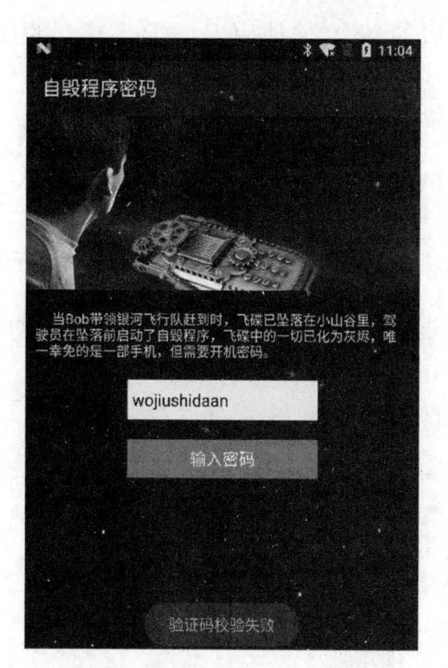

图 10.22　输入字符串的结果

在后面的校验过程中从 v5 指向的地址中取值，由此可推断这条语句是对原始密码的处理，如果可以去掉这条语句，那么寄存器 R2 中保存的值就是原始密码的地址，正好可以利用 android_log_print()函数将原始密码打印出来。

10.2.3　插入调试语句运行

经过上面的分析，可以定位处理函数对应的汇编码的位置在 0000128C～0000129C 这一段，为了将这段代码去掉，需要将这一段汇编码替换成 nop，由于需要调用 android_log_print()函数打印 R2 的原始密码，因此要将 android_log_print()函数跳转语句下移。

修改以下几个地方：

- 00001284～0000129c 对应的二进制编码改成 00 00 A0 E1，对应指令是 nop。

如图 10.23 所示为修改前的 so 文件二进制编码。

```
00001280  04 00 A0 E3 92 FF FF EB  00 00 95 E5 04 10 A0 E1  ................
00001290  00 20 A0 E3 A4 32 90 E5  05 00 A0 E1 33 FF 2F E1  .............../.
000012A0  60 10 9F E5 07 20 91 E7  00 30 D2 E5 00 10 D0 E5  `...............
000012B0  01 00 53 E1 05 00 00 1A  01 20 82 E2 01 00 80 E2  ..S.............
000012C0  01 10 A0 E3 00 00 53 E3  F6 FF FF 1A 00 00 00 EA  ......S.........
000012D0  00 10 A0 E3 01 00 A0 E1  08 D0 8D E2 F0 88 BD E8  ................
```

图 10.23　修改前的 so 文件二进制编码

如图 10.24 所示为修改后的 so 文件二进制编码。

```
00001280  04 00 A0 E3 00 00 A0 E1  00 00 A0 E1 00 00 A0 E1  ................
00001290  00 00 A0 E1 00 00 A0 E1  00 00 A0 E1 00 00 A0 E1  ................
000012A0  60 10 9F E5 07 20 91 E7  00 30 D2 E5 00 10 D0 E5  `...............
000012B0  01 00 53 E1 05 00 00 1A  01 20 82 E2 01 00 80 E2  ..S.............
000012C0  01 10 A0 E3 00 00 53 E3  F6 FF FF 1A 00 00 00 EA  ......S.........
000012D0  00 10 A0 E3 01 00 A0 E1  08 D0 8D E2 F0 88 BD E8  ................
000012E0  F4 4D 00 00 D4 02 00 00  C8 4D 00 00 AF E4 FF FF  ................
000012F0  AC E4 FF FF 9C 4D 00 00  70 4D 00 00 74 E5 FF FF  .....M..pM..t...
```

图 10.24　修改后的 so 文件二进制编码

如图 10.25 所示为修改后的 so 文件使用 IDA Pro 打开的效果。

```
.text:00001284                NOP
.text:00001288                NOP
.text:0000128C                NOP
.text:00001290                NOP
.text:00001294                NOP
.text:00001298                NOP
.text:0000129C                NOP
```

图 10.25　修改后的 so 文件使用 IDA Pro 打开的效果

- 地址 000012A0 的二进制编码修改为 60 30 9F E5，从而将汇编码中的寄存器 R1 改成寄存器 R3。

如图 10.26 所示为修改寄存器后的 so 文件二进制编码。

```
00001280  04 00 A0 E3 00 00 A0 E1  00 00 A0 E1 00 00 A0 E1  ................
00001290  00 00 A0 E1 00 00 A0 E1  00 00 A0 E1 00 00 A0 E1  ................
000012A0  60 30 9F E5 07 20 91 E7  00 30 D2 E5 00 10 D0 E5  `0..............
000012B0  01 00 53 E1 05 00 00 1A  01 20 82 E2 01 00 80 E2  ..S.............
000012C0  01 10 A0 E3 00 00 53 E3  F6 FF FF 1A 00 00 00 EA  ......S.........
000012D0  00 10 A0 E3 01 00 A0 E1  08 D0 8D E2 F0 88 BD E8  ................
```

图 10.26　修改寄存器后的 so 文件二进制编码

如图 10.27 所示为修改后的 IDA Pro 反编译出来的汇编码效果。

```
.text:0000126C loc_126C                        ; CODE XREF: Java_com_yaotong_crackme_Main
.text:0000126C          LDR     R0, =(_GLOBAL_OFFSET_TABLE_ - 0x1278)
.text:00001270          ADD     R7, PC, R0      ; _GLOBAL_OFFSET_TABLE_
.text:00001274          ADD     R0, R6, R7      ; unk_6290
.text:00001278          ADD     R1, R0, #0x74
.text:0000127C          ADD     R2, R0, #0xDC
.text:00001280          MOV     R0, #4
.text:00001284          NOP
.text:00001288          NOP
.text:0000128C          NOP
.text:00001290          NOP
.text:00001294          NOP
.text:00001298          NOP
.text:0000129C          NOP
.text:000012A0          LDR     R3, =(off_628C - 0x5FBC)
.text:000012A4          LDR     R2, [R1,R7]     ; off_628C ...
.text:000012A8
```

图 10.27　修改后的 IDA Pro 反编译出来的汇编码效果

- 000012A4 处的二进制编码改成 07 20 93 E7，同样将 R1 寄存器改成 R3 寄存器。

如图 10.28 所示为修改寄存器后 so 文件的二进制编码。

```
00001280  04 00 A0 E3 00 00 A0 E1  00 00 A0 E1 00 00 A0 E1  ................
00001290  00 00 A0 E1 00 00 A0 E1  00 00 A0 E1 00 00 A0 E1  ................
000012A0  60 30 9F E5 07 20 93 E7  00 30 D2 E5 00 10 D0 E5  `0..............
000012B0  01 00 53 E1 05 00 00 1A  01 20 82 E2 01 00 80 E2  ..S.............
000012C0  01 10 A0 E3 00 00 53 E3  F6 FF FF 1A 00 00 00 EA  ......S.........
000012D0  00 10 A0 E3 01 00 A0 E1  08 D0 8D E2 F0 88 BD E8  ................
```

图 10.28　修改寄存器后 so 文件的二进制编码

如图 10.29 所示为修改寄存器后的汇编码的结果。

- 000012A8 处的二进制编码改成 04 00 A0 E3，对应的语句是"MOV R0,＃4"。

如图 10.30 所示为修改语句后的二进制编码。

如图 10.31 所示为修改语句后对应的汇编码效果。

- 000012AC 处的二进制编码改成 88 FF FF EB，对应的是 android_log_print()函数的跳转。

```
.text:0000126C loc_126C                                ; CODE XREF: Java_com_yaotong_crackme_Main
.text:0000126C                 LDR     R0, =(_GLOBAL_OFFSET_TABLE_ - 0x1278)
.text:00001270                 ADD     R7, PC, R0      ; _GLOBAL_OFFSET_TABLE_
.text:00001274                 ADD     R0, R6, R7      ; unk_6290
.text:00001278                 ADD     R1, R0, #0x74
.text:0000127C                 ADD     R2, R0, #0xDC
.text:00001280                 MOV     R0, #4
.text:00001284                 NOP
.text:00001288                 NOP
.text:0000128C                 NOP
.text:00001290                 NOP
.text:00001294                 NOP
.text:00001298                 NOP
.text:0000129C                 NOP
.text:000012A0                 LDR     R3, =(off_628C - 0x5FBC)
.text:000012A4                 LDR     R2, [R3,R7]     ; off_628C ...
.text:000012A8
```

图 10.29 修改寄存器后的汇编码的结果

```
00001280  04 00 A0 E3 00 00 A0 E1  00 00 A0 E1 00 00 A0 E1  ................
00001290  00 00 A0 E1 00 00 A0 E1  00 00 A0 E1 00 00 A0 E1  ................
000012A0  60 30 9F E5 07 20 93 E7  04 00 A0 E3 00 10 D0 E5  `0..............
000012B0  01 00 53 E1 05 00 00 1A  01 20 82 E2 01 00 80 E2  ..S.......·......
000012C0  01 10 A0 E3 00 00 53 E3  F6 FF FF 1A 00 00 00 EA  ......S.........
000012D0  00 10 A0 E3 01 00 A0 E1  08 D0 8D E2 F0 88 BD E8  ................
```

图 10.30 修改语句后的二进制编码

```
.text:000012A8
.text:000012A8 loc_12A8                      ; CODE XREF: Java_com_yaotong_crackme_MainActivity_secur
.text:000012A8                 MOV     R0, #4
.text:000012AC                 LDRB    R1, [R0]
.text:000012B0                 CMP     R3, R1
.text:000012B4                 BNE     loc_12D0
.text:000012B8                 ADD     R2, R2, #1
.text:000012BC                 ADD     R0, R0, #1
.text:000012C0                 MOV     R1, #1
.text:000012C4                 CMP     R3, #0
.text:000012C8                 BNE     loc_12A8
.text:000012CC                 B       loc_12D4
.text:000012D0 ; ---------------------------------------------------------------------------
```

图 10.31 修改语句后对应的汇编码效果

如图 10.32 所示为修改跳转后 so 文件的二进制编码。

```
00001280  04 00 A0 E3 00 00 A0 E1  00 00 A0 E1 00 00 A0 E1  ................
00001290  00 00 A0 E1 00 00 A0 E1  00 00 A0 E1 00 00 A0 E1  ................
000012A0  60 30 9F E5 07 20 93 E7  04 00 A0 E3 88 FF FF EB  `0..............
000012B0  01 00 53 E1 05 00 00 1A  01 20 82 E2 01 00 80 E2  ..S.......·......
000012C0  01 10 A0 E3 00 00 53 E3  F6 FF FF 1A 00 00 00 EA  ......S.........
000012D0  00 10 A0 E3 01 00 A0 E1  08 D0 8D E2 F0 88 BD E8  ................
```

图 10.32 修改跳转后 so 文件的二进制编码

如图 10.33 所示为修改跳转后的汇编码效果。

```
.text:000012A8
.text:000012A8 loc_12A8                      ; CODE XREF: Java_com_yaotong_crackme_MainActivity_secur
.text:000012A8                 MOV     R0, #4
.text:000012AC                 BL      android_log_print
.text:000012B0                 CMP     R3, R1
.text:000012B4                 BNE     loc_12D0
.text:000012B8                 ADD     R2, R2, #1
.text:000012BC                 ADD     R0, R0, #1
.text:000012C0                 MOV     R1, #1
.text:000012C4                 CMP     R3, #0
.text:000012C8                 BNE     loc_12A8
.text:000012CC                 B       loc_12D4
.text:000012D0 ; ---------------------------------------------------------------------------
```

图 10.33 修改跳转后的汇编码效果

在IDA Pro中选中需要修改的汇编代码，进入Hex View页面就可以看到对应的二进制编码，此时按F2键可以进行编辑，编辑完毕后再按F2键可以进行保存。IDA Pro中的修改不会直接写入so文件中，而是会保存在自己的数据库中。可以先在IDA Pro中完成修改，确定无误后再使用其他十六进制编辑器(比如bless hex editor、notepad++等)进行编辑。

如图10.34所示为修改前函数完整的汇编码。

```
.text:0000126C loc_126C                             ; CODE XREF: Java_com_yaotong_crackme_MainActivity_securityCheck+80↑j
.text:0000126C          LDR     R0, =(_GLOBAL_OFFSET_TABLE_ - 0x1278)
.text:00001270          ADD     R7, PC, R0        ; _GLOBAL_OFFSET_TABLE_
.text:00001274          ADD     R0, R6, R7        ; unk_6290
.text:00001278          ADD     R1, R0, #0x74
.text:0000127C          ADD     R2, R0, #0xDC
.text:00001280          MOV     R0, #4
.text:00001284          BL      __android_log_print
.text:00001288          LDR     R0, [R5]
.text:0000128C          MOV     R1, R4
.text:00001290          MOV     R2, #0
.text:00001294          LDR     R3, [R0,#0x2A4]
.text:00001298          MOV     R0, R5
.text:0000129C          BLX     R3
.text:000012A0          LDR     R1, =(off_628C - 0x5FBC)
.text:000012A4          LDR     R2, [R1,R7]       ; off_628C ...
.text:000012A8
.text:000012A8 loc_12A8                             ; CODE XREF: Java_com_yaotong_crackme_MainActivity_securityCheck+120↓j
.text:000012A8          LDRB    R3, [R2]          ; "wojiushidaan"
.text:000012AC          LDRB    R1, [R0]
.text:000012B0          CMP     R3, R1
.text:000012B4          BNE     loc_12D0
.text:000012B8          ADD     R2, R2, #1
.text:000012BC          ADD     R0, R0, #1
.text:000012C0          MOV     R1, #1
.text:000012C4          CMP     R3, #0
.text:000012C8          BNE     loc_12A8
.text:000012CC          B       loc_12D4
.text:000012D0 ; ---------------------------------------------------------------------------
.text:000012D0
```

图10.34 修改前的汇编码

如图10.35所示为修改后函数完整的汇编码。

```
.text:0000126C loc_126C                             ; CODE XREF: Java_com_yaotong_crackme_MainActivity_securityCheck+80↑j
.text:0000126C          LDR     R0, =(_GLOBAL_OFFSET_TABLE_ - 0x1278)
.text:00001270          ADD     R7, PC, R0        ; _GLOBAL_OFFSET_TABLE_
.text:00001274          ADD     R0, R6, R7        ; unk_6290
.text:00001278          ADD     R1, R0, #0x74
.text:0000127C          ADD     R2, R0, #0xDC
.text:00001280          MOV     R0, #4
.text:00001284          NOP
.text:00001288          NOP
.text:0000128C          NOP
.text:00001290          NOP
.text:00001294          NOP
.text:00001298          NOP
.text:0000129C          NOP
.text:000012A0          LDR     R3, =(off_628C - 0x5FBC)
.text:000012A4          LDR     R2, [R3,R7]       ; off_628C ...
.text:000012A8
.text:000012A8 loc_12A8                             ; CODE XREF: Java_com_yaotong_crackme_MainActivity_securityCheck+120↓j
.text:000012A8          MOV     R0, #4
.text:000012AC          BL      __android_log_print
.text:000012B0          CMP     R3, R1
.text:000012B4          BNE     loc_12D0
.text:000012B8          ADD     R2, R2, #1
.text:000012BC          ADD     R0, R0, #1
.text:000012C0          MOV     R1, #1
.text:000012C4          CMP     R3, #0
.text:000012C8          BNE     loc_12A8
.text:000012CC          B       loc_12D4
.text:000012D0 ; ---------------------------------------------------------------------------
```

图10.35 修改后的汇编码

修改完毕后替换原有的so文件并打包运行，随便输入一串字符单击校验按钮，同时查看logcat打印的日志，如图10.36所示为so文件打包运行后的日志内容。

这样应用的原始密码“aiyou，bucuoo”就被日志打印出来了，在未修改过的应用上验证得到的密码，如图10.37所示为输入正确密码的效果。

```
02-05 13:45:35.413  4616 .4616 I LatinIme: onActivate() : EditorInfo = Package = com.yaotong.crackme : Type =
 Text : Learning = Enable : Suggestion = Show : AutoCorrection = Enable : Microphone = Show
02-05 13:45:44.562 16381 16381 I yaotong : aiyou,bucuoo
02-05 13:45:50.130 16381 16381 I yaotong : aiyou,bucuoo
02-05 13:45:50.448 16381 16381 I yaotong : aiyou,bucuoo
02-05 13:45:51.106 16381 16381 I yaotong : aiyou,bucuoo
```

图 10.36 so 文件打包运行后的日志内容

图 10.37 输入正确密码的效果

10.3 本章小结

本章展示了从 Java 层到 Native 层逆向分析思路，综合运用了静态与动态分析的知识点。所用的例子是 CTF 竞赛题目。CTF 即 Capture The Flag，常用于测试攻防双方的能力，防守方即 CTF 竞赛的出题者，会想尽办法隐藏 Flag，而攻击方会使用各种手段获取 Flag。CTF 通常需要很强的综合能力，攻击者不仅需要熟悉各类逆向工具的使用，还需要有清晰的逆向思路。

第11章 Hook实战

CHAPTER 11

视频19

11.1 Xposed Hook

本章通过使用两大著名 Hook 框架对 CTF 应用进行 Hook 实战。本节介绍如何使用 Xposed 框架 Hook 应用，从而获取应用中的 Flag 字符串。本节使用的案例是 OWASP 提供的 UNCRACKABLE1. apk。

如图 11.1 所示为打开 UNCRACKABLE1. apk 的效果。

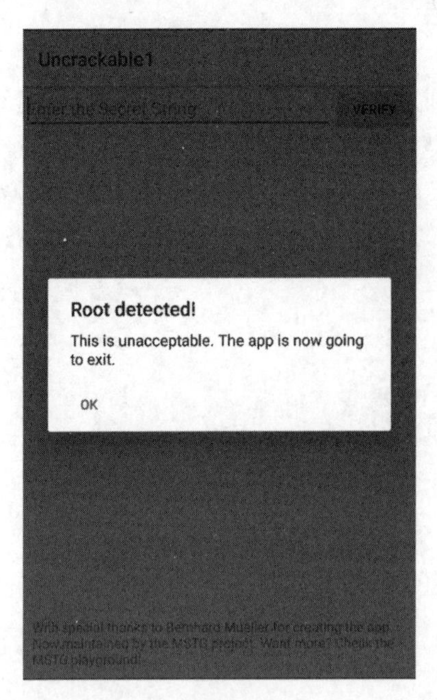

图 11.1　打开 UNCRACKABLE1. apk 的效果

可以看到，UNCRACKABLE1. apk 这个应用在启动时会检测手机是否被 Root，当探知到手机处于 Root 状态时会强制停止运行。为了绕过 Root 检测的逻辑，首先使用 JEB 来分析实例程序的代码逻辑。

11.1.1 JEB 分析 Apk

使用 JEB 打开 Apk 文件，由于 Root 检测是在启动的时候进行的，因此先来分析

onCreate()方法。

如图 11.2 所示为 JEB 打开 Apk 文件反编译出来的 onCreate()方法。

```
protected void onCreate(Bundle arg2) {
    if((c.a()) || (c.b()) || (c.c())) {
        this.a("Root detected!");
    }

    if(b.a(this.getApplicationContext())) {
        this.a("App is debuggable!");
    }

    super.onCreate(arg2);
    this.setContentView(0x7F030000);
}
```

图 11.2 JEB 打开 Apk 文件反编译出来的 onCreate()方法

很明显,MainActivity 中的 a()方法执行了对 Root 的检测,同时也对调试环境进行检测。如图 11.3 所示为 MainActivity 的 a()方法实现。

```
private void a(String arg4) {
    AlertDialog v0 = new AlertDialog$Builder(((Context)this)).create();
    v0.setTitle(((CharSequence)arg4));
    v0.setMessage("This is unacceptable. The app is now going to exit.");
    v0.setButton(-3, "OK", new DialogInterface$OnClickListener() {
        public void onClick(DialogInterface arg1, int arg2) {
            System.exit(0);
        }
    });
    v0.setCancelable(false);
    v0.show();
}
```

图 11.3 MainActivity 的 a()方法实现

找到了检测 Root 环境的代码,接下来就去找哪里负责对输入字符串进行校验。看到 MainActivity 下的 verify()方法,如图 11.4 所示为 MainActivity 下的 verify()方法实现。

```
public void verify(View arg4) {
    String v4 = this.findViewById(0x7F020001).getText().toString();
    AlertDialog v0 = new AlertDialog$Builder(((Context)this)).create();
    if(a.a(v4)) {
        v0.setTitle("Success!");
        v4 = "This is the correct secret.";
    }
    else {
        v0.setTitle("Nope...");
        v4 = "That\'s not it. Try again.";
    }

    v0.setMessage(((CharSequence)v4));
    v0.setButton(-3, "OK", new DialogInterface$OnClickListener() {
        public void onClick(DialogInterface arg1, int arg2) {
            arg1.dismiss();
        }
    });
    v0.show();
}
```

图 11.4 MainActivity 下的 verify()方法实现

verify()方法通过 a.a()方法返回的结果判断输入字符串的正确性,这就是逆向分析的目标。

图 11.5 所示为 a.a()方法的源码。

通过分析可知,变量 v1 中保存的字符串是 Flag 字符串加密后的结果,arg5 保存的是外部传入的字符串,而且能看到方法并没有对 arg5 进行任何处理,由此可知,校验的方式是对 Flag 字符串解密后的明文对比,而 Flag 明文就保存在 v0_2 变量中,解密的方法是 sg.vantagepoint.a.a.a。

```
public class a {
    public static boolean a(String arg5) {
        byte[] v0_2;
        String v0 = "8d127684cbc37c17616d806cf50473cc";
        byte[] v1 = Base64.decode("5UJiFctbmgbDoLXmpL12mkno8HT4Lv8dlat8FxR2GOc=", 0);
        byte[] v2 = new byte[0];
        try {
            v0_2 = sg.vantagepoint.a.a.a(a.b(v0), v1);
        }
        catch(Exception v0_1) {
            Log.d("CodeCheck", "AES error:" + v0_1.getMessage());
            v0_2 = v2;
        }

        return arg5.equals(new String(v0_2));
    }

    public static byte[] b(String arg7) {
        int v0 = arg7.length();
        byte[] v1 = new byte[v0 / 2];
        int v2;
        for(v2 = 0; v2 < v0; v2 += 2) {
            v1[v2 / 2] = ((byte)((Character.digit(arg7.charAt(v2), 16) << 4) + Character.digit(arg7.charAt(v2 + 1), 16)));
        }

        return v1;
    }
}
```

图 11.5　a.a()方法的源码

11.1.2 编写 Xposed 模块

经过上面的分析，可以知道需要完成两个工作才能得到正确的密码：一是绕过 Root 与 Debug 检测，二是 Hook Flag 的解密函数。对于环境检测，常见的逆向思路是不管它的检测结果如何，只要不结束程序运行就可以，因此可以 Hook MainActivity 内的 a()方法，替换它的实现，让它不执行 system.exit()。下面是 Xposed 模块。

```
try{
    XposedBridge.log("Hook start");
    Class mainActivityClass = loadPackageParam.classLoader
                    .loadClass("sg.vantagepoint.uncrackable1.MainActivity");
    XposedHelpers.findAndHookMethod(mainActivityClass, "a",
                    java.lang.String.class, new XC_MethodReplacement() {
        @Override
        protected Object replaceHookedMethod(XC_MethodReplacement
                    .MethodHookParam param)throws Throwable {
        return null;
        }
    });
}catch(Throwable e){
    XposedBridge.log(e);
}
```

编写完代码，测试一下效果，安装激活 Xposed 模块并重启手机，启动 UNCRACKABLE1，如图 11.6 所示为跳过 Root 环境检测后的效果。

当需要修改被 Hook 方法的逻辑时，常常使用 replaceHookedMethod()，方法体内部是逆向人员想要被 Hook 方法完成的工作，这里让 MainActivity.a()什么都不做，直接结束执行。

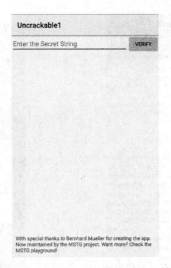

图 11.6 跳过 Root 环境检测后的效果

跳过检测后再来 Hook 解密方法 sg.vantagepoint.a.a.a，截取它的返回值并通过 log 打印：

```
try{
   XposedBridge.log("Hook start");
   XposedHelpers.findAndHookMethod("sg.vantagepoint.a.a",
loadPackageParam.classLoader, "a", byte[].class, byte [].class,
new XC_MethodHook() {
      @Override
      protected void beforeHookedMethod(MethodHookParam param)
              throws Throwable {}
      protected void afterHookedMethod(XC_MethodHook
           .MethodHookParam methodHookParam) throws Throwable {
         byte[] flag_byte = (byte[]) methodHookParam.getResult();
         String flag = new String(flag_byte);
         XposedBridge.log("Flag: " + flag);
      }
   });
}catch(Throwable e){
   XposedBridge.log(e);
}
```

11.1.3 获取 Flag

编写完毕后按照 7.2.3 节介绍的方法编译并安装到设备中，运行应用，如图 11.7 所示为应用被 Hook 后运行起来的结果。

可以看到，log 中打印出了正确的 Flag——I want to believe，将 Flag 填入输入框中，可以看到这就是正确结果。

如图 11.8 所示为输入正确 Flag 后的效果。

图 11.7　应用被 Hook 后运行起来的结果

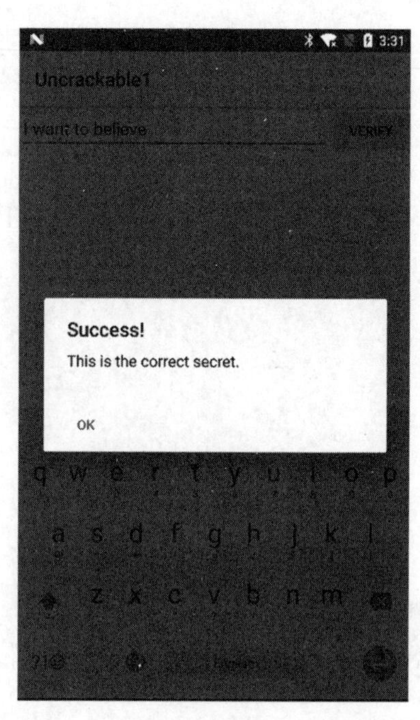

图 11.8　输入正确 Flag 后的效果

11.2　Frida Hook

本节将要介绍使用 Frida 来 Hook 应用的方法，使用的案例是 OWASP 提供的 UNCRACKABLE2.apk。安装运行 UNCRACKABLE2，可以看到，这个应用与 UNCRACKABLE1 相似，在启动的时候会去检测运行环境是否被 Root。

如图 11.9 所示为 UNCRACKABLE2 启动时对运行环境进行检测。

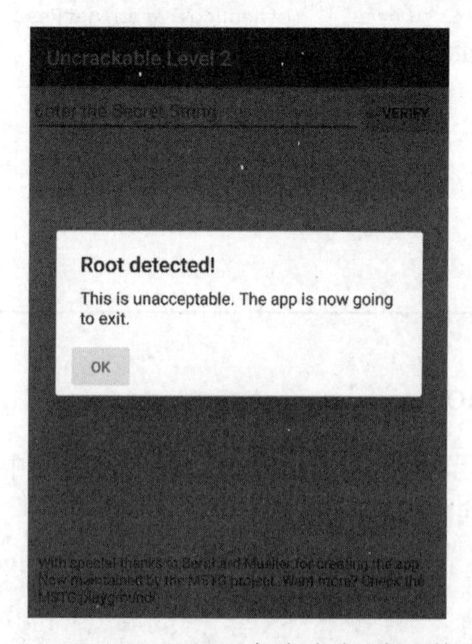

图 11.9　UNCRACKABLE2 启动时对运行环境进行检测

11.2.1 JEB 解析 Apk

首先使用 JEB 解析这个应用，根据 11.1 节的经验，先去看 onCreate()方法，onCreate()方法的源码如图 11.10 所示。

```
protected void onCreate(Bundle arg5) {
    this.init();
    if((b.a()) || (b.b()) || (b.c())) {
        this.a("Root detected!");
    }

    if(a.a(this.getApplicationContext())) {
        this.a("App is debuggable!");
    }

    new AsyncTask() {
        protected String a(Void[] arg3) {
            while(!Debug.isDebuggerConnected()) {
                SystemClock.sleep(100);
            }

            return null;
        }

        protected void a(String arg2) {
            MainActivity.a(this.a, "Debugger detected!");
        }

        protected Object doInBackground(Object[] arg1) {
            return this.a(((Void[])arg1));
        }

        protected void onPostExecute(Object arg1) {
            this.a(((String)arg1));
        }
    }.execute(new Void[]{null, null, null});
    this.m = new CodeCheck();
    super.onCreate(arg5);
    this.setContentView(0x7F09001B);
}
```

图 11.10 onCreate()方法的源码

这里看起来和 11.1 节没有区别，所以可以采用与 11.1 节类似的思路来处理。接下来再看 verify()方法，verify()方法的实现如图 11.11 所示。

```
    public void verify(View arg4) {
        String v4 = this.findViewById(0x7F070035).getText().toString();
        AlertDialog v0 = new AlertDialog$Builder(((Context)this)).create();
        if(this.m.a(v4)) {
            v0.setTitle("Success!");
            v4 = "This is the correct secret.";
        }
        else {
            v0.setTitle("Nope...");
            v4 = "That\'s not it. Try again.";
        }

        v0.setMessage(((CharSequence)v4));
        v0.setButton(-3, "OK", new DialogInterface$OnClickListener() {
            public void onClick(DialogInterface arg1, int arg2) {
                arg1.dismiss();
            }
        });
        v0.show();
    }
}
```

图 11.11 verify()方法的实现

从代码实现中可以看到，verify()方法直接读取输入的字符串，将它作为参数传入到 m.a()方法中就得到了校验结果。代码中并没有读取或解密 Flag 字符串的语句。这里的 m 对象对应的类型是 CodeCheck。

如图 11.12 所示为 CodeCheck 类的定义。

a()方法调用了 CodeCheck 内的一个 Native 方法 bar(),也就是说,应用把字符串校验的工作放到了 Native 层,这就比放在 Java 层更复杂。回到 MainActivity,可以看到静态语句块中加载了一个 foo.so 文件,接下来使用 IDA Pro 来进一步分析 so 文件。

图 11.13 所示为加载 foo.so 文件的语句。

```
package sg.vantagepoint.uncrackable2;

public class CodeCheck {
    public CodeCheck() {
        super();
    }

    public boolean a(String arg1) {
        return this.bar(arg1.getBytes());
    }

    private native boolean bar(byte[] arg1) {
    }
}
```

图 11.12 CodeCheck 类的定义

```
public class MainActivity extends c {
    private CodeCheck m;

    static {
        System.loadLibrary("foo");
    }

    public MainActivity() {
        super();
    }
```

图 11.13 加载 foo.so 文件的语句

11.2.2 使用 IDA Pro 分析 foo.so

使用 Apktool 反编译或者直接将 Apk 包解压可以得到 foo.so 文件,使用 IDA Pro 打开 foo.so 文件。在左侧栏中搜索 bar,出现一个 Java_sg_vantagepoint_uncrackable2_CodeCheck_bar(),这就是需要找的函数。

如图 11.14 所示为 Java_sg_vantagepoint_uncrackable2_CodeCheck_bar()的函数代码。

```
bool __fastcall Java_sg_vantagepoint_uncrackable2_CodeCheck_bar(__int64 a1, __int64 a2, __int64 a3)
{
  __int64 v3; // x19
  __int64 v4; // x20
  _BOOL8 result; // x0
  __int64 v6; // x21
  __int128 v7; // [xsp+0h] [xbp-40h]
  __int64 v8; // [xsp+10h] [xbp-30h]
  __int64 v9; // [xsp+18h] [xbp-28h]

  v3 = a3;
  v4 = a1;
  result = 0LL;
  v9 = *(_QWORD *)(_ReadStatusReg(ARM64_SYSREG(3, 3, 13, 0, 2)) + 40);
  if ( byte_1300C == 1 )
  {
    v8 = 0LL;
    v7 = xmmword_EA0;
    LODWORD(v8) = 1713399144;
    WORD2(v8) = 29545;
    BYTE6(v8) = 104;
    v6 = (*(__int64 (__fastcall **)(__int64, __int64, _QWORD))(*(_QWORD *)v4 + 1472LL))(v4, a3, 0LL);
    result = (*(unsigned int (__fastcall **)(__int64, __int64))(*(_QWORD *)v4 + 1368LL))(v4, v3) == 23
          && !(unsigned int)strncmp(v6, &v7, 23LL);
  }
  return result;
}
```

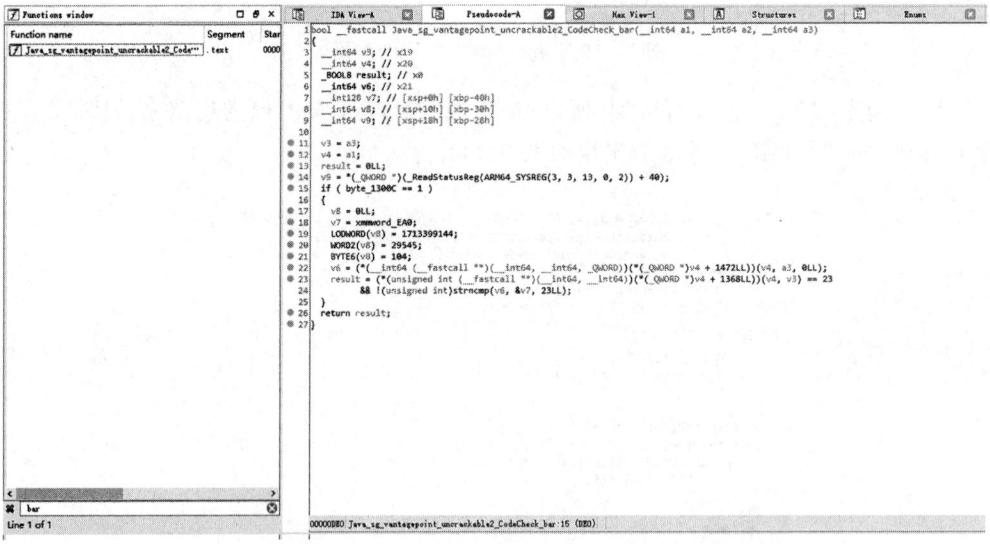

图 11.14 Java_sg_vantagepoint_uncrackable2_CodeCheck_bar()的函数代码

此处把重点放在判断语句中,很容易看到字符串对比函数 strncmp(),这样思路就有了:首先 Hook foo.so 文件,拿到其中调用的 strncmp()函数,然后输出其中的参数,其中一个就是需要的 Flag 字符串。

11.2.3 编写 Frida 脚本

接下来编写 Frida 脚本,主要完成两项工作:

（1）和 11.2.2 节相似，Hook system.exit()方法防止跳出；

（2）找到 foo.so 文件中 strncmp()的调用，将其中的参数打印出来。

代码如下：

```
import frida,sys

def on_message(message,data):
    if message['type'] == 'send':
        print("[ * ] {0}".format(message['payload']))
    else:
        print(message)

jscode = """
//hook exit 函数,防止单击 OK 按钮后进程被结束
Java.perform(function() {
    console.log("[ * ] Hooking calls to System.exit");
    const exitClass = Java.use("java.lang.System");
    exitClass.exit.implementation = function() {
        console.log("[ * ] System.exit called");
    }

    //得到 libfoo 中所有关于 strncmp 的调用
    var strncmp = undefined;
    var imports = Module.enumerateImportsSync("libfoo.so");

    for( var i = 0; i < imports.length; i++) {
        if(imports[i].name == "strncmp") {
            strncmp = imports[i].address;
            break;
        }

    }

    //过滤出符合要求的 strncmp
    Interceptor.attach(strncmp, {
        onEnter: function (args) {
            if(Memory.readUtf8String(args[0],23) == "01234567890123456789012") {
                console.log("[ * ] Secret string at " + args[1] + ": " + Memory.readUtf8String
(args[1],23));
            }
        },
    });
    console.log("[ * ] Intercepting strncmp");
});
"""

process = frida.get_usb_device().attach('owasp.mstg.uncrackable2')
script = process.create_script(jscode)
#script.on('message',on_message)
script.load()
sys.stdin.read()
```

Java. perform 方法体中的前半部分重新实现了被 Hook 的 System. exit 的逻辑，和 Xposed 的操作一样，System. exit 内不进行任何操作；后半部分负责获取正确的 Flag。

Module. enumerateImportsSync 是 Frida 提供的 JavaScript API，功能是获取 so 文件中的所有导入函数，返回一个 Module 数组对象，然后从中得到 strncmp()函数的地址。接着调用 Interceptor 拦截 strncmp()函数，args 中保存着 strncmp()函数的参数。确定拦截 strncmp()函数后又产生了新的问题，那就是 strncmp()是库函数，程序运行的很多地方会直接或者间接对其进行调用，如果过滤拦截到的 strncmp()函数，就会产生很多无用的输出从而影响判断。

继续分析 so 文件对 strncmp()的调用，可以看到 strncmp()函数的参数特征，首先是第三个参数，这个参数用于比较两个字符串的长度。so 文件中的参数是 0x17u，这是一个十六进制数，对应的十进制数是 23，第一个参数 args[0]用于从文本框中获取的密码。因此可以设定一个特定的 23 个字符的字符串作为特征值，在密码框输入特征值后对 strncmp()函数进行过滤，如果 args[0]的值等于特征值，则可以确定这个 strncmp()函数是 bar()函数中所调用的，最后输出的第二个参数 args[1]即为正确答案。

11.2.4 获取 flag

运行 frida-server，安装并启动 UNCRACKABLE2 应用，此时不要单击弹窗中的按钮，执行 Frida 脚本：

```
$ python3 getFlag.py
```

出现 Hooking calls to System. exit 的提示后再单击弹窗中的按钮，这时应用就不会被强制退出了。接着在输入框中输入字符串 01234567890123456789012，单击“校验”按钮，Frida 就会将正确的密钥在控制台输出。

如图 11.15 所示为在文本框中输入自定义的字符串。

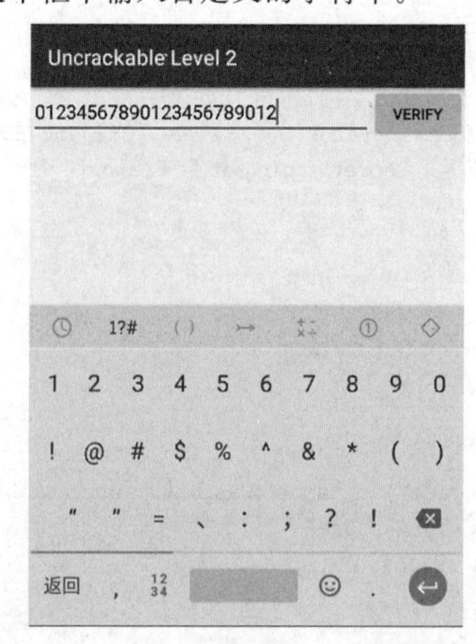

图 11.15　在文本框中输入自定义的字符串

图 11.16 所示为 Hook 脚本运行的结果。

得到的 Flag 字符串是 Thanks for all the fish,再验证一下其正确性。如图 11.17 所示为输入 Flag 字符串。

图 11.16　Hook 脚本运行的结果

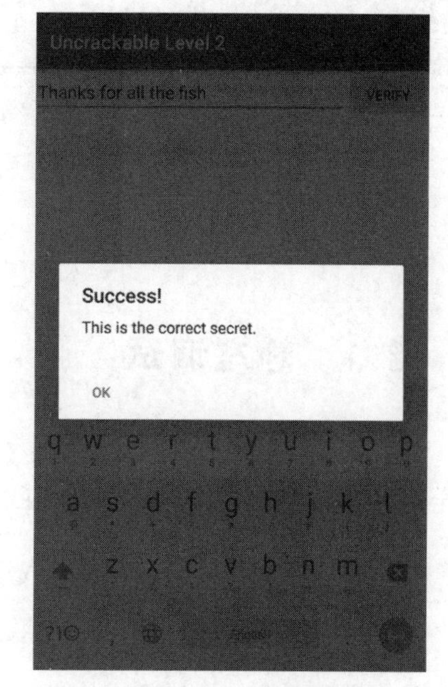

图 11.17　输入 Flag 字符串

11.3　本章小结

本章结合具体的实例展示了两个 Hook 工具——Xposed 与 Frida 的具体使用方式。Hook 作为低侵入性的逆向手段,并不需要像前面逆向实战那样修改 so 文件或者 Smali 文件,通常使用静态分析手段得到关键的函数逻辑,然后使用 Hook 函数就可以了。

第12章 调试实战

CHAPTER 12

12.1 静态调试

本节将从静态与动态调试的角度对一个复杂应用的业务流程进行调试分析实战，并将完全使用静态调试分析在一家网购应用中将商品加入购物车的流程。

12.1.1 从 Activity 切入分析应用

由于这个应用功能繁多，很难直接从源码中定位到需要的逻辑，因此可以尝试从界面入手来查找线索。首先运行应用，进入需要分析的应用界面。

如图 12.1 所示为需要调试的应用界面。

图 12.1 需要调试的应用界面

Android SDK 提供了一个分析界面元素的工具 UIAutomatorViewer，位置在 sdk/tools/bin 目录下，启动 UIAutomatorViewer 后单击工具栏中的 Device ScreenShot dump。

如图 12.2 所示为使用 UIAutomatorViewer Dump 页面数据的结果。

在页面右侧的 Node Detail 区域可以看到这个页面的所有元素，从中可以得到加入购物车按钮的资源 Id：product_detail_cart_add_cart_btn。

接下来需要在 Activity 源码中找到这个按钮，从它的响应事件入手进行分析，通过 adb 命令可以查看当前显示的页面对应的 Activity：

```
$ adb shell dumpsys activity | grep "mResume"
```

这个指令可以获得当前运行应用的显示页面对应的 Activity 的类名，商品详情页对应的是 DetailMainActivity。

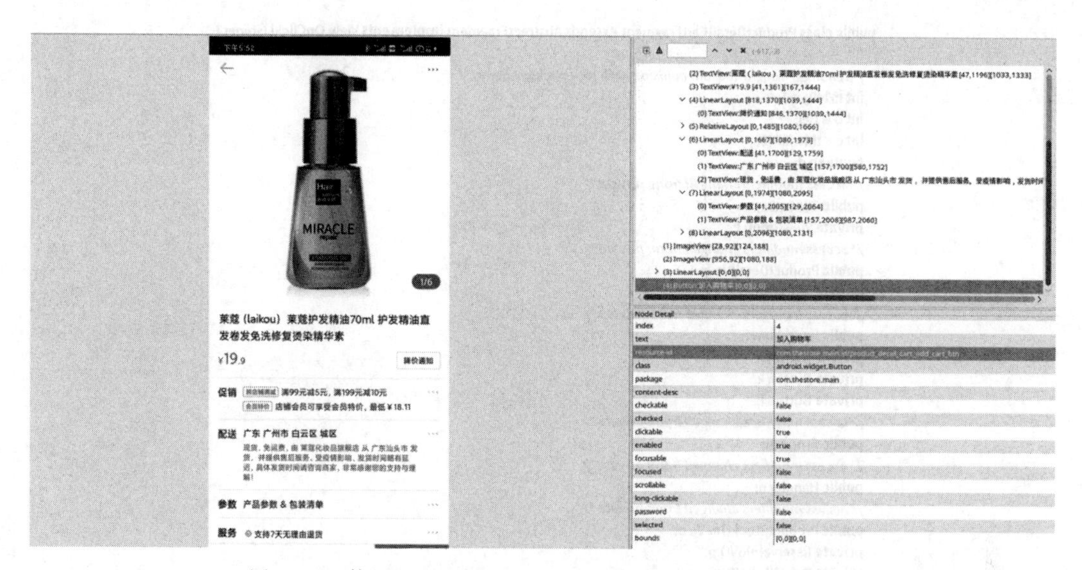

图 12.2 使用 UIAutomatorViewer Dump 页面数据的结果

12.1.2 使用 Jadx-gui 分析应用

通过 12.1.1 节的分析，已得到了按钮的 Id 和商品详情页的类名，下面就使用 Jadx-gui 定位关键源码。

如图 12.3 所示为使用 Jadx-gui 打开 DetailMainActivity 源码。

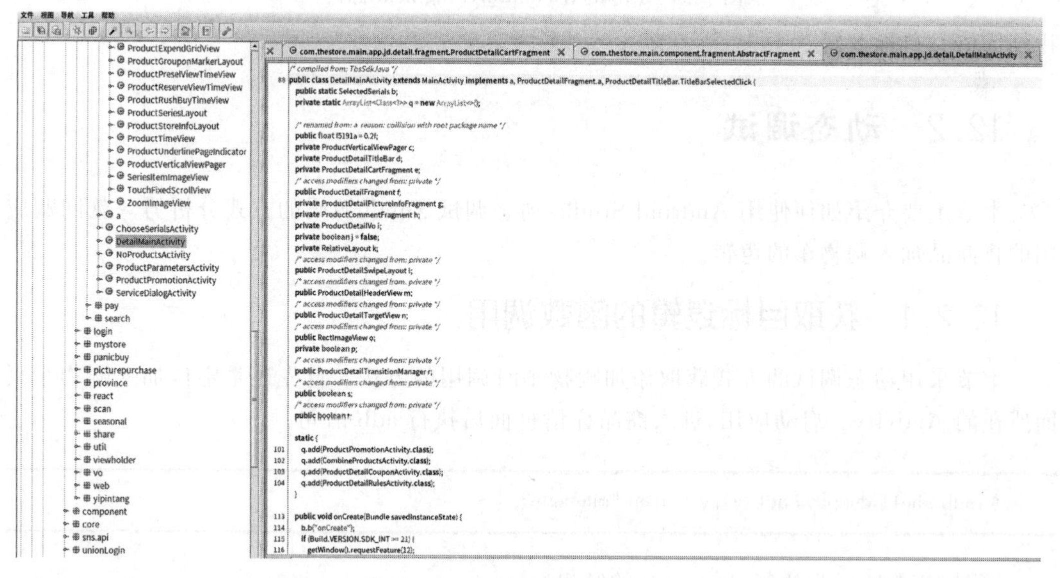

图 12.3 使用 Jadx-gui 打开 DetailMainActivity 源码

通过分析可知，DetailMainActivity 是由多个 Fragment 组成的，在全局代码中搜索 product_detail_cart_add_cart_btn，按钮位于 ProductDetailCartFragment。ProductDetailCartFragment 源码如图 12.4 所示。

在 ProductDetailCartFragment 源码中找到按钮上绑定的 OnClickListener()方法，也就

```
public class ProductDetailCartFragment extends AbstractFragment implements View.OnClickListener {

  /* renamed from: a reason: collision with root package name */
  int f5240a = 1;
  int b = 199;
  int c = this.f5240a;
  boolean d;
  /* access modifiers changed from: private */
  public Context e;
  private ViewGroup f;
  /* access modifiers changed from: private */
  public ProductDetailVo g;
  private TextView h;
  /* access modifiers changed from: private */
  public ImageView i;
  private Button j;
  private Button k;
  private Button l;
  /* access modifiers changed from: private */
  public String m;
  /* access modifiers changed from: private */
  public Handler n;
  /* access modifiers changed from: private */
  public ProductStockOneVo o;
  private ReserveInfoVO p;
  private PresellInfoVO q;
  private int r = 20;
  private boolean s = false;

  public void a() {
    this.h = (TextView) this.f.findViewById(a.e.product_detail_cart_tips);
    this.j = (Button) this.f.findViewById(a.e.product_detail_cart_add_cart_btn);
    this.k = (Button) this.f.findViewById(a.e.product_detail_cart_arrival_notice);
    this.l = (Button) this.f.findViewById(a.e.product_detail_cart_buy_now_btn);
    setOnclickListener(this.f.findViewById(a.e.product_detail_cart_layout_cart));
    this.i = (ImageView) this.f.findViewById(a.e.detail_follow_icon);
```

图 12.4 ProductDetailCartFragment 源码

找到了核心目标逻辑。

12.2 动态调试

本节主要介绍如何使用 Android Studio 动态调试 Smali 源码的方式分析另一款网购应用的将商品加入购物车的逻辑。

12.2.1 获取目标逻辑的函数调用

本节采用动态调试的方式获取添加购物车时调用的方法。首先还是定位加入购物车页面所在的 Activity。启动应用,进入商品详情页面后执行 adb 语句:

```
$ adb shell dumpsys activity | grep "mResume"
```

如图 12.5 所示为执行 dumpsys 的结果。

```
mResumedActivity: ActivityRecord{94f2b20 u0 com.manle.phone.android.yaodian/.drug.activity.DrugDetailActivity t56}
```

图 12.5 执行 dumpsys 的结果

找到加入购物车按钮所在的 Activity 后,还需要知道执行逻辑时调用了哪些方法。这里采用批量在 Smali 文件中插入 log 语句的方式,使用的工具是 GitHub 上开源的 inject_ log(https://github.com/encoderlee/android_tools),这个工具会在 Smali 文件中批量注入日志,在方法被调用的时候方法名会被打印在日志中,因此可以用来分析当某个按钮被单击后方法的执行流程。

首先使用 Apktool 反编译 Apk 文件,不选用其他反编译参数,使 Dex 被反编译成 Smali 文件。根据前面确定的 Activity 所在的包名,找到 Smali 文件所在的目录:smali_classes2/com/manle/phone/android/yaodian/drug/activity/DrugDetailActivity.smali。进入 inject_log.py 所在的目录下,执行两条指令,第一条指令为

```
$ python inject_log.py -c Apktool 反编译出来的 Apk 目录
```

第二条指令将 InjectLog.smali 文件复制到 Apk 下的 smali 目录中。

```
$ python inject_log.py -r Apk 目录/smali_classes2/com/yiwang/newproduct/
```

这样 smali_classes2/com/yiwang/newproduct/下的 Smali 文件以及下属子目录的文件都会被插入 log 语句。这里需要在 AndroidManifest 文件中添加 debuggable 字段,用于 12.2.2 节的调试步骤。重打包后签名运行,筛选关键字 InjectLog,进入商品界面单击添加购物车按钮,输出的日志如图 12.6 所示。

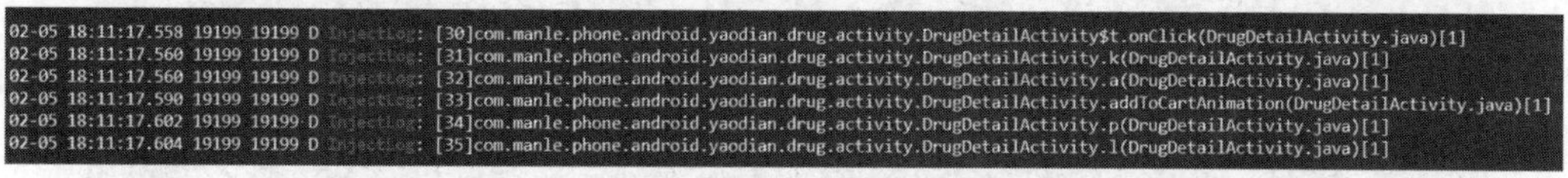

```
02-05 18:11:17.558 19199 19199 D InjectLog: [30]com.manle.phone.android.yaodian.drug.activity.DrugDetailActivity$t.onClick(DrugDetailActivity.java)[1]
02-05 18:11:17.560 19199 19199 D InjectLog: [31]com.manle.phone.android.yaodian.drug.activity.DrugDetailActivity.k(DrugDetailActivity.java)[1]
02-05 18:11:17.560 19199 19199 D InjectLog: [32]com.manle.phone.android.yaodian.drug.activity.DrugDetailActivity.a(DrugDetailActivity.java)[1]
02-05 18:11:17.590 19199 19199 D InjectLog: [33]com.manle.phone.android.yaodian.drug.activity.DrugDetailActivity.addToCartAnimation(DrugDetailActivity.java)[1]
02-05 18:11:17.602 19199 19199 D InjectLog: [34]com.manle.phone.android.yaodian.drug.activity.DrugDetailActivity.p(DrugDetailActivity.java)[1]
02-05 18:11:17.604 19199 19199 D InjectLog: [35]com.manle.phone.android.yaodian.drug.activity.DrugDetailActivity.l(DrugDetailActivity.java)[1]
```

图 12.6 输出的日志

从日志中可以知道具体调用的方法以及方法所在的类。使用 JEB 打开应用,查看这些方法。JEB 中反编译 DrugDetailActivity 类方法内容如图 12.7 所示。

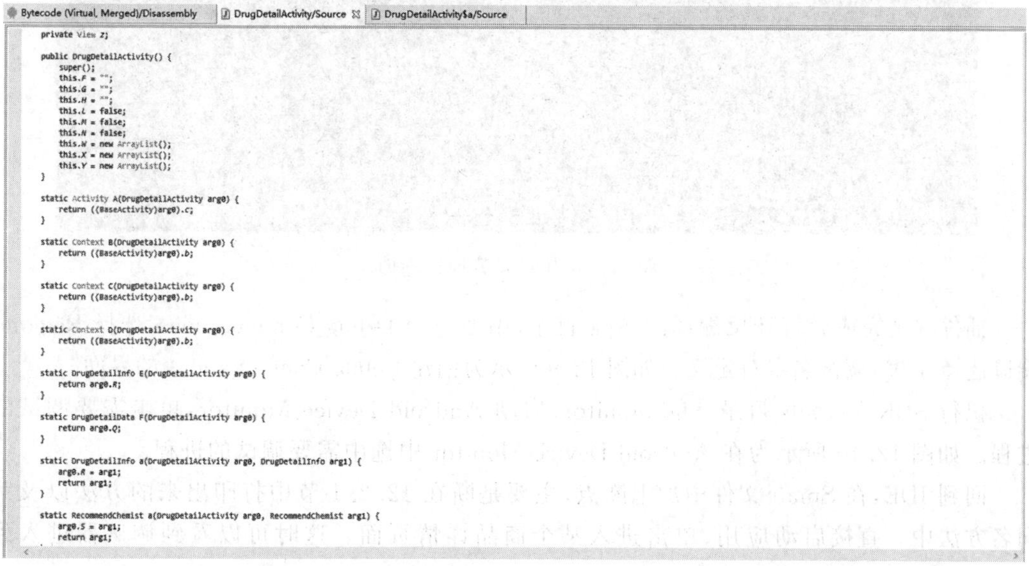

```
Bytecode (Virtual, Merged)/Disassembly | DrugDetailActivity/Source | DrugDetailActivity$a/Source
    private View z;

    public DrugDetailActivity() {
        super();
        this.F = "";
        this.G = "";
        this.H = "";
        this.L = false;
        this.M = false;
        this.N = false;
        this.W = new ArrayList();
        this.X = new ArrayList();
        this.Y = new ArrayList();
    }

    static Activity A(DrugDetailActivity arg0) {
        return ((BaseActivity)arg0).c;
    }

    static Context B(DrugDetailActivity arg0) {
        return ((BaseActivity)arg0).b;
    }

    static Context C(DrugDetailActivity arg0) {
        return ((BaseActivity)arg0).b;
    }

    static Context D(DrugDetailActivity arg0) {
        return ((BaseActivity)arg0).b;
    }

    static DrugDetailInfo E(DrugDetailActivity arg0) {
        return arg0.R;
    }

    static DrugDetailData F(DrugDetailActivity arg0) {
        return arg0.Q;
    }

    static DrugDetailInfo a(DrugDetailActivity arg0, DrugDetailInfo arg1) {
        arg0.R = arg1;
        return arg1;
    }

    static RecommendChemist a(DrugDetailActivity arg0, RecommendChemist arg1) {
        arg0.S = arg1;
        return arg1;
```

图 12.7 JEB 中反编译 DrugDetailActivity 类方法内容

从 JEB 中可以看到，代码经过混淆，方法和变量名被转化成 A、B、C 之类，并且有许多同名的方法，仅靠插入日志打印出来的方法名不足以推断出整体逻辑。接下来进一步使用 Android Studio 对 Smali 代码进行调试，以确定具体的调用流程。

12.2.2 使用 Android Studio 调试

调试可以使用 Android Studio，也可以使用 IntelliJ IDEA 进行调试。需要安装 smalidea 插件，这个插件由开源项目 baksamli 的作者提供，下载页面为 https://bitbucket.org/JesusFreke/smali/downloads/，下载下来后通过 IDE 的 File-> Settings-> Plugins-> Install Plugin from Disk，安装该插件。

IDE 安装插件界面如图 12.8 所示。

图 12.8 IDE 安装插件界面

插件安装完成后打开反编译的 Apk 目录，添加一个 Debug Configurations，选择 Remote，端口选择 5005，调试名字自定义。如图 12.9 所示为创建 Debug Configurations 的界面。

执行 SDK 的 tools 目录下的 monitor，启动 Android Device Monitor，单击需要调试的进程。如图 12.10 所示为在 Android Device Monitor 中选中需要调试的进程。

回到 IDE，在 Smali 文件中加上断点，主要是断在 12.2.1 节中打印出来的方法以及其同名方法中。直接启动应用，单击进入某个商品详情页面。这时可以看到调试器进入到 DrugDetailActivity. p()方法中。

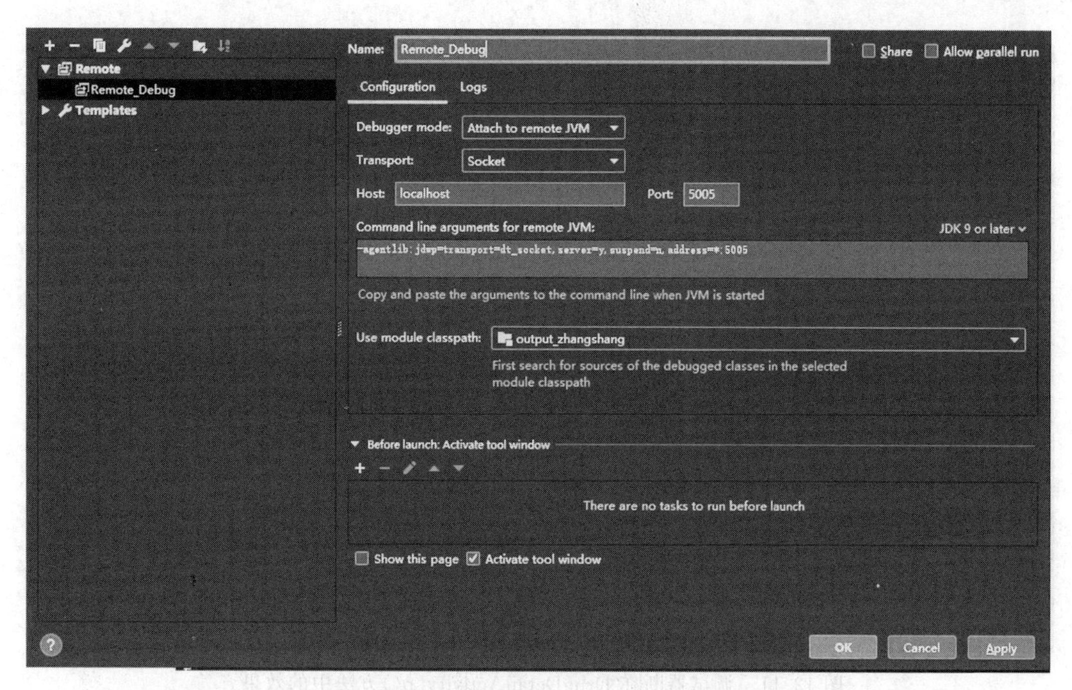

图 12.9　创建 Debug Configurations 的界面

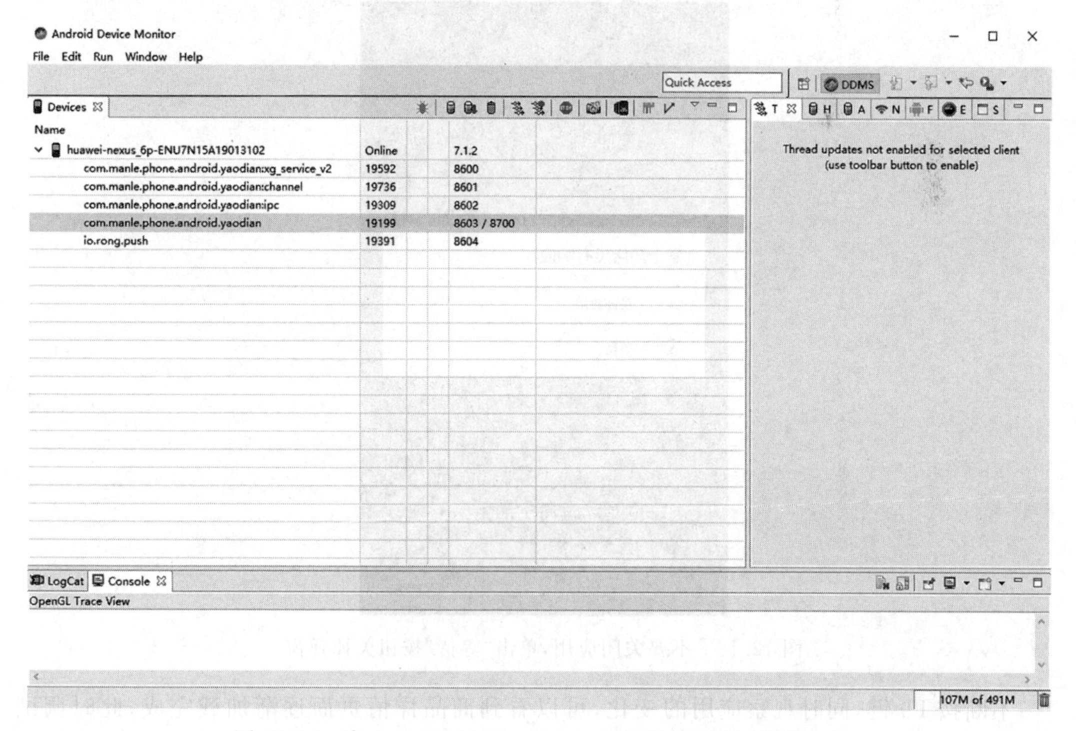

图 12.10　在 Android Device Monitor 中选中需要调试的进程

如图 12.11 所示为调试器断在 DrugDetailActivity. p()方法中的效果。

调试过程中可能会弹出提示应用没有响应的窗口，如图 12.12 所示为不要关闭应用，单击“等待”按钮关掉弹窗。

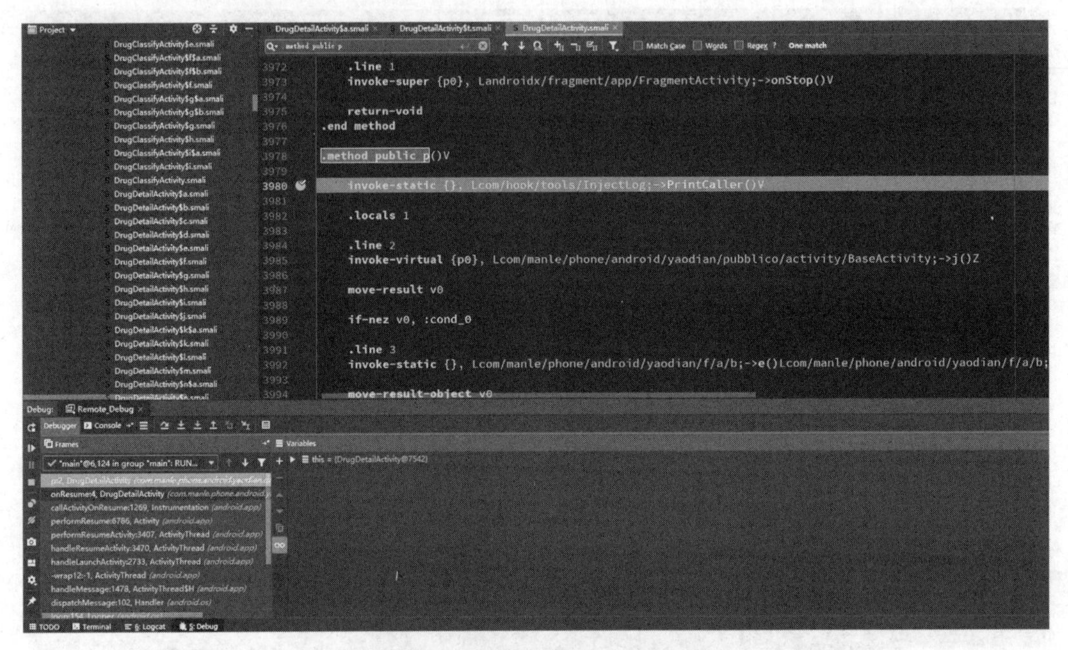

图 12.11 调试器断在 DrugDetailActivity.p()方法中的效果

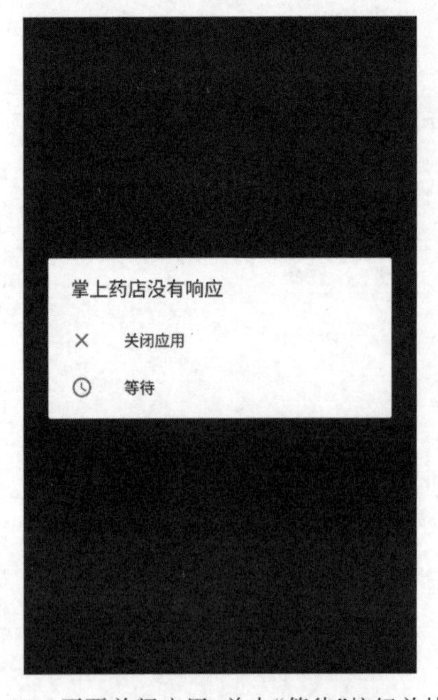

图 12.12 不要关闭应用，单击“等待”按钮关掉弹窗

不断按 F9 键，同时观察应用的变化，可以看到商品详情页面逐渐加载完成，此时调试器暂时放开了应用。

如图 12.13 所示为在页面加载完成后调试器暂时放开了应用。

这时单击详情页面中的加入购物车按钮。这时调试器重新接管应用，进入到 DrugDetailActivity＄t.onClick()方法中。

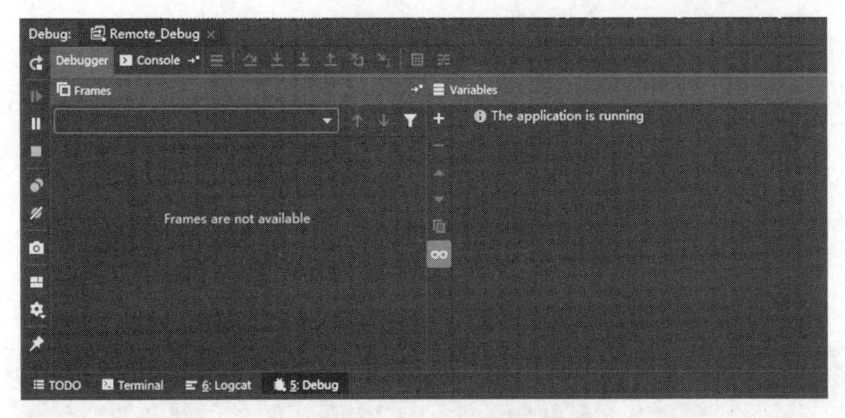

图 12.13　在页面加载完成后调试器暂时放开了应用

如图 12.14 所示为调试器中断在 DrugDetailActivity $ t. onClick()方法的效果。

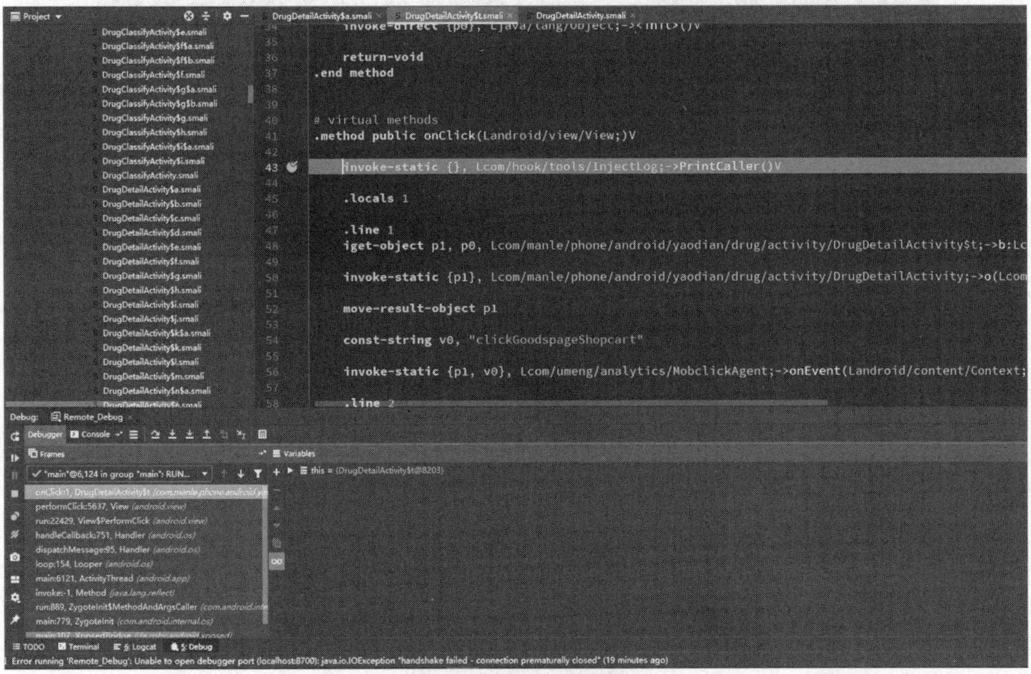

图 12.14　调试器中断在 DrugDetailActivity $ t. onClick()方法的效果

接下来回到 JEB，将 DrugDetailActivity $ t. onClick()方法转换成 Java 伪码来分析，onClick()方法转换的 Java 伪码如图 12.15 所示。

按钮触发 onClick()方法后执行 if 语句进行判断，满足条件后通过 DrugDetailActivity. a()方法执行下一步，同时留意到两个 if 语句都将变量 M 的取值作为条件，而 M 所在的 v2 与 this. b 指向同一个 DrugDetailActivity 类对象。根据下面输出的日志初步猜测变量 M 是用来标识药物是否是处方药，为了验证猜测，分别在两个 if 块内设置断点。设置断点的位置如图 12.16 所示。

不断按 F9 键直到调试器再次放开应用，寻找一个处方药，商品详情页面如图 12.17 所示。

```java
    public void onClick(View arg2) {
        MobclickAgent.onEvent(DrugDetailActivity.o(this.b), "clickGoodspageShopcart");
        DrugDetailActivity v2 = this.b;
        if((v2.M) && !DrugDetailActivity.p(v2)) {
            DrugDetailActivity.a(this.b, DrugDetailActivity.i(this.b).m());
        }

        if(!this.b.M) {
            k0.b("该药品为处方药，请在线咨询药师，进行购买！");
        }
    }
}
```

图 12.15　onClick()方法转换的 Java 伪码

```
72        iget-object p1, p0, Lcom/manle/phone/android/yaodian/drug/activity/DrugDetailActivity$t;->b:Lcom
73
74        invoke-static {p1}, Lcom/manle/phone/android/yaodian/drug/activity/DrugDetailActivity;->i(Lcom/m
75
76        move-result-object v0
77
78        invoke-virtual {v0}, Lcom/manle/phone/android/yaodian/drug/fragment/GoodsInfoFragment;->m()I
79
80        move-result v0
81
82        invoke-static {p1, v0}, Lcom/manle/phone/android/yaodian/drug/activity/DrugDetailActivity;->a(Lc
83
84        .line 4
85        :cond_0
86        iget-object p1, p0, Lcom/manle/phone/android/yaodian/drug/activity/DrugDetailActivity$t;->b:Lcom
87
88        iget-boolean p1, p1, Lcom/manle/phone/android/yaodian/drug/activity/DrugDetailActivity;->M:Z
89
90        if-nez p1, :cond_1
91
92        const-string p1, "\u8be5\u836f\u54c1\u4e3a\u5904\u65b9\u836f\uff0c\u8bf7\u5728\u7ebf\u54a8\u8be2
93
94        .line 5
95        invoke-static {p1}, Lcom/manle/phone/android/yaodian/pubblico/d/k0;->b(Ljava/lang/CharSequence;)
96
97        :cond_1
98        return-void
99    .end method
100
```

图 12.16　设置断点的位置

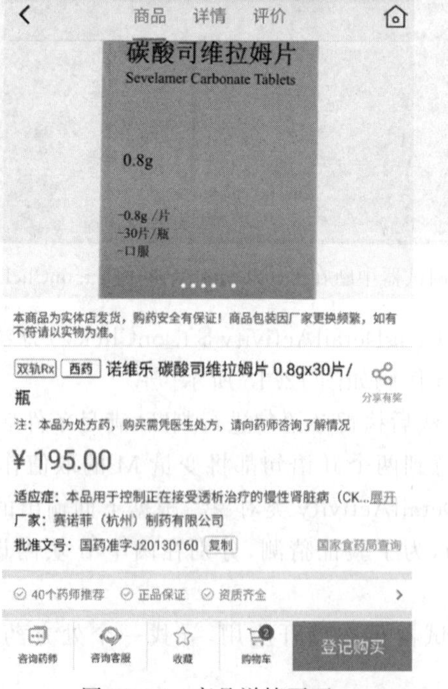

图 12.17　商品详情页面

处方药产品页面的“加入购物车”按钮变成了“登记购买”按钮，但是功能与非处方药页面相同，单击该按钮后调试器在 DrugDetailActivity $ t. onClick()处挂起。这时按 F9 键，观察函数执行，结果却与初步的猜测不一样，函数通过了第一个 if 语句的判断，执行了 DrugDetailActivity. a()方法。

如图 12.18 所示为调试器中断的位置。

```
DrugDetailActivity$a.smali × | DrugDetailActivity$t.smali × | DrugDetailActivity.smali ×
73
74      invoke-static {p1}, Lcom/manle/phone/android/yaodian/drug/activity/DrugDetailActivity;->i(Lcom/m
75
76      move-result-object v0
77
78      invoke-virtual {v0}, Lcom/manle/phone/android/yaodian/drug/fragment/GoodsInfoFragment;->m()I
79
80      move-result v0
81
82      invoke-static {p1, v0}, Lcom/manle/phone/android/yaodian/drug/activity/DrugDetailActivity;->a(Lc
83
84      .line 4
85      :cond_0
86      iget-object p1, p0, Lcom/manle/phone/android/yaodian/drug/activity/DrugDetailActivity$t;->b:Lcom
87
88      iget-boolean p1, p1, Lcom/manle/phone/android/yaodian/drug/activity/DrugDetailActivity;->M:Z
89
90      if-nez p1, :cond_1
91
92      const-string p1, "\u8be5\u836f\u54c1\u4e3a\u5904\u65b9\u836f\uff0c\u8bf7\u5728\u7ebf\u54a8\u8be2
93
94      .line 5
95      invoke-static {p1}, Lcom/manle/phone/android/yaodian/pubblico/d/k0;->b(Ljava/lang/CharSequence;)
96
97      :cond_1
98      return-void
```

图 12.18 调试器中断的位置

这说明变量 M 的取值虽然与处方药有关，但不是直接的标识。到 JEB 中双击变量 M，导航到 M 所在的类，并找到它的位置。

如图 12.19 所示为查找定义变量 M 的类。

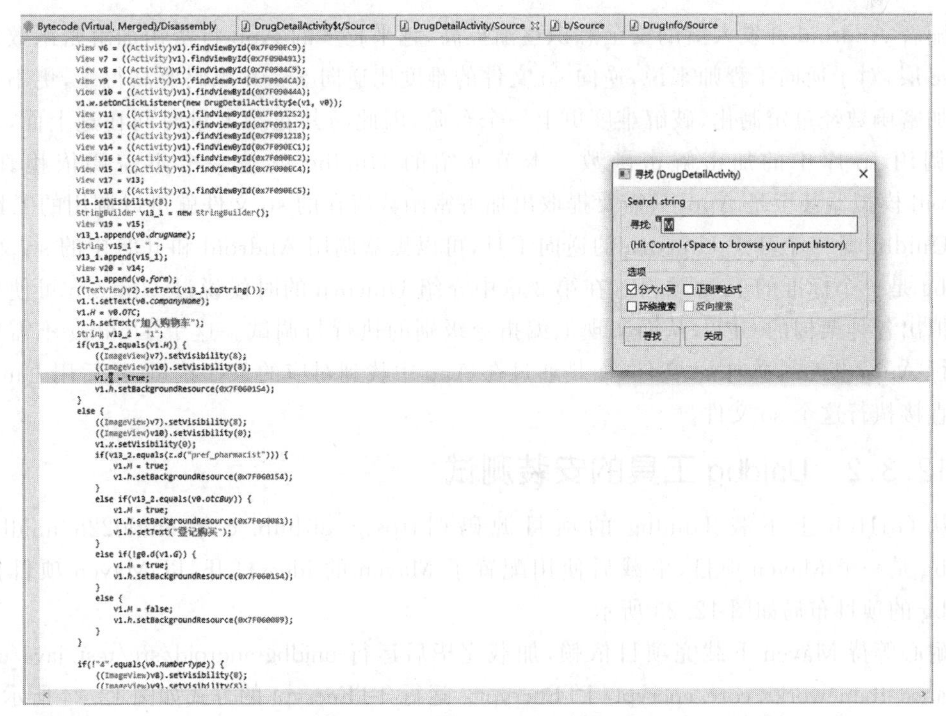

图 12.19 查找定义变量 M 的类

分析这段流程可知,DrugInfo类的成员变量OTC标识了药物是否是处方药,如果是非处方药,则M变量取值为True。非处方药对应的代码逻辑如图12.20所示。

对于非处方药则会进行多种判断。如果登录用户是药剂师,则按照非处方药的逻辑处理。药剂师对应的逻辑代码如图12.21所示。

```
v1.H = v0.OTC;
v1.h.setText("加入购物车");
String v13_2 = "1";
if(v13_2.equals(v1.H)) {
    ((ImageView)v7).setVisibility(8);
    ((ImageView)v10).setVisibility(8);
    v1.M = true;
    v1.h.setBackgroundResource(0x7F060154);
}
```

图12.20 非处方药对应的代码逻辑

```
else {
    ((ImageView)v7).setVisibility(8);
    ((ImageView)v10).setVisibility(0);
    v1.x.setVisibility(0);
    if(v13_2.equals(z.d("pref_pharmacist"))) {
        v1.M = true;
        v1.h.setBackgroundResource(0x7F060154);
    }
```

图12.21 药剂师对应的逻辑代码

如果非登录用户是普通用户,则会判断药品信息的otcBuy的取值,满足条件的药物详情页面中的“加入购物车”按钮会被替换成“登记购买”按钮,M变量取值也为True。

如图12.22所示为判断otcBuy的具体代码。

```
else if(v13_2.equals(v0.otcBuy)) {
    v1.M = true;
    v1.h.setBackgroundResource(0x7F060081);
    v1.h.setText("登记购买");
}
```

图12.22 判断otcBuy的具体代码

视频20

12.3 Native调试

12.3.1 Unidbg工具的介绍

随着Android开发人员的安全意识逐渐提高,越来越多的App将密钥加解密函数放到Native层,对于逆向工程师来说,逆向so文件的难度比逆向Smali源码要高得多,更不用说有些加密函数经过定制化,破解难度更上一个台阶,因此与其花费大量时间在这上面,不如直接调用so库中的加密解密函数。本节介绍的Unidbg就是一个不需要依赖真机、Android模拟器甚至是App,只需要提取出加解密函数所在的so文件就可以调用的工具。

Unidbg是一个基于Unicorn的逆向工具,可以黑盒调用Android和iOS中的so文件。Unidbg是一个标准的Java项目。在第8章中介绍Unicorn的时候说过Unicorn可使用软件模拟出各种架构的CPU,从而实现汇编指令级别的执行与调试。这个Unidbg不需要直接运行App,也无须逆向so文件,而是通过在App中找到对应的JNI接口,然后用Unicorn引擎直接执行这个so文件。

12.3.2 Unidbg工具的安装测试

从GitHub上下载Unidbg的项目源码(https://github.com/zhkl0228/unidbg)。Unidbg是一个Maven项目,下载后使用配置了Maven的idea打开,以Maven项目打开Unidbg的项目布局如图12.23所示。

耐心等待Maven下载完项目依赖,加载完毕后运行unidbg-android/src/test/java/com/bytedance.frameworks.core.encrypt/TTEncrypt。运行TTEncrypt的方式如图12.24所示。

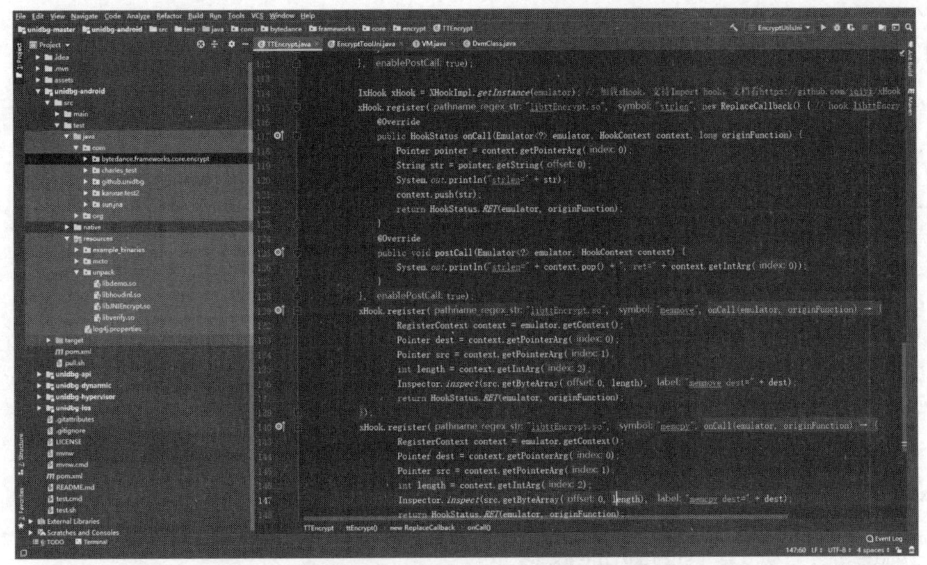

图 12.23 以 Maven 项目打开 Unidbg 的项目布局

```
TTEncrypt.java ×   EncryptToolJni.java ×   VM.java ×   DvmClass.java ×
1   package com.bytedance.frameworks.core.encrypt;
2
3   import ...
28
29      Run 'TTEncrypt.main()'   Ctrl+Shift+F10
30      Debug 'TTEncrypt.main()'
31      Run 'TTEncrypt.main()' with Coverage      ulator emulator;
32      private final VM vm;
33      private final Module module;
34
35      private final DvmClass TTEncryptUtils;
36
37      private final boolean logging;
38
```

图 12.24 运行 TTEncrypt 的方式

控制台打印出相关的调用信息,说明导入成功,控制台输出的日志信息如图 12.25 所示。

```
[14:56:54 359]sbox0, md5=010fc0b8a02f33d5287d10fad0de58c8, hex=637c777bf26b6fc53001672bfed7ab76ca82c97dfa5947f0add4a2af9ca472c0b7fd9326363ff7cc34a5e5f171d8311504c723c31896059a071280e2eb27b27509832c1a
size: 256
0000: 63 7C 77 7B F2 6B 6F C5 30 01 67 2B FE D7 AB 76    c|w{.ko.0.g+...v
0010: CA 82 C9 7D FA 59 47 F0 AD D4 A2 AF 9C A4 72 C0    ...}.YG.......r.
0020: B7 FD 93 26 36 3F F7 CC 34 A5 E5 F1 71 D8 31 15    ...&6?..4...q.1.
0030: 04 C7 23 C3 18 96 05 9A 07 12 80 E2 EB 27 B2 75    ..#..........'.u
0040: 09 83 2C 1A 1B 6E 5A A0 52 3B D6 B3 29 E3 2F 84    ..,..nZ.R;..)./.
0050: 53 D1 00 ED 20 FC B1 5B 6A CB BE 39 4A 4C 58 CF    S... ..[j..9JLX.
0060: D0 EF AA FB 43 4D 33 85 45 F9 02 7F 50 3C 9F A8    ....CM3.E...P<..
0070: 51 A3 40 8F 92 9D 38 F5 BC B6 DA 21 10 FF F3 D2    Q.@...8....!....
0080: CD 0C 13 EC 5F 97 44 17 C4 A7 7E 3D 64 5D 19 73    ...._.D...~=d].s
0090: 60 81 4F DC 22 2A 90 88 46 EE B8 14 DE 5E 0B DB    `.O."*..F....^..
00A0: E0 32 3A 0A 49 06 24 5C C2 D3 AC 62 91 95 E4 79    .2:.I.$\...b...y
00B0: E7 C8 37 6D 8D D5 4E A9 6C 56 F4 EA 65 7A AE 08    ..7m..N.lV..ez..
00C0: BA 78 25 2E 1C A6 B4 C6 E8 DD 74 1F 4B BD 8B 8A    .x%.......t.K...
00D0: 70 3E B5 66 48 03 F6 0E 61 35 57 B9 86 C1 1D 9E    p>.fH...a5W.....
00E0: E1 F8 98 11 69 D9 8E 94 9B 1E 87 E9 CE 55 28 DF    ....i........U(.
00F0: 8C A1 89 0D BF E6 42 68 41 99 2D 0F B0 54 BB 16    ......BhA.-..T..
------------------------------------------------------------------------

------------------------------------------------------------------------
[14:56:54 366]sbox1, md5=ba4ae4913dab406a429ed7000a8c8ef3, hex=52096ad53036a538bf40a39e81f3d7fb7ce339829b2fff87348e4344c4dee9cb547b9432a6c2233dee4c950b42fac34e082ea16628d924b2765ba2496d8bd12572f8f664
size: 256
0000: 52 09 6A D5 30 36 A5 38 BF 40 A3 9E 81 F3 D7 FB    R.j.06.8.@......
0010: 7C E3 39 82 9B 2F FF 87 34 8E 43 44 C4 DE E9 CB    |.9../..4.CD....
0020: 54 7B 94 32 A6 C2 23 3D EE 4C 95 0B 42 FA C3 4E    T{.2..#=.L..B..N
0030: 08 2E A1 66 28 D9 24 B2 76 5B A2 49 6D 8B D1 25    ...f(.$.v[.Im..%
0040: 72 F8 F6 64 86 68 98 16 D4 A4 5C CC 5D 65 B6 92    r..d.h....\.]e..
0050: 6C 70 48 50 FD ED B9 DA 5E 15 46 57 A7 8D 9D 84    lpHP....^.FW....
```

图 12.25 控制台输出的日志信息

12.3.3 利用 Unidbg 直接调用 so 文件方法

首先编写一个实例 App。这个 App 注册的 Native 函数只有两个：一个是返回一个字符串；另一个是利用输入的字符串生成 base64 编码并返回编码后的字符串。

```
extern "C" JNIEXPORT jstring JNICALL
Java_com_haohai_nativeforunidbg_MainActivity_stringFromJNI(
        JNIEnv * env,
        jobject /* this */) {
    std::string hello = "Hello from C++";
    return env->NewStringUTF(hello.c_str());
}

extern "C" JNIEXPORT jstring JNICALL
Java_com_haohai_nativeforunidbg_MainActivity_getKey(JNIEnv * env, jobject, jstring keyb){
    std::string str = "string to encode";
    char * kb = NULL;
    jclass class_string = env->FindClass("java/lang/String");
    jstring kbcode = env->NewStringUTF("GB2312");
    jmethodID mid = env->GetMethodID(class_string, "getBytes", "(Ljava/lang/String;)B");
    jbyteArray barr = (jbyteArray)env->CallObjectMethod(keyb,mid,kbcode);
    jsize klen = env->GetArrayLength(barr);
    jbyte * ba = env->GetByteArrayElements(barr, JNI_FALSE);
    if(klen > 0){
        kb = (char * )malloc(klen + 1);
        memcpy(kb,ba,klen);
        kb[klen] = 0;
    }
    env->ReleaseByteArrayElements(barr,ba,0);
    string stemp(kb);
    free(kb);
    std::string newKey = str + stemp;
    return env->NewStringUTF(base64_encode(newKey).c_str());
}
```

Java 层的定义与调用：

```
@Override
protected void onCreate(Bundle savedInstanceState) {
    super.onCreate(savedInstanceState);
    setContentView(R.layout.activity_main);

    // Example of a call to a native method
    TextView tv = findViewById(R.id.sample_text);
    tv.setText(stringFromJNI());
    tv.setText(getKey(stringFromJNI()));
}
```

```
public native String stringFromJNI();
public native String getKey(String keyb);
```

开始编写 Unidbg 代码,在 Unidbg 项目下新建目录,项目文件结构如图 12.26 所示。

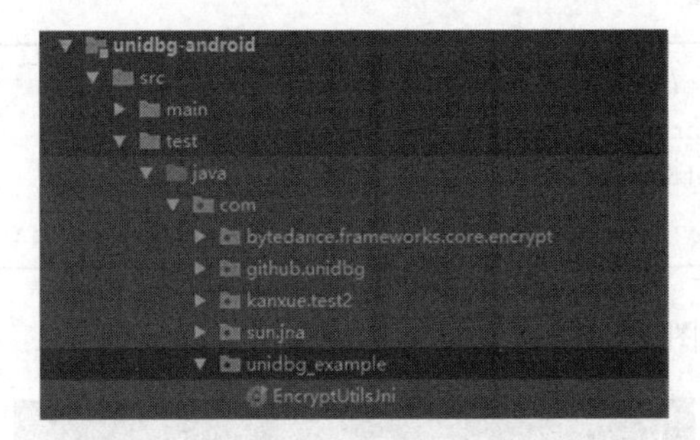

图 12.26 项目文件结构

编写 EncryptUtilsJni. Java 文件如下。

1. 初始化函数

```
public EncryptUtilsJni(){
    //模拟器进程,进程名自定
    //注意根据调用的 so 文件架构选择模拟环境
    emulator = new AndroidARM64Emulator("com.example.test");
    Memory memory = emulator.getMemory();
    LibraryResolver resolver = new AndroidResolver(23);
    memory.setLibraryResolver(resolver);
    vm = ((AndroidARM64Emulator)emulator).createDalvikVM(null);
    vm.setVerbose(false);
    //加载待分析的 so 文件
    DalvikModule dm = vm.loadLibrary(new File("D:\Apks\libnative-lib.so"),false);
    //调用 JNI_OnLoad()函数
    dm.callJNI_OnLoad(emulator);
    vm.setJni(this);
}
```

2. 调用 getKey()函数

```
private void getKey(){
    //App 中调用了 getKey()函数的类
    TTEncryptUtils = vm.resolveClass("com/haohai/nativeforunidbg/MainActivity");
    //先调用 stringFromJNI()获取 keyb
    DvmObject<?> strRc = TTEncryptUtils.callStaticJniMethodObject(emulator,"stringFromJNI
()Ljava/lang/String;");
    System.out.println("call stringFromJNI rc = " + strRc.getValue());
    String keyb = strRc.getValue().toString();
    //getKey()只有一个参数,将 keyb 作为参数调用 getKey(),得到的返回值就是需要的密钥
    strRc = TTEncryptUtils.callStaticJniMethodObject(emulator, "getKey(Ljava/lang/String;)
Ljava/lang/String;", vm.addLocalObject(new StringObject(vm, keyb)));
```

```
    System.out.println("call getKey: " + strRc.getValue());
}
```

3. 运行 Unidbg

```
public static void main(String[] args){
    EncryptUtilsJni encryptUtilsJni = new EncryptUtilsJni();
    encryptUtilsJni.getKey();
}
```

Unidbg 运行结果如图 12.27 所示。

```
call stringFromJNI rc = Hello from C++
call getKey: c3RyaW5nIHRvIGVuY29kZUh1bGxvIGZyb20gQysr

Process finished with exit code 0
```

图 12.27　Unidbg 运行结果

为了验证 Unidbg 的结果,运行实例 App,App 运行结果如图 12.28 所示。

图 12.28　App 运行结果

图 12.28 中得到的结果是正确的。

12.4　本章小结

本章使用了更加符合现实复杂度的应用作为调试实战的实例,目的从 CTF 的获取目标字符串变成了逆向分析程序的逻辑。对于方法名没有被混淆的程序,逆向人员完全可以将 Smali 转化成 Java 伪码,像分析一个开源项目那样分析它的逻辑,JEB 与 Jadx 等工具都提供了索引跳转等方式方便分析。对于混淆比较严重的程序,动态调试是必要的,能帮助逆向人员确定函数逻辑。

第13章 IoT安全分析实战

CHAPTER 13

13.1 IoT移动应用威胁建模

视频21

威胁建模同软件开发存在一定的联系，是在软件设计阶段后，部署阶段前开始的一次演练。演练通常由软件开发团队、系统运维团队、网络运维团队和安全团队在重大软件发布之前开展，通过绘制完整的端到端数据流图、数据流与网络图等将设备的所有功能、特性同与之关联的技术建立映射，从而了解设备可能面临的威胁，以确定IoT设备的攻击面。

确定攻击面后，就需要使用STRIDE等方法确定威胁用例，STRIDE模型将威胁分为6个类型：

- 身份欺骗。
- 数据篡改。
- 抵赖。
- 信息泄露。
- 拒绝服务。
- 权限提升。

确定威胁用例后通过评级系统进行评级，进而确定威胁的风险等级。最常见的威胁评级系统是DREAD评级系统以及通用安全漏洞评分系统CVSS。

DREAD评级系统包括：

- 潜在危害。
- 可重现性。
- 可利用性。
- 受影响用户。
- 发现难度。

DREAD评级系统的风险评级为1～3，1代表低风险，2代表中风险，3代表高风险。

CVSS系统评分粒度更加细致，包括3个度量组：基本得分、临时得分、环境得分，共14个度量维度，每个度量组分别包括6个基本度量维度、3个临时度量维度和5个环境度量维度。

13.2 反编译 Android 应用包

下面将会对 IoT 移动应用进行分析，关注移动应用中常见的漏洞的利用，进而评估 IoT 设备移动应用的安全性。这里从应用商城找到一款智能门锁应用作为应用分析的实例。

智能门锁应用的登录界面如图 13.1 所示。

图 13.1 智能门锁应用的登录界面

本节将用到的工具是 5.3 节中提到的 Jadx-gui。使用 Jadx-gui 打开 Apk 文件，不需要过多的操作，Jadx-gui 会直接将 Dalvik 字节码转化成 Java 形式的伪码。

测试流程如下：

将下载下来的 Apk 文件拖入 Jadx-gui 中，Jadx-gui 反编译代码的效果如图 13.2 所示。

经过 Jadx-gui 的处理，Dalvik 字节码被转换成了便于读取和理解的形式，便于进一步分析，可以发现，应用的 utils 包中用到了 AES 加密，单击进入这个类进行查看。

如图 13.3 所示为 AES 类的具体实现。

从实现代码中可以发现它使用的 AES 加密采用了 ECB 模式，而这个模式对每一个数据分组的加密运算都是独立的，虽然有着良好的运算效率，但也意味着相同明文加密得到的密文也一定相同，且密文数据容易拼接形成伪造的密文数据，就是常说的“分组重放”攻击，因此具有致命的安全缺陷。

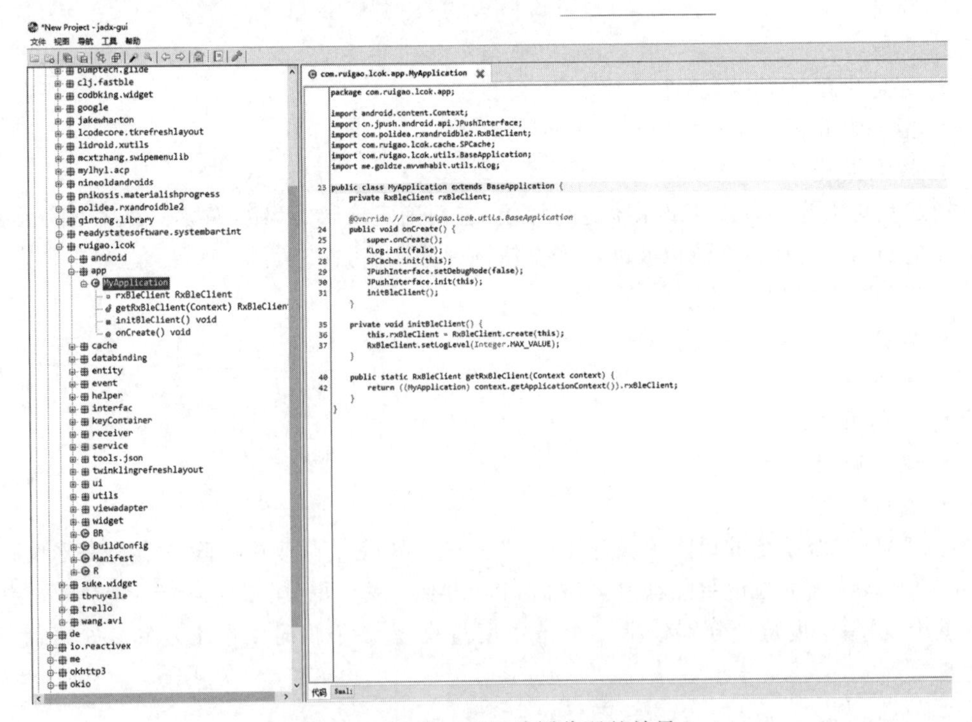

图 13.2 Jadx-gui 反编译代码的效果

```
com.ruigao.lcok.app.MyApplication    com.ruigao.lcok.utils.AES

   package com.ruigao.lcok.utils;

   import android.util.Log;
   import javax.crypto.Cipher;
   import javax.crypto.spec.SecretKeySpec;

10 public class AES {
11     public static byte[] Encrypt(byte[] sSrc, byte[] sKey) throws Exception {
12         byte[] encrypted = null;
12         if (sKey == null) {
30             Log.i("Encrypt", "Key为空");
18         } else if (sKey.length != 16) {
19             Log.i("Encrypt", "Key长度不是16位");
           } else {
22             SecretKeySpec skeySpec = new SecretKeySpec(sKey, "AES");
23             Cipher cipher = Cipher.getInstance("AES/ECB/NoPadding");
24             cipher.init(1, skeySpec);
25             encrypted = cipher.doFinal(sSrc);
26             if (encrypted == null) {
27                 Log.i("Encrypt", "encrypte为空");
               }
           }
30         return encrypted;
       }

36     public static byte[] Decrypt(byte[] sSrc, byte[] sKey) throws Exception {
37         if (sKey == null) {
               try {
59                 Log.i("Decrypt", "Key为空null");
37                 return null;
               } catch (Exception ex) {
46                 Log.i("Decrypt", " ex " + ex.toString());
37                 return null;
               }
42         } else if (sKey.length != 16) {
56             Log.i("Decrypt", "Key长度不是16位");
37             return null;
           } else {
46             SecretKeySpec skeySpec = new SecretKeySpec(sKey, "AES");
47             Cipher cipher = Cipher.getInstance("AES/ECB/NoPadding");
48             cipher.init(2, skeySpec);
               try {
50                 return cipher.doFinal(sSrc);
               } catch (Exception e) {
53                 Log.i("Decrypt", " original " + e.toString());
37                 return null;
               }
           }
       }
   }
```

图 13.3　AES 类的具体实现

13.3　Android 代码静态分析

13.2 节中使用 Jadx-gui 将 Apk 文件转换成可以阅读的 Java 伪码，但是逐个文件、逐行分析代码安全性的效率还是太低了，本节将采用自动化方法静态分析代码中的漏洞与风险，作为详细分析的入手点。这里采用的自动化分析框架是之前所采用的 MobSF 框架。

下载并解压 MobSF 工具。执行 MobSF 文件下的./setup.sh，依赖包安装完毕后执行./run.sh 脚本。访问 localhost:8000，浏览器会出现 MobSF 的 Web 界面。将目标应用的安装包拖入到 Web 页面中，此时 MobSF 会自动对应用进行反编译，分析其中的内容，界面中列出了 Android 的核心组件。

如图 13.4 所示为使用 MobSF 分析 Apk 文件得到的基本信息与导出组件。

从图 13.4 可以发现，被测试的智能门锁应用的安全得分非常低，向下滚动页面，首先分析该应用的权限设置，单击表头中的 STATUS 字段，按危险性从高到低排序，有 11 项高危险性的权限设置，列出的部分高风险权限如图 13.5 所示。

智能门锁应用使用的高风险性权限如表 13.1 所示。

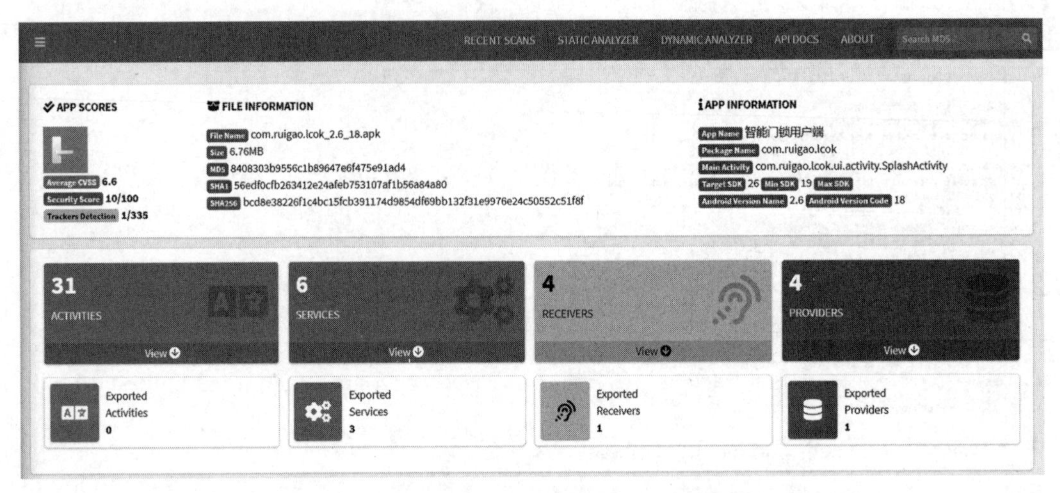

图 13.4 使用 MobSF 分析 Apk 文件得到的基本信息与导出组件

APPLICATION PERMISSIONS

Search:

PERMISSION	STATUS	INFO	DESCRIPTION
android.permission.ACCESS_COARSE_LOCATION	dangerous	coarse (network-based) location	Access coarse location sources, such as the mobile network database, to determine an approximate phone location, where available. Malicious applications can use this to determine approximately where you are.
android.permission.ACCESS_FINE_LOCATION	dangerous	fine (GPS) location	Access fine location sources, such as the Global Positioning System on the phone, where available. Malicious applications can use this to determine where you are and may consume additional battery power.
android.permission.CAMERA	dangerous	take pictures and videos	Allows application to take pictures and videos with the camera. This allows the application to collect images that the camera is seeing at any time.
android.permission.GET_TASKS	dangerous	retrieve running applications	Allows application to retrieve information about currently and recently running tasks. May allow malicious applications to discover private information about other applications.
android.permission.MOUNT_UNMOUNT_FILESYSTEMS	dangerous	mount and unmount file systems	Allows the application to mount and unmount file systems for removable storage.
android.permission.READ_EXTERNAL_STORAGE	dangerous	read external storage contents	Allows an application to read from external storage.
android.permission.READ_PHONE_STATE	dangerous	read phone state and identity	Allows the application to access the phone features of the device. An application with this permission can determine the phone number and serial number of this phone, whether a call is active, the number that call is connected to and so on.
android.permission.REQUEST_INSTALL_PACKAGES	dangerous	Allows an application to request installing	Malicious applications can use this to try and trick users into installing additional malicious packages.

图 13.5 列出的部分高风险权限

表 13.1 智能门锁应用使用的高风险性权限

权　限	说　明
android. permission. ACCESS_COARSE_LOCATION	允许访问 CellID 或 WiFi,只要当前设备可以接收到基站的服务信号,便可获得位置信息
android. permission. ACCESS_FINE_LOCATION	允许访问精良位置(如 GPS)
android. permission. CAMERA	允许访问摄像头
android. permission. GET_TASKS	允许一个程序获取信息有关当前或最近运行的任务,一个缩略的任务状态,是否活动等等
android. permission. MOUNT _ UNMOUNT _ FILESYSTEMS	允许在 SD 卡内创建和删除文件

续表

权 限	说 明
android. permission. READ _ EXTERNAL _ STORAGE	读外部存储的权限
android. permission. READ_PHONE_STATE	获取手机状态(包括手机号码、IMEI、IMSI 权限等)
android. permission. REQUEST _ INSTALL _ PACKAGES	允许应用安装未知来源的应用
android. permission. SYSTEM_ALERT_WINDOW	允许应用全局弹出系统弹出框
android. permission. WRITE _ EXTERNAL _ STORAGE	允许应用向 SD 卡中写入数据
android. permission. WRITE_SETTINGS	允许应用修改系统设置数据

应用所申请的权限通常与其功能相关。比如对于智能门锁来说,它需要调用摄像头扫描门锁上的二维码,需要调用定位权限确定门锁的位置等等,这是无法避免的,但是应用应该对其申请的危险权限进行管控,比如将启用权限的权力交给用户,并且在必要的时候才向系统申请权限,避免绕过用户或者一次性启动多个危险权限。

继续向下查看,来到 MANIFIEST 文件的分析项,同样按照风险从高到低排序,MANIFIEST 文件的部分高风险项如图 13.6 所示。

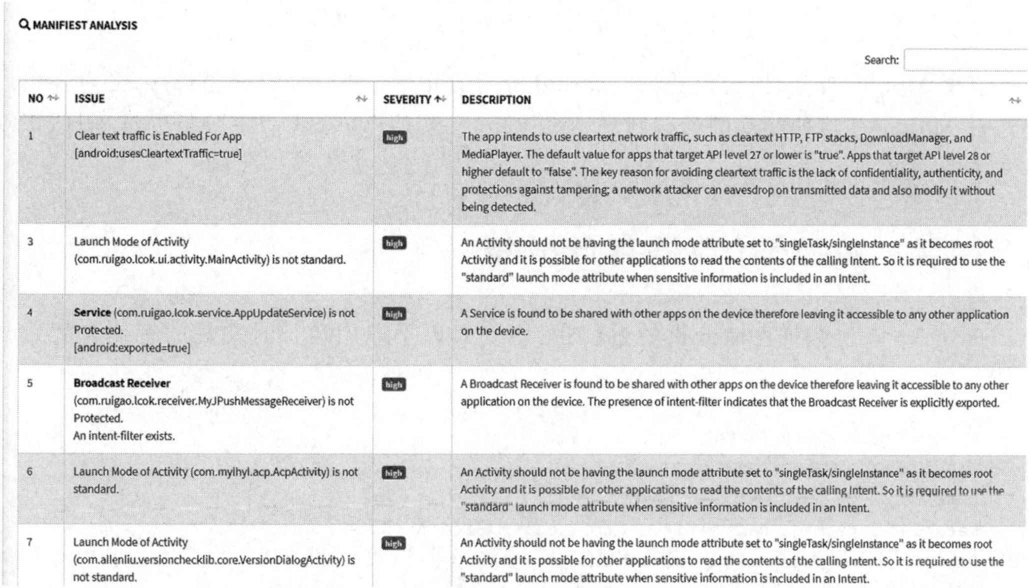

MANIFIEST ANALYSIS

Search:

NO	ISSUE	SEVERITY	DESCRIPTION
1	Clear text traffic is Enabled For App [android:usesCleartextTraffic=true]	high	The app intends to use cleartext network traffic, such as cleartext HTTP, FTP stacks, DownloadManager, and MediaPlayer. The default value for apps that target API level 27 or lower is "true". Apps that target API level 28 or higher default to "false". The key reason for avoiding cleartext traffic is the lack of confidentiality, authenticity, and protections against tampering; a network attacker can eavesdrop on transmitted data and also modify it without being detected.
3	Launch Mode of Activity (com.ruigao.lcok.ui.activity.MainActivity) is not standard.	high	An Activity should not be having the launch mode attribute set to "singleTask/singleInstance" as it becomes root Activity and it is possible for other applications to read the contents of the calling Intent. So it is required to use the "standard" launch mode attribute when sensitive information is included in an Intent.
4	**Service** (com.ruigao.lcok.service.AppUpdateService) is not Protected. [android:exported=true]	high	A Service is found to be shared with other apps on the device therefore leaving it accessible to any other application on the device.
5	**Broadcast Receiver** (com.ruigao.lcok.receiver.MyJPushMessageReceiver) is not Protected. An intent-filter exists.	high	A Broadcast Receiver is found to be shared with other apps on the device therefore leaving it accessible to any other application on the device. The presence of intent-filter indicates that the Broadcast Receiver is explicitly exported.
6	Launch Mode of Activity (com.mylhyl.acp.AcpActivity) is not standard.	high	An Activity should not be having the launch mode attribute set to "singleTask/singleInstance" as it becomes root Activity and it is possible for other applications to read the contents of the calling Intent. So it is required to use the "standard" launch mode attribute when sensitive information is included in an Intent.
7	Launch Mode of Activity (com.allenliu.versionchecklib.core.VersionDialogActivity) is not standard.	high	An Activity should not be having the launch mode attribute set to "singleTask/singleInstance" as it becomes root Activity and it is possible for other applications to read the contents of the calling Intent. So it is required to use the "standard" launch mode attribute when sensitive information is included in an Intent.

图 13.6 MANIFIEST 文件的部分高风险项

MANIFIEST 文件中的风险项除了常见的导出组件之外,还有 Activity 的启动模式,当 Activity 将启动模式设置为 singleTask/singleInstance,该 Activity 称为根活动。并且其他应用程序可以读取调用意图的内容。如果意向中包含敏感信息的时候,则需要使用标准启动模式属性。

同时应用还允许使用明文进行通信。

继续向下查看,来到代码分析这一项,这里列出了代码中可能存在风险的位置,除了

13.2节中的弱AES加密模式，还有文件中对敏感信息的硬编码、WebView对SSL证书的不安全校验、不安全的随机数生成、应用对外部存储的可读可写等风险。

测试代码中的部分具体的风险项如图13.7所示。

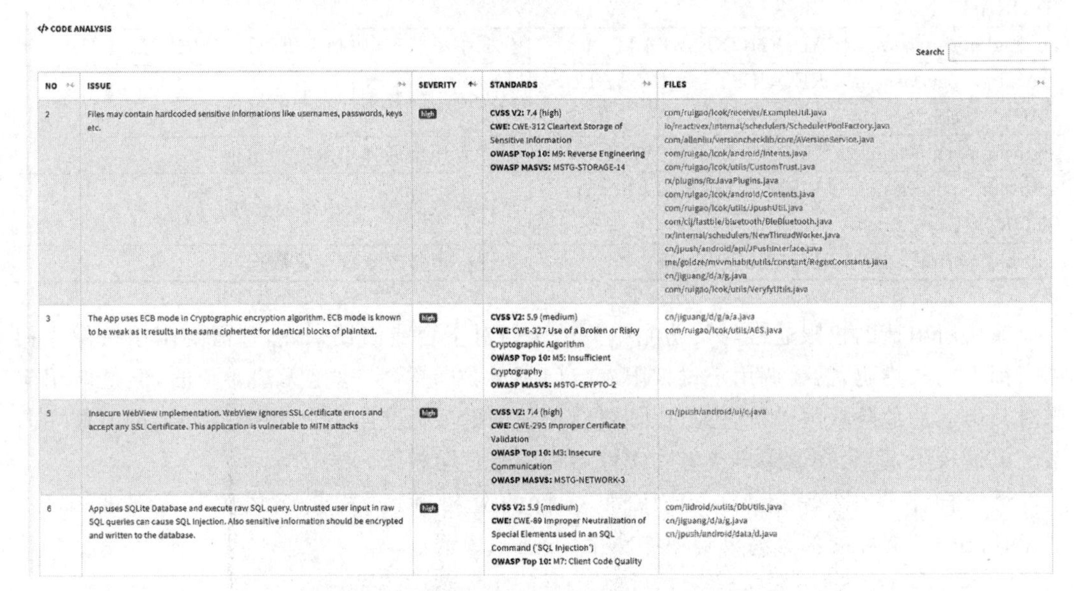

</> CODE ANALYSIS

Search:

NO	ISSUE	SEVERITY	STANDARDS	FILES
2	Files may contain hardcoded sensitive informations like usernames, passwords, keys etc.	high	**CVSS V2:** 7.4 (high) **CWE:** CWE-312 Cleartext Storage of Sensitive Information **OWASP Top 10:** M9: Reverse Engineering **OWASP MASVS:** MSTG-STORAGE-14	com/ruigao/lcok/receiver/ExampleUtil.java io/reactivex/internal/schedulers/SchedulerPoolFactory.java com/allenliu/versionchecklib/core/AVersionService.java com/ruigao/lcok/android/Intents.java com/ruigao/lcok/utils/CustomTrust.java rx/plugins/RxJavaPlugins.java com/ruigao/lcok/android/Contents.java com/ruigao/lcok/utils/JpushUtil.java com/clj/fastble/bluetooth/BleBluetooth.java rx/internal/schedulers/NewThreadWorker.java cn/jpush/android/api/JPushInterface.java me/goldze/mvvmhabit/utils/constant/RegexConstants.java cn/jiguang/d/a/g.java com/ruigao/lcok/utils/VeryfyUtils.java
3	The App uses ECB mode in Cryptographic encryption algorithm. ECB mode is known to be weak as it results in the same ciphertext for identical blocks of plaintext.	high	**CVSS V2:** 5.9 (medium) **CWE:** CWE-327 Use of a Broken or Risky Cryptographic Algorithm **OWASP Top 10:** M5: Insufficient Cryptography **OWASP MASVS:** MSTG-CRYPTO-2	cn/jiguang/d/g/a/a.java com/ruigao/lcok/utils/AES.java
5	Insecure WebView Implementation. WebView ignores SSL Certificate errors and accept any SSL Certificate. This application is vulnerable to MITM attacks	high	**CVSS V2:** 7.4 (high) **CWE:** CWE-295 Improper Certificate Validation **OWASP Top 10:** M3: Insecure Communication **OWASP MASVS:** MSTG-NETWORK-3	cn/jpush/android/ui/c.java
6	App uses SQLite Database and execute raw SQL query. Untrusted user input in raw SQL queries can cause SQL Injection. Also sensitive information should be encrypted and written to the database.	high	**CVSS V2:** 5.9 (medium) **CWE:** CWE-89 Improper Neutralization of Special Elements used in an SQL Command ('SQL Injection') **OWASP Top 10:** M7: Client Code Quality	com/lidroid/xutils/DbUtils.java cn/jiguang/d/a/g.java cn/jpush/android/data/d.java

图13.7　测试代码中的部分具体的风险项

有了MobSF框架，逆向人员对Android应用的静态分析就变得轻松许多，并且还可以通过对MobSF正则匹配规则和漏洞规则的自定义，提高MobSF静态分析的准确性，以获取更多的信息。

13.4　Android数据存储分析

在对Android数据存储分析的过程中，主要对以下应用运行时常见的存储位置重点关注：

```
/data/data/<package_name>/
/data/data/<package_name>/databases
/data/data/<package_name>/shared_prefs
/data/data<package_name>/files/<dbfilename>.realm
/data/data<package_name>/app_webview/
/sdcard/Android/data/<package_name>
```

为了获取应用存储的数据，需要准备具有Root权限的Android设备或者模拟器，并安装被分析的应用。输入下面的命令，确保主机已经与Android设备或模拟器建立连接：

```
# adb devices
```

使用adb登录Android设备的命令行接口，并切换到Android设备的命令行Root用户：

```
# adb shell
angler:/$ su
angler:/#
```

进入目标应用目录：

```
# cd data/data/com.ruigao.lcok/
```

逐个查看各级目录，其中大部分是程序所导入的 jpush 框架保存的文件。在 shared_prefs 目录下查看 YNCW_Driver.xml。YNCW_Driver.xml 文件的具体内容如图 13.8 所示。

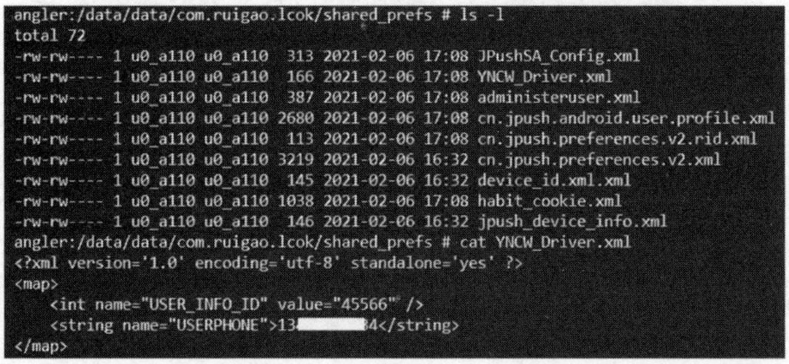

```
angler:/data/data/com.ruigao.lcok/shared_prefs # ls -l
total 72
-rw-rw---- 1 u0_a110 u0_a110  313 2021-02-06 17:08 JPushSA_Config.xml
-rw-rw---- 1 u0_a110 u0_a110  166 2021-02-06 17:08 YNCW_Driver.xml
-rw-rw---- 1 u0_a110 u0_a110  387 2021-02-06 17:08 administeruser.xml
-rw-rw---- 1 u0_a110 u0_a110 2680 2021-02-06 17:08 cn.jpush.android.user.profile.xml
-rw-rw---- 1 u0_a110 u0_a110  113 2021-02-06 17:08 cn.jpush.preferences.v2.rid.xml
-rw-rw---- 1 u0_a110 u0_a110 3219 2021-02-06 16:32 cn.jpush.preferences.v2.xml
-rw-rw---- 1 u0_a110 u0_a110  145 2021-02-06 16:32 device_id.xml.xml
-rw-rw---- 1 u0_a110 u0_a110 1038 2021-02-06 17:08 habit_cookie.xml
-rw-rw---- 1 u0_a110 u0_a110  146 2021-02-06 16:32 jpush_device_info.xml
angler:/data/data/com.ruigao.lcok/shared_prefs # cat YNCW_Driver.xml
<?xml version='1.0' encoding='utf-8' standalone='yes' ?>
<map>
    <int name="USER_INFO_ID" value="45566" />
    <string name="USERPHONE">13        4</string>
</map>
```

图 13.8　YNCW_Driver.xml 文件的具体内容

从图 13.8 中可以看到，用户登录所使用的手机号码保存在 YNCW_Driver.xml 文件中，且没有进行加密或采取其他保护手段。再来看 administeruser.xml 文件的内容，如图 13.9 所示。

```
angler:/data/data/com.ruigao.lcok/shared_prefs # cat administeruser.xml
<?xml version='1.0' encoding='utf-8' standalone='yes' ?>
<map>
    <string name="loginstate">0&amp;2021-02-06 17:08:31</string>
    <string name="mobile">13        4</string>
    <string name="jwt">eyJhbGciOiJIUzI1NiJ9.eyJqdGkiOiIxIiwiaWF0IjoxNjEyNjAyNTA5LCJ1aWQiOjQ1NTY2LCJtb2JpbGUiO
iIxMzQzMjgyMTczNCIsImV4cCI6MTYxNTE5NDUwOX0.MHwNEUkt6mNIO1SlCbDcWbq_aXSw4phyIpZBCPM_p9E</string>
</map>
```

图 13.9　administeruser.xml 文件的内容

从图 13.9 中可以看到，文件中保存着登录信息，包括登录者的状态、手机号与 JWT 密钥，并且是以明文形式保存的。这个应用在 AndroidManifest.xml 文件中没有设置 android:allowBackup=false，就意味着这款软件存在数据泄露的风险。

13.5　动态分析测试

MobSF 框架是通过反编译 Apk 获取源码的方式进行静态分析，如果对 Apk 文件进行了加固，那么就无法直接通过 Apktool 等方式获得源码，因此静态分析就无效了，然而这并不代表该应用是坚不可摧、毫无漏洞的。比如，13.4 节的数据存储分析对于部分加固应用仍然有效。

本节将通过 OWASP ZAP 抓取 Android 应用发送的请求,并以此分析 Android 应用的行为,重点是登录时的操作,判断个人登录信息是否泄露。

OWASP ZAP 工具下载配置:

(1) ZAP 工具只需要 Java 8 或更高版本的 JDK,根据各自的平台下载 ZAP 工具。

(2) 初次打开 ZAP 工具时,ZAP 会询问是否要保持 ZAP 进程,如果保存进程,那么下次打开历史进程就可以取得之前扫描过的站点以及测试结果。如果不需要对固定的产品做定期扫描,那么可以选第三个选项,当前进程暂时不会被保存。

如图 13.10 所示为选择暂时不保存当前进程。

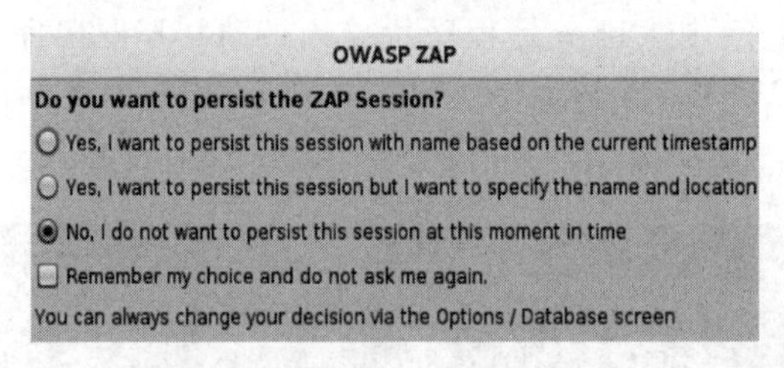

图 13.10 选择暂时不保存当前进程

(3) 在使用 ZAP 工具时需要在选项中设置代理,本例将地址设置为主机在局域网中的地址。端口选用未被占用的即可,其他可以保持默认设置。

如图 13.11 所示为设置本地代理的地址与端口。

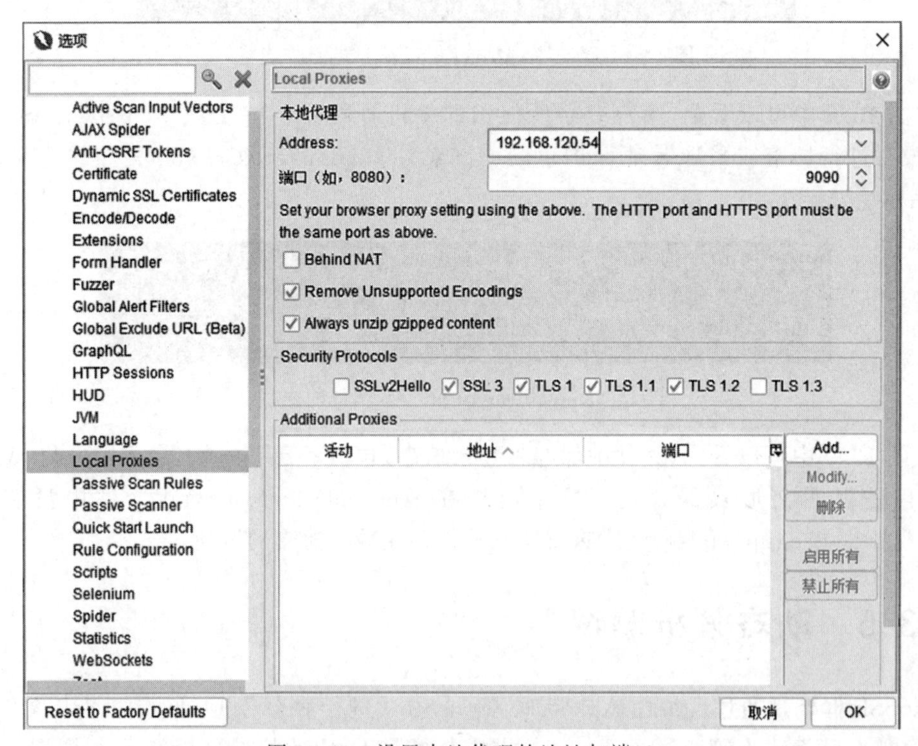

图 13.11 设置本地代理的地址与端口

(4) 将手机连接上与主机所在局域网的 WiFi,在设置中修改 WLAN 网络高级配置,手动添加代理,代理服务器主机名、端口填写 ZAP 工具中的代理 IP 和端口并保存,Android

系统手动设置代理方式如图 13.12 所示。

图 13.12 Android 系统手动设置代理方式

(5) 接下来从手机中打开一个需要联网的应用，就可以看到 ZAP 中捕获的网络通信，捕获的网络通信如图 13.13 所示。

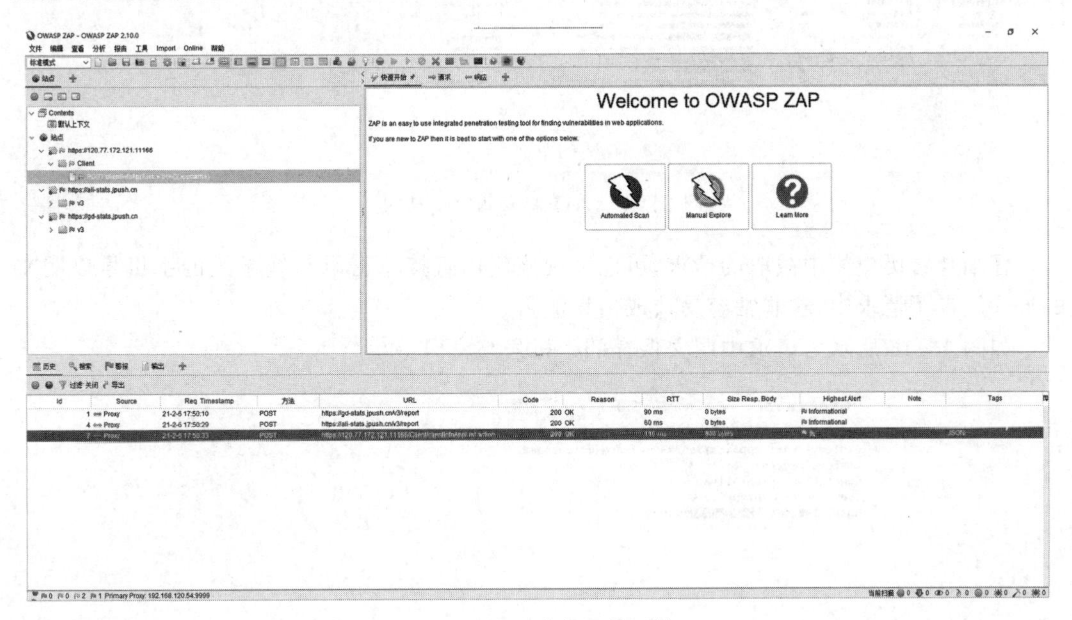

图 13.13 捕获的网络通信

下面选择另一款智能门锁软件，通过 Jadx-gui 分析这款软件，能发现该软件使用了代码加固保护，无法通过反编译直接静态分析其源代码。但是代码加固不一定能排除代码实现上的风险，比如敏感信息的明文通信等。接下来使用 ZAP 对该应用进行动态分析测试。

如图 13.14 所示为代码使用了加固保护。

```
com.smart.smartlock_lock.1.19_4.apk
  源代码
    com
      qihoo.util
      qihoo360.replugin
        Entry
          Stub
          cl ClassLoader
          context Context
          fakeBinder Entry$Stub
          manager IBinder
          realEntryBinder IBinder
          create(Context, ClassLoader, IBinder) I
          init() void
      smart.smartlock
      stub
  资源文件
  APK signature
```

```
com.qihoo360.replugin.Entry

package com.qihoo360.replugin;

import android.content.Context;
import android.os.Binder;
import android.os.IBinder;
import android.os.IInterface;
import android.os.Parcel;

19 public class Entry {
       static ClassLoader cl = null;
       static Context context = null;
       static Stub fakeBinder = null;
       static IBinder manager = null;
       static IBinder realEntryBinder = null;

20     public class Stub extends Binder implements IInterface {
           private static final String DESCRIPTOR = "com.qihoo360.loader2.IPlugin";
           private IBinder mRemote = null;

21         public void setRemote(IBinder iBinder) {
22             this.mRemote = iBinder;
           }

24         public Stub() {
26             attachInterface(this, DESCRIPTOR);
           }

28         public IBinder asBinder() {
29             return this.mRemote;
           }
```

图 13.14　代码使用了加固保护

按照上面的流程设置好 ZAP 并启动门锁软件,这时能看到 ZAP 的历史栏中已经显示出抓包得到的请求,ZAP 抓包得到的请求如图 13.15 所示。

历史　搜索　警报　输出　+

过滤:关闭　导出

Id	Source	Req. Timestamp	方法	URL	Code	Reason	RTT	Size Resp. Body	Highest Alert	Note	Tags
117	Proxy	21-4-7 15:49:44	POST	https://www.googleapis.com/affiliation/v1/affiliation:lookup	504	Gateway Timeout	20 s	268 bytes			
121	Proxy	21-4-7 15:49:44	POST	https://android.clients.google.com/c2dm/register3	504	Gateway Timeout	20.02 s	203 bytes			
124	Proxy	21-4-7 15:50:04	POST	https://android.googleapis.com/auth/devicekey	502	Bad Gateway	187 ms	375 bytes			
127	Proxy	21-4-7 15:50:19	POST	https://████.net/v1/user	200	OK	141 ms	85 bytes	中等的		JSON
130	Proxy	21-4-7 15:50:05	POST	https://████.googleapis.com/v1/GetWi...	504	Gateway Timeout	20.01 s	262 bytes			
133	Proxy	21-4-7 15:50:04	POST	https://www.googleapis.com/affiliation/v1/affiliation:lookup...	504	Gateway Timeout	21.09 s	268 bytes			
134	Proxy	21-4-7 15:50:29	POST	https://████.net/v1/user	200	OK	60 ms	133 bytes	中等的		JSON
135	Proxy	21-4-7 15:50:29	POST	https://████.net/v1/push	200	OK	72 ms	61 bytes	中等的		JSON
172	Proxy	21-4-7 15:51:07	POST	https://████.com/v1/GetWi...	504	Gateway Timeout	21.45 s	262 bytes			

图 13.15　ZAP 抓包得到的请求

仔细查看历史栏中截取的请求,可以发现该应用直接将密码与登录用的手机号以明文的形式放在了请求中,这非常容易造成信息泄露。

如图 13.16 所示为请求中明文保存的手机号与密码。

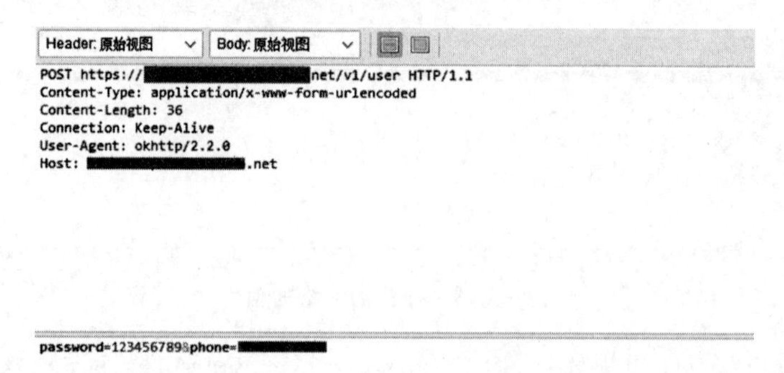
Header: 原始视图
Body: 原始视图
POST https://████net/v1/user HTTP/1.1
Content-Type: application/x-www-form-urlencoded
Content-Length: 36
Connection: Keep-Alive
User-Agent: okhttp/2.2.0
Host: ████.net
password=123456789&phone=████

图 13.16　请求中明文保存的手机号与密码

13.6　本章小结

本章系统性地介绍了 IoT 领域的移动应用安全问题，随着物联网与智能家居的发展与普及，手机与家庭中的各种传统电器，以及一些智能设备比如智能门锁的关系越来越紧密。用户通过手机应用可以控制家中所有可以联网的设备。同时移动应用的安全问题也逐渐从一个比较抽象的概念转化成更加具体的形式，更加贴近日常生活的威胁。随着智能化技术的深入和普及，IoT 移动安全问题将会越来越重要。

参考文献

[1] Alanda A, Satria D, Mooduto H A, et al. Mobile Application Security Penetration Testing Based on OWASP[J]. IOP Conference Series Materials Science and Engineering, 2020, 846: 012036.

[2] Borja T, Benalcázar M E, Caraguay N, et al. Risk Analysis and Android Application Penetration Testing Based on OWASP 2016[M]. 2021.

[3] Dang H V, Nguyen A Q. Unicorn: Next Generation CPU Emulator Framework[C]//BlackHat. 2015.

[4] Cui B, Qi Z, Liu T, et al. Study on Android Native Layer Code Protection Based on Improved O-LLVM[C]// International Conference on Innovative Mobile & Internet Services in Ubiquitous Computing. Springer, Cham, 2017.

[5] 侯绍岗,杨乔国. 移动 App 安全测试要点[EB/OL]. (2015-10-23)[2021-6-3]. http://blog.nsfocus.net/mobile-app-security-security-test/.

[6] 随亦. MobSF-v3.0 框架安装与开发环境搭建[EB/OL]. (2019-01-19)[2021-6-3]. https://blog.csdn.net/wutianxu123/article/details/86550649.

[7] 随亦. MobSF-v3.0 源代码分析[EB/OL]. (2020-01-17)[2021-6-3]. https://blog.csdn.net/wutianxu123/article/details/104022024.

[8] unicorn-engine. Tutorial for Unicorn[EB/OL]. [2021-6-3]. https://www.unicorn-engine.org/docs/tutorial.html.

[9] roysue. 实用 FRIDA 进阶: 脱壳、自动化、高频问题[EB/OL]. (2020-02-03)[2021-6-3]. https://www.anquanke.com/post/id/197670.

[10] roysue. FART 脱壳机谷歌全设备镜像发布[EB/OL]. (2020-3-19)[2021-6-3]. https://bbs.pediy.com/thread-258194.htm.

[11] 古兹曼,古普塔. 物联网渗透测试[M]. 王滨,戴超,冷门,等译. 北京: 机械工业出版社,2019.

[12] 姜维. Android 应用安全防护和逆向分析[M]. 北京: 机械工业出版社,2019.

[13] 何能强,阚志刚,马宏谋. Android 应用安全测试与防护[M]. 北京: 人民邮电出版社,2020.

[14] 丰生强. Android 软件安全权威指南[M]. 北京: 电子工业出版社,2019.

图书资源支持

感谢您一直以来对清华大学出版社图书的支持和爱护。为了配合本书的使用，本书提供配套的资源，有需求的读者请扫描下方的“书圈”微信公众号二维码，在图书专区下载，也可以拨打电话或发送电子邮件咨询。

如果您在使用本书的过程中遇到了什么问题，或者有相关图书出版计划，也请您发邮件告诉我们，以便我们更好地为您服务。

我们的联系方式：

地　　址：北京市海淀区双清路学研大厦 A 座 714

邮　　编：100084

电　　话：010-83470236　010-83470237

资源下载：http://www.tup.com.cn

客服邮箱：tupjsj@vip.163.com

QQ：2301891038（请写明您的单位和姓名）

教学资源·教学样书·新书信息

人工智能科学与技术
人工智能|电子通信|自动控制

资料下载·样书申请

书圈

用微信扫一扫右边的二维码，即可关注清华大学出版社公众号。